回望城市规划

——城市历史与理论评述

吴唯佳　编

清華大学出版社
北　京

图书在版编目（CIP）数据

回望城市规划：城市历史与理论评述 / 吴唯佳编.— 北京：清华大学出版社，2022.10
ISBN 978-7-302-60702-1

Ⅰ.①回… Ⅱ.①吴… Ⅲ.①城市规划—城市史—中国 Ⅳ.①TU984.2

中国版本图书馆CIP数据核字（2022）第072195号

责任编辑：张占奎　王　华
封面设计：陈国熙
责任校对：赵丽敏
责任印制：刘海龙

出版发行：清华大学出版社
网　　址：http://www.tup.com.cn, http://www.wqbook.com
地　　址：北京清华大学学研大厦A座　　邮　　编：100084
社 总 机：010-83470000　　邮　　购：010-62786544
投稿与读者服务：010-62776969, c-service@tup.tsinghua.edu.cn
质量反馈：010-62772015, zhiliang@tup.tsinghua.edu.cn
印 装 者：大厂回族自治县彩虹印刷有限公司
经　　销：全国新华书店
开　　本：170mm × 240mm　　印　　张：20.75　　字　　数：357千字
版　　次：2022年10月第1版　　印　　次：2022年10月第1次印刷
定　　价：79.80元

产品编号：094018-01

前　言

PREFACE

对于城市的认识。关于城市的定义，卢梭说房屋构成镇，市民构成城；索福克勒斯则说属于一个人的城市不能算作城市。由于城市生活的复杂性，很难全面概括城市的本质。城市是发展的，要为城市做统一的定义就更为困难。不同文化背景下，城市定义有所不同。就中国古代来说，城市与城镇的概念是发展的，在宋之前，城与镇主要以军事和行政管理的等级区分来划分。从西方来看，城市的功能也是发展变化的，古希腊的城市，其精神、军事功能要大于生产经济的功能；到了罗马时期，经济功能逐渐引入；中世纪之后，资本主义萌芽逐渐出现；到了现代，随着工业化和城市化急剧发展，城市功能显著发生变化，今天的城市已完全不同于古代，许多特大城市与乡村已没有明确的边界。

不同的专业对于城市的认识也是不同的。社会学家将城市看作一种文化形态、观念形态和社会空间系统；经济学家将城市看作人口和经济活动在空间上的集中；经济地理学家将城市看作社会和劳动的地域分工；生态学家则将城市看作自然环境中的人工环境；等等。从行政管理角度看，城市是一种在一定区域内形成的一定的实体组织。

城市的定义也可以从与乡村的对比中来认识。城市有一定的规模，一定的人口密度和界限；有可以识别的城市街道和空间，有明确的居住和工作场所；城市拥有地区政治中心和行政管理的职能，是地区的经济中心；等等。

对于规划的认识。关于规划，一般认为是一个具有多种含义的概念，它指的是一种规划实现某种目标的过程，也指的是这种规划目标完成后的结果。城市规划是为了未来的状态而进行的规划。但是，城市一直处在发展的过程之中，没有最终状态，城市规划的蓝图也很难成为最终实现的蓝图。从根本来说，城市规划是一种政治行为，通过制定新建和改建规划，确定和分配必不可少的资源、资金和空间，为将来的发

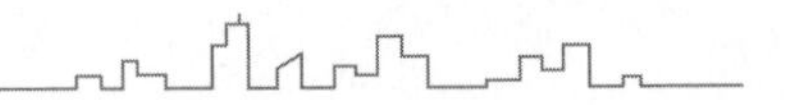

展创造条件，敞开大门。在地域尺度上，城市规划处于侧重大范围的国土空间组织的区域规划以及侧重建设的建筑设计两种“规划”之间。

为此，城市规划可以大致定义为，在城市或者镇、区尺度上，致力于组织与人的需要相一致的、和睦共处的空间秩序；它是一门科学，一种艺术，一项政治努力，致力于创造和引导与城市社会、经济发展需要相一致的城市物质空间秩序安排。

关于城市规划与空间规划。近年来特别关注的空间规划，可以认为它包含了不同的地域尺度，包括城镇居民点（城镇、村镇、社区），行政区域（省域、市域、县域、镇域）和国家等。空间是指城镇、生产、生态等功能需要的地上、地表、地下空间，也包括陆地和海洋。空间规划是指对不同地域尺度上的生产、生活、生态空间的整体协同安排。影响空间整体协同安排的因素主要有：不同功能在不同地域尺度上的空间诉求及其相应的经济、社会发展动力，也有协调不同功能诉求和动力以减少相互掣肘的共同生存价值基准；所以，空间规划既是空间管控的技术工具，也是以空间管控影响经济社会发展的政策手段，还是统筹协调不同空间利益的治理过程。因此，空间规划更多的是跨部门、跨区域和跨专业的，包括横向上不同部门之间、纵向上不同行政层级之间、区域上不同行政区跨区域之间，以及不同专业的空间开发诉求的相互协调。相对来说，空间诉求的相互协同中土地利用规划对空间规划的影响要弱一些，更多地表现为空间秩序规范和统筹的规则基准。

工业革命以来，城市迅速发展，以统筹规范城镇居民点开发需要的建设条件、克服各种功能相互抵触为主要任务的城市规划得以形成和广泛应用。随着城市规模的扩大，相邻城市扩张地区的相互切割和吞并，与现有行政区划冲突愈发严重，仅以单个城市进行空间整体协同安排已不可能，多个城镇和跨行政区空间组织的规划也就出现。就不同层级空间整体协同来说，城镇居民点的城市规划主要解决使用城镇土地中不同功能相互掣肘的问题，以合理布置公共服务和道路市政基础设施、服务城市开发等；在省域、市域、县域等区域之间，规划重点在于城镇体系、产业的区域布局和区域基础设施的建设安排。跨行政区的空间规划重点在于不同行政区的规划协作协同；对于国家层面的国家空间规划，重点在于整个国家的空间发展格局的统筹，以更好地弘扬地方特点，平衡区域发展差异。对于类似欧盟这类超国家组织，空间规划的重点在于促进国家之间的空间融合和凝聚。

近年来我国城市规划的变革。对于我国，近年来新型城镇化快速发展和经济社会发展转型，城镇发展、农业发展和生态环境保护等的统筹协调愈发重要，规划不仅要处理区域发展和跨行政区的协作协同，也要处理城镇空间、生产空间和生态空间之间保护、利用和发展的协作协调，更要规范安排城市的开发建设，以服务人民群众向往美好生活的愿望，促进经济社会的高质量发展。

我国的规划体系正处在转变之中。2018 年 3 月，中共中央发布《深化党和国家机构改革方案》和全国人大通过《国务院机构改革方案》，成立自然资源部，统一行使全民所有土地等自然资源资产所有者的职责和国土空间用途管制与生态保护修复的职责。

2018 年 12 月，中共中央、国务院发布《关于统一规划体系，更好发挥国家发展规划战略导向作用的意见》，要求理顺国家发展规划和专项规划、区域规划、空间规划的相互关系，避免交叉重复和矛盾冲突。根据意见要求，国家发展规划是社会主义现代化战略在规划期内的阶段性部署和安排；专项规划是指导特定领域发展、布局重大工程项目、合理配置公共资源等的重要依据；区域规划是指导特定区域发展、制定相关政策的重要依据；空间规划以空间治理和空间结构优化为主要工作，是实施国土空间用途管制和生态保护修复的重要依据。

空间用途管制只是城乡规划治理的重要手段之一，至于如何建，建成什么样，如何发挥空间生产的作用、推动经济社会转型发展、改善全民福利水平、保障城市运营安全等，更是城乡规划建设管理的重要方面，不容忽视。我国城乡规划经过多年发展，已经形成了一整套技术规则，包括确定城市性质和发展方向、城市人口发展规模；划定城市规划范围、城市用地功能分区；综合安排工业、对外交通运输、仓储、生活居住、大专院校、科研单位和绿化等用地；统筹城市道路、交通运输系统、车站、港口、机场等交通枢纽，以及大型公共服务设施的规划和布点；管控城市主要广场、交叉口形式、主次干道断面、控制点和标高；提出给水、排水、防洪、电力、电讯、煤气、供热、公共交通、工程管线，绿化等；综合人防、抗震、环保等规划；实施旧区改造、城市历史保护；安排新区、卫星城、郊区居民点、副食、蔬菜基地、郊区绿化、风景区等。城市总体规划制度体系的建立对改革开放以来经济社会发展和城市的快速发展起到了重要保障作用。但就以上所列内容可见，这类规划主要涉及城市的物质规划、建设用地的增长规划和城市基础设施的开发建设规划等。

在落实总体规划方面，我国的控制性详细规划的形成，与改革开放以来经济社会和城市化快速发展阶段密切关联。控制性详细规划起到了规范土地市场化开发的政策工具作用。由于房地产具有不动产特征，所以地产和房产的用益物权，包括占有、使用、收益、处分及其相关地产的流转权、补偿权、自动续期权等都或多或少受到控制性详细规划的影响，并越来越得到重视。2007 年颁布《物权法》，对土地和建筑物的不动产所有权、用益物权、担保物权、质权和占有等进行了法律规定，控制性详细规划制定的控制指标，涉及物权相关权益，使得规划管控不仅对有序规范规划建设管理产生影响，也对规范经济和建设活动及其财产权利等发挥影响。如何认识将来的详细规划演变，还要观察。

在经济社会和城市化快速发展阶段中，城市土地开发建设大都采取大规模房地产投资的建设方式。大宗地产用益权益的公共使用、团体使用的特点，也造成了大规模的建设用地开发与个体的业主物权收益保护之间的一系列制度、法律和管理难题。

随着我国经济社会的发展转型，城市建设进入减量发展和存量改造阶段。多数城市地区的大规模开发建设已经过去。如何针对新的情况，深化城市总体规划和控制性详细规划，服务国家和地方经济社会发展转型，妥善处理发展的不均衡、不充分以及增量与存量发展的各种问题，推进以人民为中心的社会主义市场经济体制改革，具有重要的意义。

近年来，国家和地方政府为推进国家治理体系和治理能力的现代化、落实以人民为中心的发展思想，贯彻新发展理念、实现高质量发展、努力解决阻碍经济社会转型发展的体制性问题，成为规划体制改革的重要方面，其中不仅涉及空间规划，也涉及城市总体规划和控制性详细规划的改革。2015 年 4 月中共中央通过《京津冀协同规划纲要》，其中包括了以首都为核心的世界级城市群的空间发展目标要求，以及北京是全国政治、文化、国际交往、科技创新中心，天津是全国先进制造研发基地、北方国际航运核心区、金融创新运营区、改革开放先行区，河北是全国现代商贸物流重要基地、产业转型升级试验区、新型城镇化与城乡统筹示范区、京津冀生态环境支撑区的两市一省相互协调的功能定位要求。2017 年 9 月中共中央国务院批复《北京城市总体规划（2016—2035 年）》，则包括了落实首都城市战略定位，明确发展目标、规模和空间布局，有序疏解非首都功能，优化提升首都功能；科学配置资源要素，实现城市可持续发展；加强历史文化名城保护，强化首都风范、古都风韵、时代风貌的城市特色；提高城市治理水平，让城市更宜居；加强城乡统筹，实现城乡发展一体化；深入推进京津冀协同发展，建设以首都为核心的世界城市群；转变规划方式，保障规划实施等一系列具体要求，城市规划以问题导向和目标导向，统筹安排、具体落实城市发展战略的趋势越来越明显。而2018年12月中共中央、国务院批复的《北京城市副中心控制性详细规划（街区层面）》，则将控制性详细规划推到了具体落实国家战略的高度，提出了战略定位、规模与结构、空间布局、主导功能、城市特色、城市风貌、建设没有城市病的城区等具体目标和任务。从上述国家治理体系和治理能力现代化改革、国家规划体系改革中有关国家与地方关系处理的路径中可以看到，城市规划和控制性详细规划的作用，已不仅限于管控城市开发建设、具体地块开发建设和规范土地市场等，还要解决区域、城市经济社会发展面临的实际问题，服务发展转型，更要具体贯彻落实国家空间发展战略，服务国家公共资源配置、重大工程项目建设，以及国土空间用途管制和生态修复的战略部署和安排。上面千条线、下面一根针。城市规划和控制性详细规划就是这么一个发挥一根针作用的政策工具，如何改革和认识城市规划的实际效用，需要进一步开展工作。

西方国家发展转型影响下的城市规划转变。就世界经验来看，城市规划在经历战后重建，解决战后发展迫切需求之后，面对经济社会发展的转型，进行了一系列理念、方法的调整。其中最重要的调整是在巨大变革的20世纪60年代末，经历了战后雄心勃勃的经济快速复兴、经济的全球化，指望进入未来伟大规划时代的时候；动荡的经济、公民权利的争执、频发的社会抗议，给战后的经济社会发展模式蒙上了阴影。20世纪70年代的石油危机更使得人们对于地球资源能否无节制地使用抱有极大疑虑。1972年6月16日联合国在斯德哥尔摩召开人类环境会议，发表联合国人类环境会议宣言。此时，规划提倡的不再是改变，而是改善、保护。规划要考虑增长的极限问题，资源的耗竭和不可再生；工业社会生产方式带来的环境问题；社会的老龄化和人口的负增长；要求面对现实社会诸如思想形态和政治问题，也包括经济发展、社会阶层之间的紧张和恐怖主义。

在理性主义影响下，城市规划出现了实用主义的倾向。转向以问题为导向，采用权宜主义策略，诸如不连贯的增长主义，没有改变的增长（change without growth）等；期望灵活和可逆性，追求小步骤的发展（urban development in small steps）；提倡对城市进行重新安排和城市修理，鼓励城市更新和对衰败地区再开发等多种想法的不断出现，开始重视城市历史遗产保护，大量古城和古建筑得以修复，以弥补战后

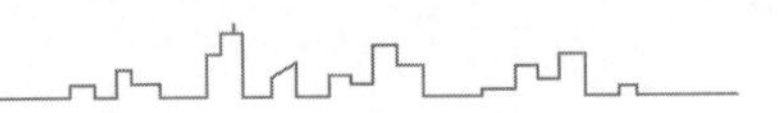

重建的缺失和忽视。

同时，城市规划的理念也发生了变化。“新”不再被认为是“好”，保护历史的连续被认为可以加强城市意象；“小”就是“美”，认识到生态的重要性，追求地方性和特性，统一的国际风格不再被认为是有个性。此外，城市规划的对象转向了对人的重视，引进社会学方法，关注空间因素和心理学。城市的社会生活、场所、城市文化成为关注重点，空间围合、空间要素等成为城市设计理念的落脚点。美国记者简·雅各布斯（Jane Jacobs）1961 年发表的《美国大城市的死与生》，主张城市自身的创新，自下而上的变革，引起了轰动。凯文·林奇（Kevin Lynch）在 1959 年发表《城市意象》之后，于 1981 年发表《城市形态》，从建构规划设计规范性理论（normative theory）的理念出发，对形式的意义进行了哲学讨论，他的突出贡献在于，从一般意义上人的角度，对到底怎样理解城市形态，以及城市形态究竟怎样反映人的理解和认识给予了更多的关注。

刘易斯·芒福德（Lewis Mumford）的《城市发展史》以大规模历史研究汇集的各种证据，从最早的群体栖息地、中世纪城镇，再到现代商业中心，展现了城市形态在整个人类文明进程中发生的变化，进而对工业革命以来大都市的发展深感忧虑，希望重新发现并强调人与环境有机关系的城市原则。

扬·盖尔（Jan Gehl）的《交往空间》（*Life Between buildings: Using Public Space*）认为人的活动包括物理需要和心理感受，提出了城市外部空间场所感的设计问题，以理解建筑物之间的城市公共生活。克里斯蒂安·诺伯格–舒尔茨（Christian Norberg-Schulz）则在《面向建筑的现象学》（*Towards a Phenomenology of Architecture*）一书中，强调场所精神、地方基因（genius loci），认为人的基本需求，在于体验生活的情景，城市在于传递这种意义。

后现代主义兴起，建筑空间设计被处理成多种文化的混合。柯林·罗（Colin Rowe）的《拼贴城市》（*Collage City*）对现代建筑以及城市设计秉持的设计理念开展了批判，认为现代城市理念对未来世界科学式的整体幻想，以及秉持的历史怀念，使得城市设计充斥了现代主义普遍性与历史主义地方性的混合。他从柏林、芝加哥、巴黎、伦敦、慕尼黑等现代建筑案例分析中发现种种不可或缺的纪念意图以及建筑师个人创新的集体性姿态的集合；认为现代建筑并没有促成一个更好和多样的世界，进而质疑现代建筑能否成为新文化体系的主角。

对一统天下现代城市价值理念的反叛，催生了多种理念和多种形式混合的做法。一方面，伯纳德·屈米（Bernard Tschumi）的巴黎拉维莱特公园分层图，将考古层、几何形格网、场景化三个层次，以网格交叉处的红色立方体凉亭来体现三层次的结合，以期创造出新的复杂的三维交互公共体系。另一方面，恢复原有城市肌理、重现街道仍然成为城市设计理念的来源之一。20 世纪 80 年代，华盛顿特区新建一个会议中心，对原有街区改扩建，以形成适宜的街区肌理；德国柏林菲舍尔城（Plannwerkstatt）则在 1998 年的城市中心改造设计中强化了老城中心的历史街道特点。在规划方法上，开始了公众参与、倡导性规划的新的试验。在城市文化上，地景、城市景观、城市文脉进入城市空间。

对于城市规划的效用，也出现了认识上的转向，对政府、规划管控能否起到成效产生了迟疑。战后建设的公共干预，面对发展转型，出现了政府投入难以为继的局面。1979 年英国撒切尔政府放弃以国家干预和社会福利为代表的凯恩斯主义，指望私人投资和市场发挥作用，由此调整城市规划制度，将地方政府和市场行为放在前沿，规划政策较多地转向于放手让市场发挥作用，顾及社会利益的调整和平衡。

针对综合规划的长期性，鉴于客观上缺乏实施机制的有效支撑，难以持续推进，开始兴起战略规划予以回应。战略规划针对城市发展中具有方向性、战略性的重大问题，从经济社会环境等多因素角度研究采取适宜的具体战略行动，以应对当前的发展诉求。战略规划的特点，使得它不必拘泥于规划的某一层级，多运用针对城市或特定地区的多领域政策措施及多项目的组合。战略性的权宜选择成为战略规划的一个优势。与此同时，对长期难以实施的大项目规划也出现了反思。彼得·霍尔（Peter Hall）在《大规划的灾难》一书中，从决策科学角度，分析了经济高速发展中大规划项目长期难以实施或实施偏离的种种问题，探讨了专业人士、官员和社会活动家在规划政治决策中的作用问题，并以政治科学、经济、伦理和长期预测理论出发，提出了要加强多学科、多团队的科学预测，要重视大规划、大项目成本和收益的科学评估及其政治决策的实施能力，要重视长期与近期的关系等。他认为，事实上近期的发展决定了长期趋势，长期规划的成效取决于发展进程中采取的多种对策和办法，为此规划决策不必也不是必须要一次性就做出，等等，以避免再犯类似错误。

20 世纪 90 年代起，经济全球化、可持续发展成为当时人们最为关心的热点问题。全球化城市、区域协调的城市、善治下的城市、可持续发展的城市等众多口号的提出，开始了治理现代化和可持续发展基本理念的探索以及多种实验。其中，经济的全球化，特别是亚洲和南美洲经济快速发展，推动了全球经济的迅速增长和大城市连绵区及全球城市地区的快速发展，大城市在区域经济中的带动作用得到重视，关注了全球城市体系，包括信息城市（cyber space）、网络城市（network city）、边缘城市、郊区化以及城市之间的城市等现象。在可持续发展方面，可持续城市、紧凑城市、后工业化下的城市转型，包括足迹（footprint）理论、韧性城市、棕地与工业废弃地的重新利用、节约城市土地资源的道路交通、精明增长、新城市主义、城市复兴等规划理念、概念和代表性项目层出不穷。在城市治理方面，新马克思主义与沟通式规划、参与式规划，以及跨区域合作与空间规划、区域协调等也出现了一系列的理论研究和实践成果。

全球化下的城市区域探索，以更大的空间范围来认识城市间的竞争。1966 年彼得 · 霍尔（Peter Hall）的《世界城市》，将世界城市定义为对全世界或大多数国家发生全球性经济、政治、文化影响的国际一流大城市。他从政治、贸易、通信、金融、文化、技术、科研教育等方面，对伦敦、巴黎、兰斯塔德、莱茵 - 鲁尔、莫斯科、纽约、东京等七个世界城市进行了研究，认为它们属于世界城市体系最顶端。1986 年，约翰 · 弗里德曼（John Friedmann）从新的国际劳动分工的角度，把世界城市特征概括为主要金融中心、跨国公司总部、国际化组织、世界商业贸易服务部门，以及重要的制造研发中心、国际交通枢纽等。1991 年萨斯基亚 · 萨森（Saskia Sassen）在《全球城市：纽约、伦敦、东京》一书中，认为全球化背景下制造业出现空间分散化和国际化趋势，导致管理与控制枢纽的集中，核心的生产者服务业与金融业越来越集中于像纽约、伦敦和东京这样的“全球城市”。她认为，此时的东京俨然成为“资本输出的主要中心”，伦敦是“资本营运的主要中心”，纽约是“主要的资本接收地”和“旨在利润最大化的投资决策与生产创新中心”。职能分工的差异使得这三座城市保持了十分密切的联系，构建了一个跨区域的、国家之上的全球城市网络体系。资本与信息正在以前所未有的速度进行交换与生产，改变着全球的经济产业，也在改变着城市的空间结构与社会阶层的分布。

2002 年，艾伦 · J. 史考特（Allen J. Scott）在《全球城市地区》（*Global City-regions: Trends, Theory, Policy*）一书中认为，全球化和城市加速增长带来许多新的问题，使这些区域的规划和战略政策日益不足，如何予以应对，仍处于理论假设和规划实践的阶段。他试图将全球城市地区定义为由全球城市与它的腹地城市联合而形成的一种空间现象，以此来描述影响它们发展的内部和外部动力；全球化与地方化的相互作用，据此整合构成的多中心的空间格局，以加强它们在对外贸易、政治、文化中的独特地位，应对日益加剧的全球化经济引起的内部的社会和政治反应。

至于区域与城市的空间规划，早在“二战”后不久的1949年，欧洲成立了欧洲委员会（不同于欧盟，主要唤起欧洲共同体意识），1983年提出了主张开展欧洲区域规划的空间规划宪章《托雷莫里诺斯宪章》（*Torremolinos Charter*）。之后在1988—1993年，欧共体/欧盟开始区域政策改革，成立欧洲区域发展基金（European Regional Development Fund, ERDF）、欧洲社会基金（European Social Fund, ESF）、结构基金、马斯垂克条约签署成立团结基金（Cohension Fund）等。1994—1999年，欧盟开展区域政策的第二次改革，进一步加强集中支持最需要的地区，实行伙伴、计划和配套原则。2000—2006年，欧盟区域政策第三次改革，实施跨区域行动（interreg），以对城镇转型、农村和渔业以及社会公平采取行动。2007年以来的改革，进一步加强了全球化、科技革命、知识社会、老龄化和移民应对以及区域凝聚。

对于空间规划，早在20世纪60年代，战略性空间规划（strategic spatial planning approach）就已是欧洲城市与区域规划的主流方法。1999年，欧盟提出欧洲空间发展规划战略（European Spatial Development Perspective, ESDP）之后，空间规划再一次成为关注的焦点，主要原因在于经济全球化使得空间关系越来越复杂，加之对可持续发展的关注，越来越需要发挥地方和市场作用，以加强欧盟国家之间的整合。欧洲空间发展规划的三个基本目标是经济和社会和谐、可持续发展、欧盟各地区之间的平衡，以构建多中心均衡化发展的城市体系，实现基础设施和知识信息体系均等的可及性，促进自然和文化遗产谨慎管理与发展。

对于空间规划的概念，不同管理部门及主体有不同的认识。欧洲理事会（The European Council, CoE）强调空间规划的区域范畴和欧盟的整体认同；欧盟大纲（Compendium of the EU）强调空间规划的地域性，将空间规划作为形成空间结构和实现可持续发展的手段；欧洲共同体委员会（Commission of the European Communities, CEC）将空间规划作为协调不同部门政策以及促进跨区域合作的手段。当前欧盟主流思想则是将空间规划看作领土融合（territorial cohesion）和政策协调（policy coordination），既包括横向的平级部门之间，也包括纵向的不同层级政府之

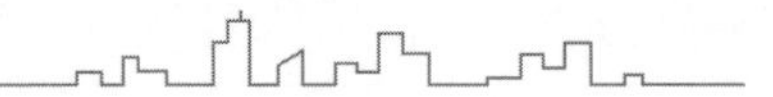

间的协调，以及区域间跨行政界线的协调与合作。正因为空间规划没有限定的空间范畴，理论上它适用于从地方到国家甚至跨国的各级空间层面，侧重于对经济联系、环境体系和日常生活时空格局产生影响的功能性空间组织。但在欧盟层面，由于自身没有土地利用规划的职责，加之各国规划体系不同，且部门分割严重，欧盟的空间规划主要提供发展跨国、跨区域的战略协作，进而实现部门政策的协同，而不涉及土地利用规划。欧盟空间规划的行动依赖于欧盟空间规划观测网（European Spatial Planning Observation Network, ESPON）的空间研究及其提出相应的行动方案。跨国愿景描述了跨国区域的发展愿景（spatial vision）。

在可持续城市方面，有一段时间紧凑城市作为一种实现可持续发展的城市形态被提了出来，主要是关注到了它的高密度和紧凑的程度。但是今天认为，虽然紧凑城市拥有交通的可及性以及土地资源节约的优势，但环境质量方面能否达到可持续的要求，显然不好说。具体到可持续的城市形态，一般认为不存在普世化的单一的形式，城市是否可持续，取决于所在地区的特点与选择的战略目标和道路之间的治理协同。为此，可持续发展纳入政治经济学的研究视野，提出了不同国家可持续发展的政治经济关系，例如有美国、瑞典、肯尼亚模式等，环境、公共物品、私人物品成为政治经济学研究可持续发展政策治理的主要对象。

继续关注城市文化。1993 年斯皮罗·科斯托夫（Spiro Kostof）在《城市的形成：历史视野中的城市模式与意义》一书中收集了各个历史阶段的城市案例，探索城市具有文化意义的物质形态和其所庇护社区的含义。他认为，城市最持久的东西在于它的物质载体，在于在适应新的经济需要和体现时代风尚的过程中不断增添新的物质内容，同时又为现在或将来的人们保存过去的城市文化痕迹。城市物质形态是持久的，但变化最快、最激烈的经济变革又都发生在城市，为此需要重视认识城市如何以及为什么会形成各自的形式。他认为，城市设计理论要关注抽象的城市设计方案与实际的城市建造活动之间的关系，以及“城市进程”，即时间流逝过程中城市物质形态的变化和相应的经济社会联系。2021 年威廉·H. 怀特（William H. Whyte）的《小的城市空间的社会生活》（*The Social Life of Small Urban Space*）一书则强调应该把城市看作人的居住地，而不是简单地看作经济机器、交通节点或巨大建筑的展示平台。他从观察到的人们对城市空间的使用，呼吁小的、更适合社会生活的城市空间，反对脱离社会生活的超大、巨大的城市空间。

针对去工业化进程下的城市和旧工业区改造、城市快速增长后的区域整合，2001年彼得·卡尔索普（Peter Calthorpe）等在《区域城市》（*Regional City*）中指出，在美国，绝大多数人居住在城市和郊区之中，形成了一种基本的经济、多元文化、环境和公民主体联系的边缘城市聚落特征，但也面临无序蔓延的困境。为此，他提出区域城市的概念和新城市主义，提出了将边缘城市转变成区域城市所需的空间设计原则，包括构建村、镇、城的核心，特别使用区，保护地，走廊地带，以及采取相应的公共政策，以建设成熟的郊区聚落、促进城市街区更新；创造和重建丰富多样、适于步行、紧凑、混合使用的社区，通过建筑环境的重新整合，形成完善的城市、乡镇及邻里单元。新城市主义是对美国城市化和郊区化的回应。

转型发展中的城市复兴。2000年前后已经认识到，在全球化时代，文化作用具有空前的意义，文化被重新定义为一种资源，作为解决政治和社会经济问题的一种手段，将文化作为推动城市经济增长动力的想法成为一种潮流。许多城市试图通过复兴城市中心区来增强竞争地位，不少企业也利用城市文化复兴策略占据市场地位。例如，城市国家新加坡就试图以文化战略来增强其在世界城市中的地位；在英国伦敦，以复兴城市文化来推进政府与其他利益相关者的合作，创建具有国际竞争力的城市区域，促进区域和国家的经济增长。但是文化引导的城市复兴，也有夸大文化投资影响的潜在危险，面对激化社会分化的风险。此外，复杂的城市和区域问题的解决通常面临范式的简单化和周期性消长问题的难题。增长极理论、新城、邻里单位等战后经验证明，期望与现实往往存在差距，因此也就越来越重视寻找适合及适宜的服务城市政治、经济转型的规划工具。

不只是文化、社会、经济，政治经济学思想也引进了城市。1987年，约翰·弗里德曼（John Friedmann）发表《公共领域的规划：从知识到行动》（*Planning in the Public Domain: From Knowledge to Action*），他从社会有效组织的层面上拓展了对规划的认识理解，提出了西方政治理论中经常问及的一个问题：历史如何以及在何种程度上可以来理性引导社会发展？在他称为规划的知与行的综合处理中，追溯了规划的社会组织思想、实践主要知识的传统和哲学认识，即社会改革、政策分析和社会学习，以及与公共管理有关的社会动员，包含推动自下而上社会结构转型的乌托邦、无政府、历史唯物主义等；介绍了四种规划传统的重要历史，评估了不同思想家的贡献。之后针对美国的当下社会和规划情况，他提出了采取“激进规划”（radical planning）的建议，

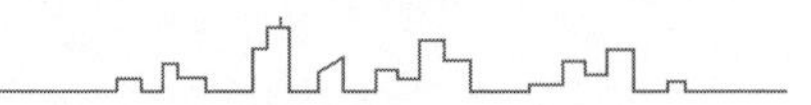

建议建立一套拒绝资本主义不平衡发展、剥削和隔离，兼具社会改革和社会动员，重构社会组织的规划理想和方法，以修复社会，恢复政治共同体。

由此可见，战后以来，特别是20世纪70年代以来的城市规划发展，面对的是城市发展转型的巨大转折变化，面对的是不断探索适应其转型变化的规划思想、理念和方法的批判和探索。对此，2002年彼得·霍尔在《明日之城》（*Cities of Tomorrow*）一书中，将20世纪以来的城市理念，概括为想象之城、梦魇之城、杂道之城、田园之城、区域之城、纪念碑之城、塔楼之城、自建之城、公路之城、理论之城、企业之城、褪色的盛世之城、永远的低层阶级之城，进行了思想史方面的批判。例如，他对受20世纪60年代航天技术影响，规划界出现的采用系统方法（systems approach）进行规划的想法开展了分析批判。他认为，武器控制于系统之外；城市—区域受制于系统之内。城市规划并不只有一种问题和一个压倒性的目标，而是有许多问题和许多目标，且相互矛盾，这就很难从总体目标转化成特定的操作性目标。城市的许多问题并没有完全被破解，需要进行分析的系统并不能不证自明地存在着，许多现象也不是确定的，处在可能的变化之中；市场的影响、建设的成本与收益很难进行确切量化。所以，系统规划宣称的科学化目标很难轻易实现。在开放的系统中，系统分析充其量扮演了直觉判断的辅助性角色。到1975年时，系统规划师中最著名的布里顿·哈里斯（Britton Harris）写道，他不再相信规划中较困难的问题可以通过系统的优化方法来进行解决。当然，霍尔将永远的低层阶级之城归为最后一章，表明城市现代化以来，城市规划面对的一直无法难以有效解决社会底层贫困问题所处的困境和难题。

对于规划理论的认识。“城市规划理论”不能与自然科学理论相提并论，至少它不可能在任何时候利用相同条件进行重复验证。应该将城市规划看作含有不完整理论的学科。规划的理论只能是对城市发展、控制措施的方法和内容以及效果所做的观察和取得的经验进行系统整理。

然而，这只是规划实践的一个方面。更重要的是实施的规划措施能否取得预期的效果。另外，城市规划的内容不能与它的价值观念相脱离。过去几十年中我们已经学到，这些价值观念总是在不断地变化，一个规划的“成功”在不同时期里可以有完全不同的理解。因此，就上述意义来说，城市规划仍是一种“启迪式”学科，也就是探索解决问题的途径，不断地从新的需要出发，探索解决实际问题的恰当办法。

今天的发展，更多地专注于对规划的认识问题、规划的功效及其能够解决什么、应该做什么，规划治理的现代化在于多样性和社会的共同参与，规划的功效在于社会动员能力，以及明确的责任与任务和对城市反映的效率效能的提升所起的作用。

关于本书。最后，说下与本书有关的清华大学“城市历史与理论”课的课程要求。“城市历史与理论”试图通过对城市规划建设的历史概述和实例介绍，研究不同时期城市社会状况与城市发展和形式特点之间的关系，分析城市形成的主要条件、城市的发展过程以及城市规划理论和实践演化的历史进程。“城市历史与理论”要求通过课程的学习能够基本了解中外城市规划实践的主要历史事件、城市规划的主要理论观点和概念，基本了解城市发展的大致过程，能结合学习中掌握的理论和历史材料或新发掘的材料，运用历史辩证法的观点分析当前的或工作中面临的城市发展问题。

本书的内容取自于清华大学建筑学院城市规划系研究生“城市历史与理论”课“城市规划的转型与发展”课程作业的31篇作业论文，涉及城市规划本质，城市规划的理念和方法，城市规划的治理措施、手段的认识三部分。其中城市规划本质的认识，包括为何规划干预、如何规划干预以及规划形态秩序的科学性等；城市规划的理念和方法的认识，包括区域的空间组织、城市的空间组织等规划理念，以及过程规划、公众参与、规划权管控和区划等规划方法；城市规划的治理措施、手段的认识，包括空间治理机制、空间模式管控、分权、社区空间治理等多个方面。

出版本书的目的在于，通过展现当前这一代研究生在对前人研究成果的分析、归纳、思维思辨方面的能力和水平，进而来认识我们这个时代城市规划理论的进展程度及其对当代中国城市规划理论研究的影响。

彼德·沃森（Peter Watson）在《思想史：从火到弗洛伊德》（*Ideas: A History from Fire to Freud*）一书中转用弗朗西斯·培根的话说，最有趣的历史形式是思想史，城市规划理论的历史形式也可以说是一部思想史，尽管这部历史还不那么久远。本书选取的论文作业，展现了研究生们对当代丰富多彩的城市规划理论研究的高度兴趣，其中反映了对当今社会转型发展面对的社会治理一系列挑战，以及如何治理的不同认识，本质说来是对已有的思想认识范式是否符合当今城市社会发展的基本规律，我们到底如何和应该怎样在个体和群体层面统筹中来组织城市的发展，服务最广大人民群众追求美好生活的根本利益。

我国正处于发展转型阶段，对城市发展规律、城市规划的作用等要义迫切需要开展进一步研究。在全球化和社会主义市场化下，如何认识和理解城市规划的作用和在不断发展进程中受到的扰动，是认识城市的未来、把握规划着力点的关键。特别是在全球化和城市化进程中面临的经济、社会、文化转型以及长期存在的社会公平和资源环境的可持续利用发展的挑战，市场经济的发展在带来财富的进一步增长的同时，也产生了更为尖锐的区域不均衡、社会分配不公正的冲突，由此种种，产生了更为不清晰的现代性问题，需要回望历史，了解是什么原因产生了城市规划，规划解决了什么，能够解决什么。当然回望过去，更多的是指向未来。作为青年一代的学者，有着更多的勇气，对过去的认识予以批判，对未来有更多的期望和展望。

本书作为一个窗口，可以看到研究生们对发展转型所面对的挑战和突破的难度的理解和认识水平。

由于学识和认识的局限，本书展现的材料中，肯定存在诸多问题和不足，敬请各位读者予以批评指正。

本书各篇文章作者分别是：郑伊辰、郝恩琦、李嫣、沈霖、邓冰钰、杨骁、吴雅馨、王越、李诗卉、刘澜、张鹤琳、刘杨凡奇、钱乾、李梦晗、林晓云、李俊波、杨建亚、杨若凡、刘艺、刘永城、王怡鹤、金安园、刘思璐、张琳、耿丹。本书的编辑整理工作由刘艺负责。

为便于读者阅读，在每篇之前分别设置了导言，简要介绍了每篇文章综合概述的主要观点。

吴唯佳

2022 年 2 月于清华园

目 录

CONTENTS

01 第一篇 城市规划本质

02 第二篇 城市规划的理念和方法

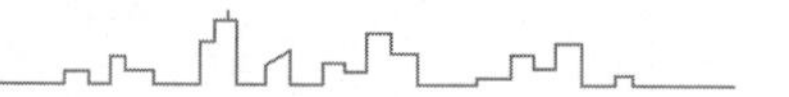

03 第三篇 城市规划的治理措施和手段

第一篇

城市规划本质

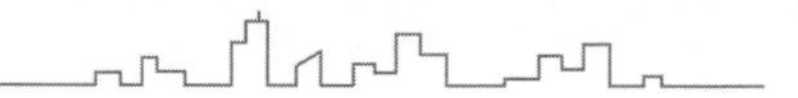

导　言

本部分收集了关于城市规划本质的认识的十篇论文，主要分为为何规划干预、如何规划干预以及规划形态秩序的科学性三个方面。

城市是一个整体，城市建设是一项集体的活动。城市建设的集体活动需要调节、干预、有润滑剂，需要有社会稳定的底线杠杆，来减缓或减少集体活动中出现的不协调、不合作乃至自我冲突的问题。城市规划就是这种干预的工具、润滑剂和调控杠杆，作用在于减缓城市建设的集体活动中出现的矛盾和阻力，提供整体的最大幸福。基于边沁的功利主义和城市功效的客观性认识，论文《功利主义与规划的伦理奠基：边沁和密尔的启示》，梳理和回溯了早期英国现代政府构建过程中，边沁等对政府作用的哲学理念思辨脉络，就城市规划干预什么开展城市规划功效的思辨认识。论文延续了边沁等的思辨逻辑，认为规划的要义在于实现政府的一般职能，也就是制止和预防城市建设集体活动中出现的纠纷，并提供便利。论文进而指出，要慎用和监管政府在规划中的特殊职能。论文还认为，规划意图的好，在于划定规划治理的一般职能；规划的好，在于助推社会总财富的增值和社会整体幸福的增进。论文指出，要辩证看待社会整体幸福的最大化与弱势群体的保护，即整体与个体之间的关系；在不可能让“所有人满意”的情况下，要加强规划沟通理性和决策艺术的统一，以规划成本的最小化替代收益最大化，以此成为空间治理的重要目标之一。

论文《新自由主义的启示：规划过程中政府角色的批判和转型》，基于新自由主义理论，对规划的叙事方式、分配机制、政府角色、精英阶层的理论缺失等方面开展了批判认识。论文立足于自由的义务在于不危害他人、个体的幸福不牺牲他人正当利益为代价的基本论点，指出政府干预的正当性源于自然状态下的缺项，诸如缺乏惩戒措施或者个人的松散组织无效能。据此，论文概括了愿景式宏大叙事、指令式增长策略、利益的空间分配和立足长远的底线管控等三种规划语言，审视了规划的正当性。论文认为，就宏大叙事来说，规划的政策选项都是此时此地的，因而难以比较好坏；所有模型都是过去经验的归纳，无法用其对未来效果进行评估，由此它们的正当性难以科学证伪，只好退而强调程序而非实质的正义，从效果的好转向维护底线。至于规划带动的指令性增长，作者也通过历史进程的分析，认为是暂时的现象；更进一步从苏东的事实绩效，说明指令性因素扭曲了供求关系，不可取。对于利益的空间分配，论文认为它与自由主义主张的规划干预之间存在着正当性的悖论，进而指出底线管控是规划的根本职能。论文主张，规划的角色要从执行主体转向监管主体；从做好运动员转向当好守夜人。此外，结合上述分析，论文还认为，传统规划知识语境面临上下不讨好的困境，越来越难以把握复杂要素下的经济社会发展规律，也难以应对当今社会个体利益的细碎化和高昂诉求成本的挑战压力。

规划干预要有价值目标。论文《19—20 世纪西方城市规划中人本主义的演进》，回溯了西方国家城市规划思想中人本主义的发展进程，认为 19 世纪逐利的资本主义发展，加速了资本“恶”的显露，贫民窟被视为“毒瘤”的存在，吞噬了资本的价值，催生了社会暴乱的隐患，成为近现代城市规划开始的导火索。受乌托邦的社会主义影响，早期的城市规划表现为空想的人本主义，坚信财产的公有，分散的区域城市组团是解决问题症结的重点，忽视了社会的残酷现实和资本的市场集聚作用。之后的重视城市美化、机器效能的精英人本主义，关注了物质环境的美化改善和追求秩序的个人英雄情怀，寄希望于有序的机器美学，但显然这解决不了复杂的社会现实问题。近年来，回归社区生活和复杂系统的有机的人本主义，走向了面向大众文化和城市要素的复杂系统组织，强调了多样性、复杂性和系统性，从城市的运行规律去研究和提出解决城市问题的方案。

规划如何干预，如何更好地处理政府之间、政府与市场之间的契约关系，提高治理效率，是《不完全契约理论视角下的空间规划治理逻辑》着重关注的方面。论文试图利用不完全契约理论，对改革开放以来空间规划转变过程的治理逻辑予以解释。论文指出，不完全契约理论关注的重点是适应性治理和剩余控制权。事后的适应性治理在于调解冲突，实现双方共同收益；而剩余控制权在于事前设置分配激励机制，以实现效益分配的次优解。对此，论文将空间治理分为上下级部门之间的纵向、不同部门之间的横向，以及政府与社会的关系三种关联，通过对改革开放以来纵向的直控式规划、双轨制规划、托管式规划再到混合式规划调控的演变进程，描述了直控式的计划执行、土地使用权的合法转让、分税制改革的事权地方托管，再到空间规划权的争议等适应性治理和剩余控制权的逻辑解释，进而指出下一步的空间规

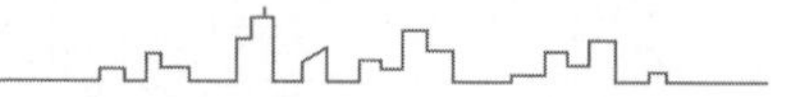

划治理重构应注意剩余控制权的平衡分配。对于未来的横向、政府与社会两种不完全的契约关系，提出要重视生态底线的适应性治理以及政府与社会契约背后的以多元社会主体参与的服务型政府治理转变。

主张弱化政府干预的治理理论，能否解决城市发展中出现的诸如结构性问题等，论文《关于新自由主义理论的研究综述》对此进行了批判性回顾。论文概述了主张政府对市场弱干预的古典自由主义，对关键经济领域和就业政策进行国家干预的自由主义，以及弱化政府干预、发挥市场积极性的新自由主义发展脉络，介绍了新自由主义对西方国家在私有化改革、促进资本流动、未能从根本解决造成经济停滞的结构性问题等情况。论文也归纳了我国改革开放以来社会主义市场经济下土地市场发展带来的城市社会空间快速重构和地方政府转型的影响，进而指出，中国国情与西方国家不同，市场经济作用的发挥要结合我国情况，因地制宜，平衡政府与市场的关系。

专注处理政府治理体系的改进，能否真正解决城市发展的问题，论文《美国大都市区治理理论与实践》对此进行了讨论。论文从美国建国之初的《独立宣言》开始，论述了其偏好小政府的思想渊源；进而指出，这也催生了美国建制市数量快速增多、区域管理碎片化、城市蔓延、区域分化和不公等一系列问题。在回顾了战后到20世纪60年代之间为解决区域碎片化，提出的大都市区管制之后，介绍了20世纪80—90年代公共选择理论对大都市区管制的批判，及其对降低区域生产成本，居民以脚投票选择自己满意的政府，鼓励小政府管理模式和区域政府之间合作治理等实践。论文指出，面对区域内部发展不平等和无法遏制的城市蔓延，无论是公共选择还是大都市区管制，关注的只是如何看待政府的治理职能，对于问题的解决一直一筹莫展。论文也指出，近年来在大都市区管制和公共选择之间，出现了折中的新区域主义，强调区域政府之间的非正式合作，通过建立区域委员会，以加强联邦以及区域政府横向之间的联系。

就规划者的角色，论文《西方城市再生理论与实践演变及思考》将其放到了为谁服务的哲学背景下予以讨论。论文以城市更新为对象，将规划理念置于西方不同时代规划思想的演变进程中加以讨论。在早期，规划的理念被归结为人文和效率的思辨和冲突，对于之后的演化，认为转变成为对秩序和技术崇拜的追求，进而分解为向后看的理想城市（自上而下）和向前看的功利实用（自下而上）两个方面。基于自上而下和自下而上的规划讨论，论文将规划方法论转化为规划者的角色（人称），分为规划者、执行者和协调者，由此研究他们如何看待更新视角、更新方向、人文和效率等问题，结合近年来城市更新从大拆大建到小范围更新的转变以及规划的实际操作，指出城市更新需要将部分理论上的理想让渡于现实效率，但效率的追求也异化了规划师的角色，从守护者变成偷猎者，难点在于理想和效率的平衡。论文指出，对于规划的方法论，要放到当时的背景和历史的联系中加以认识。对于更新方向、更新视角和规划人称，要用多元视角、人文、效率的参与和合理高效机制等来加以认识。

至于规划所起的作用，《治理工具或社会理想——基于〈明日之城〉与英国住房郊区化的论述》通过彼得·霍尔的叙述，观察了城市规划理论和实践在不同时期发挥的社会功能，以及两者之间既矛盾又相互依存的原因。论文发现，在英国的经历中，城市规划有时作为针对特定社会利害关系的治理工具，有时作为引领发展的乌托邦式社会理想的表达。就针对英国贫民窟引发的规划运动，论文指出，本质上与其说是为了改善贫民的生活状况，不如说更多是为了在其之外的社会稳定需求。而对伦敦郊区蔓延提出的空间无序、城乡体系失效等的批评，主要反映了统治阶层利益分割的危机认识。论文认为，起源于田园城市运动的规划理念，更多地建立在保护既有利益者、兼顾社会稳定之上；所谓的土地集体和自给自足，在实践和传播中不断地被现实稀释，空间的规划理想，在不同时空和体制的土壤移植中留下的只是表层。由此指出，规划需要关注的不只是空间的美学原则，更重要的是利益的协调属性。

就规划形式探索的思想视角，《城市形态学的思想演进与启示》梳理了城市形态学在地理学和建筑学两个学科中侧重规律研究和指导实践的不同重点，归纳了城市形态学的形成发展在思想演进方面的特点，指出在地理学方面，法国学者最早对巴黎的考古地形学和城市形态生成的工作，形成了城市有机体的思想；以及之后的法国学者对德国城镇平面类型进行的分类分析和受此影响发展的德国文化地貌形态学。论文指出，英国的城镇地貌具有已有的研究传统，之后德国学者对英国城镇平面、建筑组织、土地及建筑用途的三个层次划分，以及对城市边缘带、城市建设环、形态学景观区的城市形态概念概括和信息提取，为英国城市形态学的发展提供了思考方法和框架。在建筑学方面，论文介绍了意大利学者早期以城市历史建筑、城市中心和城市扩张为开端的意大利城市形态研究。战后重建后，面对城市开发漠视社会

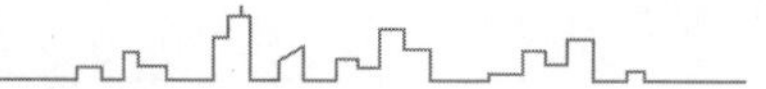

联系，开展了建筑与城市形态演变的过程类型，以及城市形态根植于当地文化的影响研究，强调同一尺度下的建筑联系要与所在层次进行整体思考。论文认为，近年来，城市形态学的地理学研究重点也开始重视将研究方法应用于建筑实践。论文认为，随着城市的发展，城市形态学的学科思维在地理学和建筑学两个不同侧重方面出现了殊途同归的趋势，以学科的融合来解决当代城市发展面对的实际问题。

《从〈城市意向〉到〈城市形式〉——规划中对数理方法与现象方法的探索》以凯文·林奇前后两部有关城市形式的著作为代表，观察了20世纪50年代与80年代间规划理念的思想变迁。论文以韦伯《工业区位论》等数理方法为起点，概述了“一战”后美国制造产业繁荣，之后的股市崩溃、城市问题；“二战”爆发刺激的美国经济、战后重建带动的美国城市复苏，以及20世纪60年代经济放缓、爆发新的城市问题的循环重构，以数理方法解释其间规划失序面临了诸多多样性和复杂性的问题及挑战。其后论文以凯文·林奇的《城市意向》和《城市形态》重视人的行为的现象学方法作为科学研究的哲学转向代表，结合20世纪60年代雅格布斯对纽约城市更新认识冲突的讨论，认为人对环境认识取决于社会建构；进而指出，以城市意向和城市形态为代表的现象学研究，存在着复杂和缺乏统一标准的问题。论文认为，未来的研究需要关注连接这两类自上而下和自下而上研究断层的必要性。

1 功利主义与规划的伦理奠基——边沁和密尔的启示[①]

郑伊辰

作为一门实践性学科，规划需要从哲学领域找到其伦理基础。本文回溯为现代规划奠基的 18—19 世纪功利主义（utilitarianism）哲学思想，重点结合杰里米·边沁（Jeremy Bentham，1748—1832）和约翰·斯图亚特·密尔（John Stuart Mill，1806—1873）的有关著作，并涉及思想脉络中其他重要学说，以功利主义话语回答规划思想领域的重要伦理问题——正当性来源、行动目的、边界和义务，以及评估其优劣的普遍依据，最后，试图在当代中国规划变革的语境下，给出功利主义行为原则的变式。

1.1 为什么回看功利主义？

1.1.1 功利主义哲学：现代规划的思想基础

功利主义哲学以“促进最多数人的最大幸福”为道德和政治的核心理念（莫尔根，2011），其思想源流可溯及古希腊伊壁鸠鲁学派，在 18—19 世纪英语世界的哲学讨论中获得了最大的发展。两位核心人物——J. 边沁和 J.S. 密尔为功利主义思想向政治学、经济学等领域的引进做出了主要贡献（表 1-1）。

功利主义代表人物活动的时期，与现代意义上城市规划萌芽与产生的时期相重合（表 1-2）。边沁生活时期，恰逢第一次工业革命和英国早期城市化进程；密尔生活时期，略当于工业时代城市问题的集中爆发和现代规划的兴起。功利主义既是英国资本主义迅速发展、上层建筑现代化的思想写照，也是社会意识变革的助推剂，主导了现代城市规划思想体系的形成。

---

① 本文已修改发表于《规划师》2019 年第 22 期。

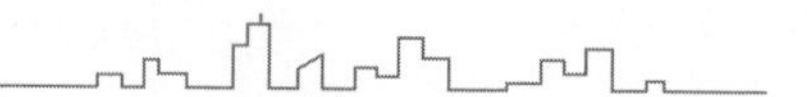

表 1-1　18—19 世纪英国功利主义思想代表人物和重要著作

代表人物	生卒年	代表作
J. 边沁	1748—1832	《道德与立法原理导论》(简称《导论》)、《政府片论》
J. 密尔	1773—1836	《政治经济学要义》
J.S. 密尔（J. 密尔之子）	1806—1873	《论自由》《功利主义》《政治经济学原理及其在社会哲学上的若干应用》(以下简称《原理》)、《代议制政府》

注：书名加下划线为本文重点关注。

资料来源：兰德雷斯等，2011；莫尔根，2011。

表 1-2　功利主义发展与现代城市规划兴起的时间关系

时间 / 年	现代规划兴起 / 功利主义思想发展进程中的重要事件
1748	J. 边沁出生
18 世纪 60 年代	瓦特改良蒸汽机，标志第一次工业革命开始
1789	法国大革命爆发；边沁《道德与立法原理导论》初版
1806	J.S. 密尔出生
1848	欧洲多国爆发革命；《共产党宣言》初版；J.S. 密尔《政治经济学原理》初版
19 世纪 50 年代	英国城市化率突破 50%
1859	J.S. 密尔《论自由》初版
1861	J.S. 密尔《功利主义》初版
1875	英国颁布《公共卫生法》(*Public Health Act*)，标志现代意义上城市规划的产生
1890	英国颁布《住宅改善法》(*Dwellings Improvement Act*)、《工人阶级住宅法》(*The Housing of the working Class Act*)
1898	霍华德《明日：一条通向真正改革的和平道路》(*Tomorrow: a Peaceful Path to Real Reform*) 初版
1909	英国颁布《住房与城市规划法案》(*The Housing and Planning, etc. Act*)

资料来源：边沁，2005；密尔，2017；密尔，2011；密尔，1991；张京祥，2005。

1.1.2　国内规划学界对功利主义需要更多关注

西方规划学者在思想史研究中对功利主义的作用多有关注。最突出的有：N. 利奇菲尔德（N. Lichfield 等，2016）在《规划过程中的估算》（*Evaluation in the Planning Process*）中，将边沁的功利主义思想奉为英国现代规划的核心原则；J. 弗里德曼（J. Friedmann，1987）在《公共领域中的规划》（*Planning in the Public Domain*）中，将功利主义思想置于现代治理范式的源起位置，列为规划的四种传统（tradition）之一——“政策研究”（policy study）的思想基础。

相较于西方研究，国内规划学界对功利主义的关注有待拓展：张京祥（2005）的《西方规划思想史纲要》是国内规划思想史叙事的集中代表，受“通史”篇幅限制，对功利主义的角色点到为止、未及深挖；孙施文（2007）的《现代城市规划理论》基于丰富理论积累，对规划“何以可能”的问题做了系统回答，但在“规划如何被赋予意义”的形而上层面，尚需更多明示；曹康（2005）将功利主义对规划的影响放置在西方思想整体脉络之中，但是对功利主义的解释经由二手文献，故对其不足之处的概括也略显急切。

1.1.3　规划研究聚焦功利主义的重要性

规划实践不能为自己产生价值标准，其行动基础必定来自外在支撑（曹康，吴丽娅，2005）。这种支撑先行确定了行动的目的、动令、禁令，以及评价结果的基本价值观，并真正地把行动赋予意义。国内规划思想研究多聚焦于从实践中抽引出的思想（theory in planning），但对行动背后的价值理性问题（theory of planning）需要更多关注；同时，国内外既有研究对功利主义原著缺乏直接、系统的梳理，而在规划体系急剧变革的当下，学界更需要回归思想原貌，进行有针对性、建设性的概念演绎和讨论。

1.2　伦理奠基：规划基本问题的功利主义回答

J. 边沁和 J.S. 密尔的功利主义学说具有哪些思想要素，以至于成为现代规划思想的重要起源和基础？笔者试图在规划伦理情境中引入功利主义思考，以厘清对实

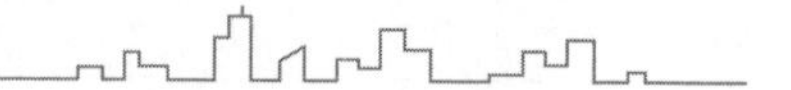

践背后基本理论问题的认识[①]。

1.2.1 规划的正当性：来源于痛苦的实在性与个体的有限性

只有被需要的规划活动才具有正当性（legitimacy），而只有产生于权利转让与制衡体系下的规划活动才具有可能性（possibility）。对于功利主义者来说，规划活动的正当性与可能性来自一个根本事实：人类时刻面临痛苦，而经由个人的努力不能完全克服这种痛苦。

传统思路：基于“自然状态”的推理。在功利主义之前，思想家主要根据对人类“自然状态”“自然法”的构想，阐发出权利转让的必要性与公权力形成的可能性，以霍布斯（Hobbes，1985）和洛克（Locke，1964）两种思路为代表。这种思路构建了一套自洽的体系，但作为论证起点的“自然状态”高度基于主观构造，使更进一步的实践性讨论陷入观念之争。

功利主义论证：应对痛苦的政策手段。相比之下，从功利主义思路出发的论证更接近科学形式，故成为实践理性的坚实基础。首先，基本事实是“人类时刻受苦乐主宰”这一观察规律的普遍性与必然性（边沁，2005）；其次，苦乐有远近之分，而长期的幸福往往是人们在当下不能注意或确定的（边沁，2005）；最后，个体努力克服痛苦的有限性，例如在社会组织的初级阶段，“凡是需要投入大量财力、需要采取联合行动的事情，个人都无法去做”（密尔，1991），其间的人际冲突和侵害也增加了痛苦的总量。

因此密尔认为，公权力的基本任务是“采取措施把人类现在用来相互侵害或用来保护自己不受侵害的力量用于正道，即用来征服自然”（密尔，1991），这一思想为公共领域（public domain）中规划的入场提供了论证基础。

1.2.2 规划的目的：增进最多数人的幸福

密尔（2017）在《功利主义》中指出，“行为规则所具有的特性和色彩必定得自

---

① 作为思想史论述，本文的基本假定是：作为一门与政治学和经济学关系至为密切的学科，城市规划定然通过特定的思想传播渠道受到功利主义思想家的影响。对这条思想传播路径的存在性的论断为本文奠基，其深入论证需要知识考古方法，盖非小文所能罄尽。

其从属的目的”，作为应对痛苦与不确定性的公共政策，规划的最终目的是多数人的最大幸福。“最大幸福原理”（亦即“功利原理”）业已为规划学界耳熟能详，但是与早期功利主义者相比，边沁的思想体系给出了两项突破性论证，使其更加令人信服。

突破性论证 1：功利原理的逻辑普遍性。边沁（2005）在《导论》的第一、二章中，将区别于功利原理的行动准则归并为两类：一是与功利原则部分交叉而差集部分能通过逻辑消歧回归于功利原则的；二是完全属于功利原则的补集，从而在当下人类条件下无法持续（如禁欲主义原则）和不可普遍化（如个人好恶）。由是，功利主义原则得以在公权力领域获得统领地位。

突破性论证 2：幸福的量化计算。为了让建基于功利原则的道德与立法论证成为一门“科学”，边沁（2005）在《导论》第四章中将行动的效果分解，选择了强度、持续时间、确定性与否、邻近或偏远、丰度、纯度（苦不随乐至，乐不随苦生）以及广度（波及的人数）共 7 个指标，来估计一项行动对群体和其中的每一个体的幸福的影响，行动的估测、选择与评价由此有章可循。

弗里德曼（Friedmann，1987）认为，边沁的学说具有“数学般的严谨性”（mathematic rigor）——基于苦乐的量化计算，规划研究得以建立科学形式、免于“空对空”的概念游戏。

1.2.3 规划活动的边界：不侵犯个人正当的自由空间

康德（1990）认为，一套良好的公民法律是解决个体“追求道德的天职”与“扩大自身的本能”冲突的手段；与古典哲学相比，功利主义讨论弱化了以目的评价行为的“道德律”推理（康德，2012），但也坚持“集体对个人干涉的限度”的确定，是扩大幸福的必要条件（密尔,2011）。作为公权力的规划，应将其活动边界划定在何处？

功利主义的回答是：“违背其意志而不失正当地施之于文明社会任何成员的任何权力，唯一目的也仅仅是防止其对他人造成伤害”（密尔，2011），规划的治理权限，仅限于利益主体行为“对社会负责”的部分，也就是“涉及他人的那一部分”（密尔，2011）。

公私关系领域，个体自由空间的不可侵犯性可以给出两个方向的论据。

论据 1：个体拥有对苦乐的最终解释权。边沁（2005）在确立群体幸福目标的同时，也强调个体作为幸福最终解释者的重要性，“不理解什么是个人利益，谈论共

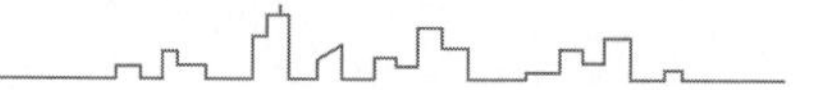

同体的利益就毫无意义”。众生在苦乐面前的共通感受，是其平等权利的来源和基础。苦乐体验的切身性使任何以“为你好”为借口对个体的干涉都失去意义。为了保证个人利益的小值不被“集体利益”的大值淹没，从而让“群体幸福”这个概念本身成为空无，公权力治理须恪守个人自由界限。

论据 2：多主体自由发展增大人类福祉。行为主体在其界限内的自由探索，是增大整体福利的关键手段。密尔指出（2011），不保证个人绝对权利（行动空间）不受侵犯，社会最大幸福的增值也就没有了永续的、突破既成习俗的动力，致使探索与进步停滞，“幸福”陷入自相矛盾。要确保弱势群体不被强势者以“幸福运算最大化”为借口直接牺牲掉，增加这一个论据至关重要。

给公权力的禁令同时也是给个体的行动许可：在个人正当行动范围之内有不受他人干涉的自由。这一条款直接进入规划语境——在产权边界之内，有权利做一切不产生负外部性的事情。这是推动人类自我实现多样化、寻找空间开发“最优解”的最佳形式。

1.2.4 规划的义务：实现一般职能；慎用特殊职能

接受了公众的权利转让，规划必须去做什么？边沁（2005）认为，以赏罚的手段增进社会幸福是政府的义务。密尔在《政治经济学原理》中，将政府职能分为两个方面——必不可少的、公认的一般职能和超越此界限的特殊职能，这种视角对规划理解自身行动义务有很大启发。

一般职能必须实现。密尔（1991）认为，政府的一般职能，也是人民需要政府的根本原因，包括制止、惩戒和预防侵害，解决和防止纠纷，提供便利。其中第一项最普遍和刚性。由是，我们更能理解以禁令和限界作为空间治理基础形式的当代规划——政府身为空间资源利用的监管者，通过将个人无限度的自由削减到不互相侵害的程度，来保障公众幸福赖以存续的刚性底线。

特殊职能应受监督。值得注意，与一般职能不同，特殊职能并不构成义务，反倒是对其谨慎的批判构成了义务——当政府本身作为资产的支配者和监督者，从而“既是运动员又是裁判员”的时候，就要慎之又慎、备受拷问。作为古典主义经济学集大成者，密尔（1991）对政府权力的滥用充满警惕，他认为超越一般职能的政府活动必须经由税款或债务，会扩大政府的干涉范围，并且和私人主体相比，难以保证使用资金的效率——这些论断仿佛以另一种形式预言了当代中国城市建设中的地方债问题。

从义务视角切入，我们更能理解规划思想史中对规划公权力的质疑态度，最突出的体现是，20 世纪 70 年代末至 80 年代，英国保守党政府任内对空间治理部门的大幅简化，以及区域规划角色的相对式微（Counsell，Haughton，2004）。

1.2.5　规划的评价：意图的好与效果的好

对“好规划”的鉴别与评价直接导向实践策略的选择。在功利主义思路中，依据边沁对人类行动的分解考察，可以给出至少两条判据——意图的好与效果的好，而又以后者为主要方面（边沁，2005）。

第一，规划意图的好：立法形式合于目的。

空间治理行动的原则是否符合其原初目的，为规划“意图的好”提供了判别形式：在制度设计中，若能回避个体自由的禁区、划定空间治理的一般职能，严格批判和监督特殊职能的运用，可称为“意图的好”的治理。

第二，规划效果的好：助推空间总资产增值。

在边沁（2005）将幸福分类、量化处理之后，“效果的好”较之初步的意图判定，有更高的论述价值。评价公权力运作效果的首要问题是个体感受的任意性——欲望向诉求、诉求向权利的转化都是不尽然的，如果单从民众“满意度”出发，就容易陷入“公权力运用永不让人满意”的死循环。

应对这个问题，功利主义最突出的贡献就在于其与市场经济学理论的交织。可用这样一个三段论来概述其转换——痛苦是生存不可免的事，而普遍需求的满足是幸福的来源（大前提）；在充分流动的自由市场中，商品或服务的需求热度用价格有效表征（小前提）；在监管完善的政府治理下，社会总财富的增值能够比较科学地反映幸福增进的程度（密尔，1991）（结论）。

同时作为经济学家与哲学家的边沁和密尔父子，把苦乐计算和供需关系、价格要素关联起来，为公共行为的科学化评测提供了论证基础，也赋予社会经济调节以“增进幸福”的道德内涵——密尔（2011）在《论自由》的最后一章直陈，对旨在获取商业利益的生产进行管制（restriction）“本身就是一种祸害（evil）”。

由此，对规划“效果的好”的评测标准向经济学计算靠近：是否以消除侵害、调

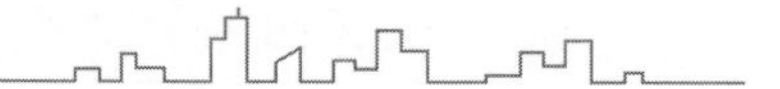

解纠纷和提供便利的手段，令个体正当的空间需求得到满足，促进社会空间总资产保值增值。这一点无疑与现代城市规划改革中的“财政转向”取得了一致性。

第三，附论：对待弱势群体的矛盾态度。

在伦理与经济学的论证中，何处安放弱势群体？功利主义思想家有着略显矛盾的认识。一方面，他们确实承认不能忽视弱势群体的诉求和呼声，因为排除底层既会威胁立法者的长治久安目标，也会让人类丧失一部分自由探索的可能性，最主要的是形成人道主义困局（霍布豪斯，2011）；另一方面，由于无原则的施舍破坏了经济整体运行效率，与“幸福最大化”的功利原则相矛盾，他们又不得不直陈公共政策不能把“不劳而获者和劳动致富者置于同等地位”（密尔，1991）。

功利主义效率与公平的辩证法尽可能向实践妥协，但依旧招致广泛批评（曹康，吴丽娅，2005）。

1.3 当代中国规划语境下的功利主义思考

自现代意义上的城市规划形成以来，从业者从来不能绕过功利主义的影响（表 1-3），虽然他们可能如边沁（2005）所言“对此浑然无知”。那么，在当今中国规划变革语境下讨论功利主义，有什么现实意义？

表 1-3 功利主义思想对现代规划的启示

功利主义思想介入规划的方式	基本伦理问题	问题的解答
规划实施前：确立规划的正当性与目的	规划活动何以成为正当的？	人类被苦乐主宰，难以关注长期幸福，靠个体力量无法克服困难，需要公权力生成并介入
	规划活动的目的？	规划的根本原则是增进多数人的最大幸福； 幸福可量化计算
规划实施中：确立规划活动的边界范围与义务	规划实施进程中不能做什么？——界限	规划不能对个体行为不危害他人的那一部分进行干涉
	规划实施进程中必须做什么？——义务	规划要履行制止侵害、解决纠纷和提供便利的一般职能，同时控制特殊职能运用

续表

功利主义思想介入规划的方式	基本伦理问题	问题的解答
规划实施后：对规划进行评价	什么是好的规划？	意图的好：符合最大幸福原则、恪守自由界限和公权力义务； 效果的好：实现社会空间总资产增值

资料来源：作者据上文论述自制。

1.3.1　明确根本目的：规划是增进群体幸福的手段

有规划的地方，就有对“好规划”的定义和评价。在近期围绕“美好人居”主题的讨论中，武廷海、沈湘平（2018）首次将人居环境营造提升到“看护美好存在”的哲学高度，为规划的行业自豪感提供了思想支撑。

同时必须注意，规划不宜完全用主张“自为意义”的存在主义提供指导，还需要回归相对古典、理性的思路，为“美好”提供具有科学形式的判定标准。一方面，明确规划是促进“最大幸福”的综合手段，故而规划“自为目的”的“为规划而规划”不符合幸福原则；另一方面，将“幸福”的指标进行分解和转化，而非“就幸福论幸福”，是进一步科学讨论的前提。

1.3.2　遵守空间治理的限度：“风雨能入，权力莫入”

规划活动是建设主体追求幸福的帮手而非障碍。从“法无许可不可为”到“法无禁止即可为”的空间治理减法，是功利主义规划原则的题中应有之义。“负面清单”项数的减少，能够减轻公共部门运作负担、提高公共资金运用精准度、减小社会摩擦。

公权力强制干涉私人领域，只能出于重大安全、公共利益或关键性风貌原因，且须建立在尊重市场规律和充分洽商的基础上。由是观之，近期以京沪街道招牌整治为代表的“指令式”“运动式”空间治理，在合法性（legality）与正当性（legitimacy）层面均难以立足。

1.3.3　提高空间治理效能：严守一般职能，严控特殊职能

“一般职能”是空间治理的基本任务，其中对侵害的预防机制最具完善空间——

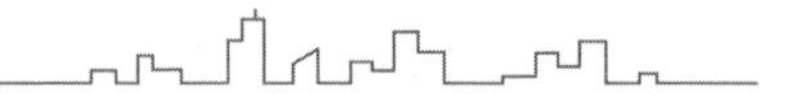

既包括在场主体间的侵害行为，也包括短期利益对长远利益的挤占，亦即异代侵害。目前我国国土空间规划体系建设方兴未艾，在政治哲学层面，其可被理解为对规划“一般职能”的调节和完善：对于不能在短期内产生市场价值的空间要素加以守护——既包括自然资源与环境资产，也包括文化遗产这一民族认同建构的物质基础，它们是其他空间资产得以显现其价值的基础条件。

“特殊职能”范畴，应当兼顾空间资产保值增值与效益再分配的公平性问题，适当做“减法”，而非盲目做“加法”。如果公共资金的巨量投入“收不抵支”，或溢价没有归公，抑或归公的溢价没有向纳税人公平合理地再分配，都不符合最大幸福和个体利益原则，应当被逐步消减。

特别注意，当纳税人与政府投资受惠者并非同一主体，而前者并未侵害后者利益与发展机会时，政府运用公共资金的建设行为即有害于公平性，需要以他种手段进行补偿。北京老城低容积率区域的历史景观恢复工程（以前门三里河为代表）即属此类。

1.3.4 批判性超越功利主义：沟通理性与决策艺术

边沁的著作没有把“群体幸福最大化”与保护弱势群体之间的关系进行彻底辨析，导致功利主义屡受抨击——在道德判定与“财富增值”同一的语境下，未能在当下创造足量财富的群体会受到忽视。密尔在个体自由领域，把探索的可能性列为人类福祉的来源之一，但也未能彻底厘清底层个体在其间的处境。

哲学理想与实践状况之间存在落差。以盈利（“幸福”）为导向的、大规模高速度的中国城镇化实践，充分显示了功利主义的内部张力。尤其在有限市场化条件下，空间治理规则体系有待完善，个体对成本的认知高于收益，产权变动之下的相对剥夺感强于获得感，故而治理进程更难达成共识。

新型城镇化阶段的城市规划，有条件成为对功利主义的超越：在不可能“让所有人满意”的条件下，规划逐步转型为工具理性、沟通理性与决策艺术的统一，成为利益相关方前置矛盾、交换诉求的平台——成本最小化取代了“收益最大化”，成为空间治理的首要目标。

参考文献

边沁，2005. 道德与立法原理导论 [M]. 时殷弘，译 . 北京：商务印书馆 .

曹康，吴丽娅，2005. 西方现代城市规划思想的哲学传统 [J]. 城市规划学刊，2：65-69.

霍布斯，1985. 利维坦 [M]. 黎廷弼，译 . 北京：商务印书馆 .

霍布豪斯，2011. 自由主义 [M]. 朱曾汶，译 . 北京：商务印书馆 .

康德，1990. 历史理性批判文集 [M]. 何兆武，译 . 北京：商务印书馆 .

康德，2012. 道德形上学探本 [M]. 唐钺，译 . 北京：商务印书馆 .

兰德雷斯，柯南德尔，2011. 经济思想史 [M]. 周文，译 . 北京：人民邮电出版社 .

洛克，1964. 政府论（下篇）[M]. 叶启芳，瞿菊农，译 . 北京：商务印书馆 .

密尔，1991. 政治经济学原理及其在社会哲学中的若干应用 [M]. 胡企林，朱泱，译 . 北京：商务印书馆 .

密尔，2011. 论自由 [M]. 孟凡礼，译 . 桂林：广西师范大学出版社 .

密尔，2017. 功利主义 [M]. 徐大建，译 . 北京：商务印书馆 .

莫尔根，2011. 理解功利主义 [M]. 谭志福，译 . 济南：山东人民出版社 .

武廷海，沈湘平，2018. 美好生活与人居建设 [C]// 孙施文 . 品质规划，北京：中国建筑工业出版社，27-39.

孙施文，1997. 城市规划哲学 [M]. 北京：中国建筑工业出版社 .

孙施文，2007. 现代城市规划理论 [M]. 北京：中国建筑工业出版社 .

张京祥，2005. 西方城市规划思想史纲 [M]. 南京：东南大学出版社 .

COUNSELL D, HAUGHTON G, 2004. Regions, spatial strategies and sustainable development[M]. London: Routledge.

FRIEDMANN J, 1987. Planning in the public domain: From knowledge to action[M]. New Jersey: Princeton University Press.

LICHFIELD N, KETTLE P, WHITBREAD M, 2016. Evaluation in the planning process: the urban and regional planning series[M]. Amsterdam: Elsevier.

2 新自由主义的启示：规划过程中政府角色的批判和转型[①]

郑伊辰

20世纪70年代，持续不到30年的战后增长高潮在东西方阵营普遍陷入停滞，以大规模国有化、高福利为重要特征的西方“社会民主”政策，以及凯恩斯主义的扩张性财政政策同时面临边际效应。20世纪70年代末—80年代初，中国的邓小平、英国的玛嘉烈·撒切尔和美国的罗纳德·里根先后开始在其国家进行自由主义倾向的政治经济调整，以活跃私人主体，调减国有经济体量规模，实施日渐深入的市场化和金融化改革，促进要素壁垒的移除和规则体系的整合。在这段特定时期内（20世纪70年代末—90年代）的改革措施，以及其后的去监管、自由化措施被统一命名为“新自由主义”政策（Harvey，2007）。对于20世纪70—90年代新自由主义政策期内的规划变革，前人之述备矣，笔者无意续貂；而对于经济转型、政府角色变换背后的思想脉络和动因，国内规划学界尚可进行更系统的讨论。本文试图从自由主义政治哲学的基本要件以及时代背景的变化两个维度出发，对给出规划活动中的政府角色转型的脉络，并试图将之与目前国内规划转型和治理体系改革结合起来，以求有资于规划治道。

2.1 “自由”概念在政治哲学中的内涵简述

新自由主义（neoliberalism）以自由为核心词，绕过对自由的分析就难以理解其价值取向和实践思路。

① 本文部分内容修改后发表于《规划师》2020年第17期。

2.1.1　对自由的定义：两个层级

第一，形而上学领域的天赋自由。"自由"这个概念源自基督教文本《圣经·创世纪》，经过奥古斯都等神学家论证，其含义被逐渐阐明："人有能力抗拒一切诱惑、不服从一切命令。"由于其神学根源，自由本身成为不可证明的、被给出的条件——默认所有个体都是平等的自由个体，由此推导出人与人之间的行动边界。在道德形而上学证明中，有理性者的绝对权利是有权不做一切危害他人的事，其绝对义务是必须在他人不侵犯外界时不对其进行干涉（黄裕生，2008）。

第二，政治哲学领域的自由权利——在天赋自由和自然权利语境下，权利被理解为应然层面人可以去做的事情，而在政治共同体形成过程中，由于资源等条件的限制，人的自然权利诉求逐渐剥落，最后形成被政治体立法保障的"自由权利"。

按照自由主义思想家的阐释，从未加界定的自由个体到成熟的公民社会，大致有以下三个逻辑步骤：首先，从自然状态到国家的形成，从"人人具有一切自由"向受控的个人权利体系转变（Hobbes，2006）；其次，从不受限制的政府向受限制的政府转变——避免政府权力的不当行使是政治哲学的重要议题（Locke，1988），而其限度在于政府职能的削减不能放任主体间侵害行为的"死灰复燃"（Mill，1999）；最后，从基于"乡愿"的人际干涉到独立自为的公民社会——每个人都有权决定自己认为是好的东西，只要这种选择和其后的行动不会对他人的选择和行动造成妨碍和损害（Mill，1999）。

2.1.2　自由的二重性：作为目的与手段

对自由的二重定义决定了自由的二重属性，在政治哲学中，其是治理的手段，同时也作为施政目的存在。

自由作为目的有至少两个原因，首先是西方传统道德形而上学语境中人的"自为目的性"——道德以自由为基本前提，将人视为手段就是默认了社会范围的道德沦丧；其次是需求的层次性：在国民安全、基本生存等要素通过国家建构基本得到保障时，个体对自我实现的诉求成为政治共同体内被广泛追求的目标，尤其在经济快速增长时期的国家，对政治自由与社会自由"供给"的诉求从未消失。

而对自由权利的保障，同时也是一种促进增长、增进人类幸福的手段，这是基于 J. 边沁（J. Bentham）、J.S. 密尔（J.S. Mill）等功利主义哲学家的论证得出的。幸

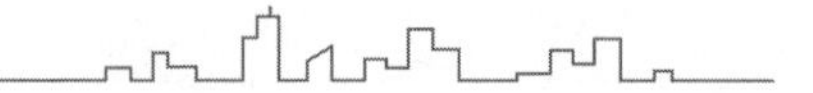

福——既包括低层次的安全、温饱，也包括高层次的尊重和自我实现——成为政治共同体内被普遍欲求的对象，而幸福的增进需要每一个个体最大限度地探索和发挥自己的潜能，只要这种探索不以牺牲他人的正当利益为代价（Mill, 1999）；由此认为，对自由的保障也成为人类当前的技术水平下驱动发展的最好形式。

与此类似，有当代学者提出以“数据主义”视角解析制度运作模式（Harari, 2016）——分布式、扁平化、自我负责的数据处理模式，比层级化、指令式的数据处理模式具有更高的灵活性和准确度，正如承认并捍卫个体自由的经济体往往比指令型经济体有更强大的发展动力一样。

2.1.3 政府正当性的根本来源：自然状态下的缺项

自由主义思想者认为，政府的作用要放在没有政府的假设情境中把握，人们需要政府、需要空间治理手段，是因为没有这种治理会陷入普遍痛苦和不方便。对“政府出现之前”的状态的想象，决定了对政府职权范围的界定，而这种想象不是科学命题，往往与著述者的个人经历紧密相关。

同是英国政治思想家，T. 霍布斯（T. Hobbes）和 J. 洛克（J. Locke）对自然状态的构想不乏差异——霍布斯在英国内战的坎坷背景下，对“自然状态”的构想充满凶险：每个人拥有完全的权利，却也处在“反对一切人”的状态中，政府的出现终结了这种普遍敌对状态，相应地，其权威性和不可分解性也受到强调。

而洛克立足英国资产阶级革命、资本主义发展的现实，对自然状态给出了温和得多的评断：在自然状态下，人们是遵循伦理约束行动的，霍布斯所说的普遍敌对的状态不存在，在大多数情况下依靠自发组织能够渡过难关，但有两个方面的限制：一是对违反自然伦理的行为（如杀人、抢劫）没有普遍的裁决标准和有力的惩罚措施；二是在重大安全问题如与不同民族的敌对关系，以及重大基础设施如堤坝、跨区域道路的兴建等问题上，个人的松散组织无能为力。

自由主义思想者认为，同一的裁决、重大安全风险和基础设施问题是政府被需要的根本原因，当然也决定了政府施政的限度——政府在其只需要履行监管义务、不需要“有为”施政的领域（如个人生活选择、正当经营）施加了过多干涉，就是违反了其赖以产生的正当性。

2.2　由自由主义视角审视规划基本语言

作为以空间为底图的治理（governance）策略，规划的正当性也需要经由哲学批判得到证明。以下，笔者试图运用自由主义视角，审视规划的三套基本语言——愿景式的“宏大叙事”和指令式的增长策略，以正义为目标的、利益在空间上的再分配，以及立足长远考量的底线控制。

2.2.1　“宏大叙事”和指令式增长是否可信?

宏大叙事是传统规划的一个重要可识别性特征，“战略思维”也是规划从业者的重要素质。但是，规划从业者的个人裁决何以能转化为与万千主体切身相关的空间治理具体策略？其在多大程度上能证明自己的判断正确，又在多大程度上是对猜测和主观臆断的包装美化？以下将从科学性、历史数据和实施绩效三个方面，反驳传统意义规划的“宏大叙事”。

第一，科学性检验：“政策的促进作用”难以被单独考虑。

评价一项规划“好坏”至少有两个标准。第一个思路是将实际实现的标准和规划初期的政治许诺作比较。在这一方面，学界围绕“规划有效性”问题进行了很多讨论。但是仅仅“逻辑自洽”不足以为规划愿景的宏大叙事找到支撑理由，愿景及以此为基础的行政指令的正当性，在相当程度上源于其在所有备选方案中具有最高的科学性，因此需要引入第二个思路——**情境功利主义**：此行为福利增值大于其他行为在相同条件下的增值，亦即在所有可实施的行动中，选定的行为产生最多综合收益。

“正在实施的政策是否为所有备选项中的最好选项？”——在实践领域，这一问题不构成科学问题，其本质原因是时间的“单一坐标轴”性质——历史只有一种可能性得到展开，没有针对同一研究区域、同一段时间的空白对照组与实验组，使我们不能把政策的影响和经济体的自发增长剥离开来。

而现有的、为了抵消时间影响的“科学化”研究手段又远非精密——控制变量法无法将影响因素及影响机理全部量化控制，模型模拟依赖于对现有状况进行规律性陈述并默认“规律延续”，因此无论是预测还是假设都缺乏科学性与说服力——那么，一套特定治理方案带来的利益增量无法准确衡量，其造成的机会损失也无法尽数计算，既没有充分理由说其“立功”，也不能将其批驳为一无是处。

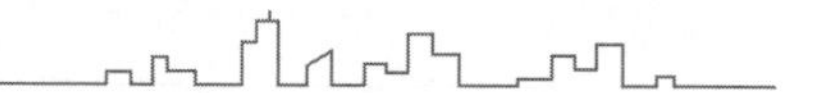

对历史问题的科学性的证伪，促进了自由主义政治哲学中对程序正义而非实质正义的强调——**既然每一套施政方案都无法究诘利弊，治理的关注点就从“效果的好”向维护底线转移**——其间，普适性的规则高于增长绩效，契约高于愿景和行政命令。科学方法在解释历史问题上的贫乏，突出了自由主义者所坚持、让规划作为底线防控手段的正当性远高于作为增长机制、宏大叙事的正当性。

第二，历史数据检验：指令性增长是暂时现象。

治理手段不是“万金油”，尤其在更加广阔的时空尺度上，周期性的经济波动作用强于治理方案的“收益加成”，这也让我们对“规划起多大作用”这个问题给予更多的批判性关注。要对政治策略、空间治理策略的进步性和局限性做出定论，需要足够长的时间测度。在这方面，经济学家和历史学家的工作似乎走在规划学者前面。

托马斯·皮凯蒂（Thomas Piketty，2014）的著作《21 世纪资本论》基于比以往更加丰富的经济数据库，对 19—20 世纪欧美主要国家的资本积累、经济增长率与收入分配状况进行剖析。从他的分析结果中，我们能进一步加深对战后初期“左翼”政策特殊性、不可普遍性的理解。

1914—1945 年，欧洲主要国家的资本存量经受战争摧残大幅下降；20 世纪 50—60 年代的经济增长率高于历史正常水平，但这是一种恢复性、报复性增长；在短时间内，“集中力量办大事”的指令性规划与战后报复性增长互为因果，但这种治理模式在资本总量恢复之后就面临边际效应——20 世纪 70 年代，资本存量的修复工作完成，社会主义和资本主义阵营的增长均出现停滞，凯恩斯主义的经济刺激难以为继，在这时，更强调个体地位、即时响应和扁平化经济决策的新自由主义，在苏东阵营之外的地区成为施政主流。

认清凯恩斯主义财政政策和集体主义动员方法的“特殊适用性”，对我们理解规划转型的自由主义特征很有帮助。由是，新自由主义自身也能够被更深刻地理解。

第三，事实绩效检验：对苏东实践的反思。

20 世纪 70 年代，英、美、中成为“新自由主义”实践的“三驾马车”，相形之下，苏东阵营 20 世纪 70—80 年代的停滞和 90 年代的大溃败，尤其是区位、自然条件、历史和文化要素都有着高度相似性的两德、朝韩的悬殊处境（这两个对峙地区是历史上罕有的、比较两种制度效能的“实验室”），促进了对目标导向、愿景驱策的“宏大叙事”的反思。

随着近代史和经济、金融叙事的交织，人们开始意识到，苏联在战后初期的高增长奇迹，一部分来源于战祸摧残与报复性增长，另一部分来源于其自身不可复制的优越的资源禀赋（实际上，其转化率相较于西德、法国等资本主义国家历来偏低），制度和动员力在其间的加分受到了越来越多的质疑。

相较于难以确知的好处，苏东模式的治理弊端却是实实在在的——长期的指令式、分配式经济灭杀了个体积极性，压制了经济增长潜力；而当全球范围的市场化改制开始，原先基于非市场因素对供求关系、要素市场的扭曲变为转轨之路上痛苦的来源，反倒促使这个地区的人们进一步抵制市场原则、怀念原先的命令式经济制度，从而更加难以融入世界市场体系、屡屡诉诸民族主义口号和武力盲动。

要形成顺畅的市场分工、保障稳定的个体福利，指令性因素对供求关系的扭曲是不可取的——规划语言中一切接近苏联语言的“浪漫主义”指令式叙事似有必要被重新检查！

2.2.2　对空间收益再分配的批判

规划“向权力讲述真理”的过程经常落实为城市项目的建设，往往伴随着收益在空间上的再分配进程，而这也是被新自由主义攻击颇多的一点，至少可以从两个方向切入思考。

第一，新城、新区等“运动式发展”政策是否可能违反个体收益原则？如何补救？

在“大政府”、运动式治理和投资主导项目建设的语境下，城市建设经常超越契约、秩序和既有状况的限制，“大笔一挥”地改变城市区域利益分配格局，造成一部分公民的利益“被自愿”“被公平”地再分配，很难实现“让大家都接受”的理想愿景。

比如，在中小尺度（街区尺度）上，无预兆、不按程序地调整原有规划、兴建邻避设施（如垃圾焚烧厂）或邻利设施（如新公园），造成周边居民难以全数补偿的利益损失或无法完全回流至公共财政的财富增值。在后一种情况中，如果有一套比较完善的利益核算机制，这种“肥了一部分人”的公共投资带来的个体财富增值是可以“涨价归公”的，但当前我国城市制度框架明显还做不到如此精确。

再比如，在城市尺度上，“一届班子一套想法”地兴建新城新区，搬迁政府机构、重大公共服务设施，在城市“老区”居民、“新区”用地原有居民和“新区”新居民之间，也面临着一定的分配张力——全市居民缴纳的税收和政府土地出让金的收入贴补了

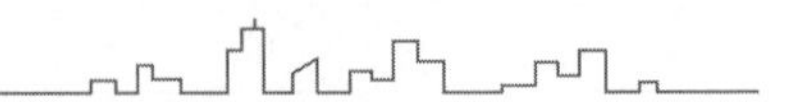

“新区”光鲜亮丽的基础设施，让“新区”土地上的原有居民实质上成为三方之中成本收益比最小（也就是搭了便车）的一方，有别于交税却不能近距离享受的“老城”居民和实质上担负了巨额土地出让金的“新区”新居民。

对项目思维和新城政策的检视并不是将其打倒、否定，毕竟以土地为核心的信贷创造是中国城市化进程如此迅猛的内在动因，但在城市增长从“增量”转向“提质”的历史关口，让每一部分公民的利益得失“有良法可依”而非“无缘无故”，更加细腻地处理建设项目带来的空间利益再分配，也是城市治理的题中应有之义。

第二，空间济贫政策的限度在哪里？是否有“超发善心”的风险？

基于功利主义思维的市场经济体系带来了财富的增长，但也伴随着分配的不均衡（尽管功利主义学说本身也并未漠视个体利益）。因此，在规划政策和城市治理中经常强调再分配理念，即以空间手段实现基本公共服务均等化，实现个体发展机会在空间上的尽量公平排布。这种济贫策略让既得利益者割舍较小一部分所得，换来低收入者较大幅度的个人发展，既是中低收入群体的福音，也有利于城市社会的整体稳定和中高收入群体的财富保值。

大多数新自由主义思想者无意否定济贫的必要性（可能少数自由市场信徒除外），但在一些具体问题上往往与其他派别有着不同的想法。比如，应补偿哪些方面的“不平等”，而把其他方面的“不平等”要素视作已经为大家所认同的“游戏规则”的结果，因而也就是维持社会运行的必要动力？“先富起来”的群体有无“原罪”，如果有的话有哪些，转移“搬运”他们的所得以什么限度为宜，既维持社会总体稳定、满足人道主义要求，又不导致社会创造力丧失？相对应地，被救济一方的所得又应该以什么限度为宜，不使整个过程成为“养懒人”的“大锅饭”和机械的政策重复？

正义（justice）、公正（fairness）和平等（equity）可能是当代最能引爆舆论热点的问题，非但本文无力详论，新自由主义思想者内部也莫衷一是、论战频频。对于合理的空间济贫政策的限度问题，一条可能的新自由主义论证路径是将规则的制定过程交给公民：如F.A.哈耶克（F.A. Hayek）一般，不信任“设计理性”，拒绝通过闭门造车设计出的精密制度来完善再分配；而是信任“沟通理性”，着力于建设平台与完善议事规程，在公开透明的讨论中表达各方关切，形成合意、共识与新规则。

2.2.3 “底线控制”是规划的根本职能

反干涉主义的根本论据在于，自为的、对自己负全责的利益主体（“理性人”）的行动受到成本和收益的调控，而在监管完善、界限清晰的政府治理下，大部分资源的稀缺性能够通过价格的动态变化准确表征，不需要政府设置限界。

规划设立“界线”的正当性，来源于市场失灵的那一部分——生态和文化要素在市场化语境中价格生成所需时间过长：生态遭到破坏，其负面成本要经过很长时间才体现出来，文化要素的减量更是不可逆的，然而此二者对于全社会空间资产的价格形成又至关重要。

因此政府在规划的底线防控工作中的一个基本职能，就是把生态和文化——不能依靠分散式、扁平化决策系统在当下生成成本，而又对体系的存续至关重要的要素——予以强制性管控，本质上还是防止利益主体之间互相侵害，只不过这种对侵害的预防和制止扩展到了代际层面。

特别指出，“底线”的效力和其划界的精确度紧密相关，尤其在个体利益越发受到保障的现代契约社会。在划定底线工作中，逐项逐块地甄别谈判，优先于“愿景式”的大笔一挥，因此规划师的实地调研、沟通协商等技能在这种工作中面临更大考验。

2.3 政府角色的剥离：从“运动员”到“守夜人”

2.3.1 与企业的关系：从执行主体到监管主体

基础设施等公共物品原先由于自身不能收回成本，由政府运用公共资金经营，但也存在供需不匹配、资源浪费甚至权力寻租问题。

在实践进程中产生了两种对策：一是政府围绕基础设施工程建立特定的融资平台，募集公债或进行贷款，从而实现一定程度的股份制、市场化转型；二是将公共物品的供给交给企业——基础设施不产生溢价的部分和房地产开发等产生溢价的部分一体开发，成为城市运作的“智慧模式”——最突出的例子是港铁站点周边的房地产项目群落。

这两种策略的客观结果都是政府的“企业化”——政府自身作为资产持有者，由于人员素质的限制和编制的制约，越来越难对精明增长负好责任，原先“促进增

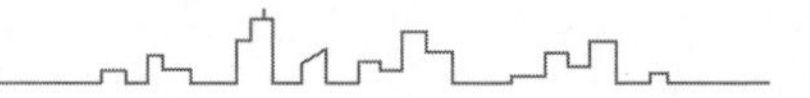

长的主体”职责逐步向企业转移，正外部性的内部化工作与企业的营利性工作实现捆绑。而政府“退居二线”，主要负责对企业侵害个体以及彼此不正当竞争等行为进行监管。

2.3.2 与地方的关系：从发展的责任人到资产的看护人

对市场信号不敏感的公权力攫取了过多资源，导致地方恶性竞争和国土空间被破坏——政府被赋予“促进增长”的道德义务，同时又不像企业对供求信号即时响应、财务上自我负责，这种权责错配催生大量资源浪费。

两种形式的权力运作都会导致公共财政的不当运用：在权力自上而下委任的情况下，地方政府将施政区域视作“表演舞台”，政绩锦标赛的驱动作用以及事后问责制的缺失，促进了地方举债建设、过度供给和重复竞争，而规划作为乙方的工作，为了项目中标，无底线地逢迎地方领导的虚晃口号，规划方案的质量也在其间逐渐败坏，公信力不断下降；而当权力自下而上生成，却缺乏知识精英话语与之平衡时，也容易出现公共资金的滥用，最突出的例子是底特律市长科尔曼·扬（Coleman Young）为了取悦地区内黑人选民开展的一系列政策，成了“压垮底特律的最后一根稻草”。

在新自由主义语境下，这一部分公共资金的滥用被充分监督和剥离，地区不再是政府用以邀功请赏抑或取媚于民的空间工具，而是每一个居民赖以成就自身美好生活的空间基础。“用脚投票”的自由主义核心原则得到强化——当人均福利水平有所提升时，地区总产值不再成为主要考虑因素，也就是实现了“政策随人走、不随地走”。

经由更加严格的监督制度，政府由一个号称代表在地民众却免不了成为政客舞台的非经济机构，越发向中立性的地区资产管理者转变，地方的“破产”在这个语境下，也成为人财物要素优化配置的一种手段。

2.4 新时代的挑战：精英与大众话语如何调解？

新自由主义改革以来，在全球化、要素流动日趋复杂的背景下，传统规划知识语境面临着“上下不讨好”的问题，有效性、可信性受到了越来越多的质疑，值得我们注意。

2.4.1　精英知识的复杂化，“地理学第一定律”的失语

规划与经济、金融和科技精英知识脱节，特别是基于“地理学第一定律”（万事万物普遍联系，空间距离较近者联系较密切）的规划活动，和基于数学定理、远程即时信息传输的金融活动产生自然张力。规划师们无奈地看到，在全球要素流动高度复杂的情境下，地理要素对经济增长的贡献越来越不能被把握。

避税天堂的存在，世界金融中心之间海量的数据流动，使规划从业者只能用“城市场景”“文化吸引力”“发展惯性”等实质空洞的概念，来概括新自由主义变局以来的金融化（financialization）对世界城市空间的冲击。

基于经济空间秩序的增长模型，越发被全球化日益复杂的信息流冲淡，其间，后发地区时刻憧憬着依靠复制先发地区的空间原型获得成功，却又屡屡受到“损不足以奉有余”的“马太定律”的惩罚。这是规划师羞于承认却又随处可见的工作失败。

2.4.2　大众诉求的复杂化，“图景”号召力的褪色

与经济金融精英脱节的规划话语，也并没有在普罗大众中得到更有效的响应。

一方面表现为信息化社会中的非实体空间化和广泛的麻木不仁。科技精英统治下，“碳基文明”向“硅基文明”转型，实体空间中相遇、碰撞的规划基本理论效用打了折扣，泛娱乐化的“奶头乐”（tittytainment）统治着大众认知，削弱了空间政治中的参与意识。

而另一方面，是个体“切身利益”的细碎化和高昂的诉求成本。工业时代早期，个体的权利主张不构成巨大成本，也使先发国家得以迅速崛起，而在南北差异形成的条件下，广大南方国家民众面临着本国历史、文化、资源等条件的客观限制，但又广泛存有“第一世界”水平的生活诉求，并经由民粹化的决策体制成为对规划精英的政治压力。

2.4.3　规划“自我定位”的未解之谜

规划传统的“精英话语”在普通民众中缺乏代入感，又不入金融、经济、科技精英的“法眼”——伴随着市场力量的强化、政府角色的精化、精英话语的细密化与民粹诉求的任意化，规划的自我定位问题必将愈演愈烈。

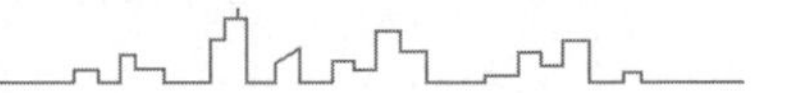

参考文献

黄裕生，2008. 宗教与哲学的相遇：奥古斯丁与托马斯·阿奎那的基督教哲学研究 [M]. 南京：江苏人民出版社 .

皮凯蒂，2014. 21 世纪资本论 [M]. 巴曙松，等译 . 北京：中信出版社 .

HARARI Y N, 2016. Homo deus: a brief history of tomorrow[M]. New York: Random House.

HARVEY D, 2007. A brief history of neoliberalism[M].New York: Oxford University Press, USA.

HOBBES T, 2006. Leviathan[M]. London: A&C Black.

LOCKE J, 1988. Locke: Two treatises of government student edition[M]. Cambridgeshire: Cambridge University Press.

MILL J S, 1999. On Liberty–Ed. Alexander[M].Peterborough: Broadview Press.

3 19—20 世纪西方城市规划中人本主义的演进

郝恩琦

在工业革命带来生产技术巨幅提升的大背景下，由于资本主义本身的剥削性与资本逐利性，自维多利亚时期开始，西方城市逐渐暴露出大量的城市问题：城市拥堵、贫民窟增多、社会动荡不安等。自此，西方城市规划的齿轮开始转动，而人本主义在城市规划的发展中也处于不断的演替与进化过程。本文以 19—20 世纪西方城市规划理论为研究对象，对城市规划理论发展过程中人本主义的价值取向变化进行了梳理与归纳，阐述了各阶段不同价值导向的人本主义的思想根源以及其发展轨迹。本文旨在通过对 19—20 世纪西方城市规划中人本主义思潮的梳理，探讨城市规划思想在不同历史背景下的演变以及在不同价值导向下所产生的变化与结果，为现阶段我国的城市规划转型提供借鉴与参考。

3.1 西方近现代城市规划的诞生背景

西方近现代城市规划中的人本主义最早可追溯至希腊罗马时期，但在欧洲中世纪时期被专制的封建宗教打断，直至欧洲近代三大思想解放运动（文艺复兴、宗教改革和启蒙运动），人本主义再次崛起。文艺复兴时期，城市兴起与经济复苏为资产阶级的出现提供了养分，人们开始追求生活的乐趣，这时天主教神权地位下的禁欲主义便与人们日益增长的欲望形成鲜明的矛盾，文艺复兴便主张解放人的天性欲望，因此可以说文艺复兴奠定了西方近代资本主义发展的基础。

18 世纪的启蒙运动则真正为资本主义的发展带来武器。启蒙运动时期，自然科学、哲学等各个学科都有了显著的进步，而与科学相比，信仰对世界的解构不攻自破。但此时如若对信仰主义完全抹杀，启蒙运动将成为新的信仰主义的噩梦开端。伟大

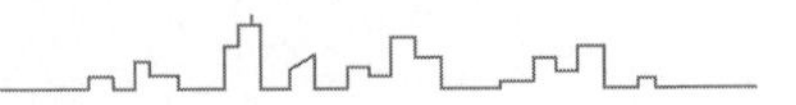

的哲学家与科学家们极富有远见，他们主张信仰自由，而反对专制主义本身（邓晓芒，2003）。而人本主义便在这种思潮中得以涌现，与此相伴而生的是理性主义的崛起，理性的人成为人本主义的核心词，理性与自由成为资产阶级的核心武器。

然而，专制的信仰主义存在一点好处：保障了社会生活的基本秩序（邓晓芒，2003）。随着资本主义的发展，19世纪资产阶级的剥削性与资本的逐利性日益膨胀，而工业革命所带来的社会生产力的巨幅提升更加速了资本主义的“恶”迅速显露。维多利亚时期，城市中的贫民窟逐渐步入人们眼中，而这直接动摇了维多利亚晚期社会表面的繁荣（霍尔，2009）。贫民窟成为中上层社会口中的毒瘤，它们并不仅仅意味着粗鄙的道德、恶劣的环境（毕竟这些还可以与他们无关），还在吞噬着“绅士们”的资产价值，损害城市公共生活品质，甚至成为暴乱的隐患根源。这时社会出现的问题，便成为近现代城市规划开始的导火索。

欧美诸多工业国家都产生了类似的贫民窟问题，但对人本主义的解读却产生了巨大的分歧：以谁为本？①不同的城市有着不同的解答。②但这些解决方式都如同补丁一般，这里补好，新的问题便会暴露。西方国家便是这样开始了城市规划的进程，由贫民窟引发的**住房问题**成为城市规划开始的地方，而其背后对人本主义的价值取向便存在多种解读。

3.2 空想式人本主义

受到城市问题的困扰以及空想社会主义思潮的直接影响，20世纪初之前的西方的城市规划呈现为一种空想式的乌托邦理论，**人本主义并非现代广为认同的全面人本主义（黎丽，2013），而体现在一种全新建构的城市秩序之上**。无论是E.霍华德（E. Howard），还是以L.芒福德（L. Mumford）为首的美国区域规划协会（Regional Planning Association of America, RPAA），都对资本主义持否定态度，并试图将自己的城

① 在人人生而平等的时代，解决不同群体的矛盾时的价值导向如何抉择？是坚持放任自流的机会均等还是政府干预的分配均等？

② 在伦敦，1888年地方政府法将住房责任转交给民主选举团体，认为伦敦穷人的住房安置只能通过伦敦的公共部门来解决；而纽约通过区划保护现有资产的价值，将穷人逼走使其待在其“应该在的地方”（霍尔，2009）。

市理想途径建立在一种新的社会制度之上。

3.2.1 理论根源与背景

在城市问题彻底暴露的初期（用彼得·霍尔（Peter Hall）的说法，《伦敦郊外的哭泣》的发表成为问题暴露的开端），社会改革的思潮在城市中蔓延。此时的城市问题还没有被认为是一个综合了社会、自然、经济等多个维度的复杂问题。受到**社会改革**的影响，远见者们更加习惯于刨根问底，并给出一个革命性的解答，其中以田园城市理论、芒福德为首的区域城市理论为代表。

将这一类城市规划理论追根溯源，都能够追溯至古希腊时期的民主共和制度。例如，霍华德的土地公有，以及芒福德所提倡的古希腊人关于人生的理想标准：适度、均衡，外加经济充裕，而非追求无节制的经济增长。在柏拉图的理想国之后，托马斯·莫尔（St. Thomas More）的乌托邦扩充了乌托邦的内涵，是人们对这一类社会思想和行为的概括。莫尔在书中宣扬了几种观念：财产公有、善意的专制、教化的作用以及宗教信仰的自由等（马万利，梅雪芹，2003）。在他所设想的乌托邦岛生活中，**财产公有**是最大的特征（陈岸瑛，2000），这也为霍华德和芒福德带来了思想的温床。

3.2.2 人本主义的“空想”体现

田园城市——霍华德的空想。在伦敦大规模城市扩张之前，霍华德就提出了一种半乌托邦式的形式：**田园城市**。这是一个财产公有的理想城市形态，通过土地公有，“天才们”为城市带来更有活力的产业和空间，良好的城市运营将带来地价的提升，用以归还建设资金和获得后续收入。但他忽略了一个核心的问题：资产阶级投资一个财产公有的理想城市，这本身就是一个巨大的悖论。事实证明，由于资金投入困难，企业不愿入驻，政府又急需获得收益，田园城市逐渐降格为一种物质性规划的噱头，无一遵循田园城市最本质的社会组织形式，工人阶级住房问题依然未能得到解决。[①]

区域城市理论——芒福德的空想。以 P. 格迪斯（P. Geddes）和芒福德为代表的

① 莱切沃斯和韦林独立的成功不代表成功，因为外部财政支持和寡头管理是无法复制的（马万利，梅雪芹，2003）。

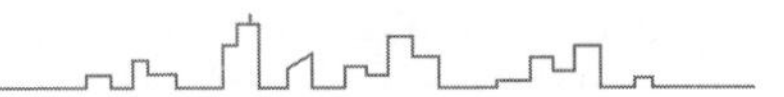

区域城市理论也面临相似的困境。这一思想来源于生物学家格迪斯，他将区域看成一个系统，将新技术秩序视为城市演化的重要环节，从而支持一种分散的、区域的组团式城市组织形式[①]。但芒福德的思想除了来源于格迪斯外，还有古希腊的带着社会主义影子的“适度”思想。以芒福德代表的美国区域规划协会对于区域规划有着强烈的乌托邦色彩：各行各业的天才将自己的思想融入了区域规划的框架之中。高度集聚的大城市不复存在，一切建构在适度的恰如其分的位置。但美国区域规划协会同样忽略了市场经济作用：城市的集聚也会带来市场的活力。美国区域规划协会的对手托马斯·亚当斯则强调规划的可行性，“如果私有财产和私有企业被视为神圣的，那就不可能出现综合性规划”（霍尔，2009）。[②]

3.2.3 小结

可以发现，这两种理论本身都体现出了或多或少的空想社会主义特征。这一类型的城市规划理论，洋溢着“人人生而平等”，城市“共而享之”的人本思想（黎丽，2013）。这时的人本主义是一种大众的人本，没有富人与穷人，只有不同的社会分工。这遵循着启蒙运动的思想内涵，却从根本上否定了因启蒙运动而壮大的资本主义。这两种理论的实践案例具有不可复制性，这间接证明了跳出现状的社会改革之策注定无法成为普适的城市疗法。

3.3 精英式人本主义

随着资产阶级政权在平稳的发展中逐步稳固，资本固有的趋利性导致了贫富差异、城市扩张问题也随着政权的稳固而日益严重，而田园城市与美国区域规划协会主导的区域城市的实践失利也在城市规划及建筑界诱发了对新的解决方式的诉求。

---

① 在他所定义的“新技术时代”的语境下，规模型劳动密集型大工业应当被分散。

② 根据霍尔的说法，大伦敦规划的成功由于多方因素：郊区化的背景；张伯伦上任首相的政治机遇；以及阿波克隆比本身对区域城市规划的弹性设计，例如他由于调查而实现了有机性，保留了原有伦敦独特的混乱结构（村庄），这种保留成为一种协调，也成为一种妥协，既兼顾了保守主义对于“保护”的诉求，又兼顾了区域发展的目标。

3.3.1　理论根源与背景

线索一——殖民主义与城市美化运动。很难说殖民主义与城市美化运动是否是相互影响，但城市物质空间形象在这个时期无论在殖民国家还是资本（帝国）主义国家都突然被显得异常重要。19 世纪末，资本主义发展到帝国主义阶段，大量殖民地和半殖民地剥削，帝国主义国家迫切需要建造象征权威与统治的符号，并规定被殖民者的生活方式，这便孕育了当权者对于城市物质形象的诉求。而在城市问题暴露的本国境内，一些规划师如 D. 伯纳姆（D. Burnham）似乎也开始相信物质空间的改造能够解决城市问题。但显而易见，基于艺术和美学的设计在当时来说是精英们喜闻乐见的，这便埋下了重视城市物质空间规划的第一条线索。

线索二——机械唯物主义、现代建筑运动和功能主义。17—18 世纪，实践和科学技术的发展水平决定了人们只能用机械力学的原理来论证世界的物质统一性，这就使当时的唯物主义思想具有机械性的特点。机械唯物主义的形而上学也逐渐融入这一时期的规划中。随着生产技术的提高，建造方式得到了革命性的变化，为贵族、精英设计房屋的传统被打破，一场“批量生产”的现代建筑运动得以开始。当运动蔓延至城市规划时，功能主义的内核夹杂着机械唯物主义便落在城市物质空间之上。

综上两条线索，这一类型的规划师（或建筑师）极重视物质空间规划，并将城市看成一种物质本体。

3.3.2　人本主义的“精英式”体现

伯纳姆的精英主义。精英主义规划师的存在其实远不止 20 世纪 30—60 年代短短的 30 年。早在 19 世纪中后期就涌现了伯纳姆、F.L. 奥姆斯特德（F.L. Olmsted）等大师，他们认为恢复一个城市所失去的视觉和美学的和谐，是为一个和谐的社会秩序创造物质性的前提，社会目标和美学手段杂糅（霍尔，2009）。[①] 精英主义暗示着城市只剩下衣着光鲜、行为优雅的富人。[②]

---

① “看到世界上有钱而有闲的人们习惯性地生活在那儿……巴黎人从游客身上赚到的利润比皇帝为创建这一变革所花的钱还要多。”（霍尔，2009）

② 有趣的是，巴黎也为柯布西耶提供了这样的思想原料。

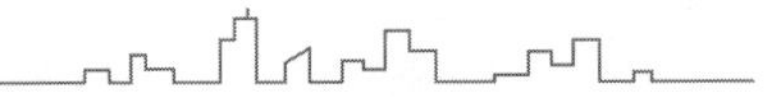

最终看来，城市美化运动忽视了社会问题，企图通过改善物质空间来“绅士化”城市。1909 年起，城市美化迅速让位于关注功能的区划，尽管区划在本质上还是服务于资产阶级精英，但与区划相比，城市美化不仅不够精英，还处于一种两边不讨好的尴尬地位。

光辉城市——L. 柯布西耶（L. Corbusier）的精英主义。彼得·霍尔称柯布西耶为最后一位城市美化运动的规划师。柯布西耶认为现代城市的混乱本质源于**无序**：人们因欲望和贪婪而建造的城市缺乏基本秩序，过度拥挤、财富分配不均、道德水准下降都是城市建造时人类之“恶”的衍生品。在新的建造方式与交通的帮助下，他主张在清理干净的场地上，通过提高建筑高度来提高城市中心密度，并配以高效的城市交通。柯布西耶认定，这幅图景能够使人们在工业社会重获秩序与自由，但他受机械唯物主义的影响颇深，“他没有时间考虑任何关于个体特征的东西，将大众称为‘细胞’”（霍尔，2009）：在对大众能否安居乐业的态度上，机械主义心理学为柯布西耶的理论提供了养分，他认为大众只要生活在满足功能与（机械的）情感需求的位置，便能够安居乐业。这种思想最直接的体现便是分明的等级秩序（功能主义）。

正是源于对城市复杂性的认识太过粗浅，柯布西耶认为只有精英能够精准地捕捉每一类人群的生存与生活需求，他强调城市设计极其重要，不能被市民掌控，而应相信具有英雄情怀的精英操盘。在如今看来这是一种十足的傲慢。在后世对他主导的国际现代建筑会议（Congrès International d’Architecture Modern, CIAM）及《雅典宪章》呈现了两极分化的评价：对广大人民需求的考虑是柯布西耶所做的极大善事，但功能主义却成为其做的恶事。[①] 其追随者 O. 尼迈耶（O. Niemeyer）在巴西利亚建造后表示，“我们遗憾地发现，当今存在的社会条件与总体规划的精神是冲突的。这种冲突产生种种问题，而这些问题是无法在图板上解决的。”（黎丽，2013）换言之，精英建筑师与规划师们在面对本就存在问题的社会时，单纯的物质空间规划是极其苍白的。

3.3.3 小结

精英式的人本主义便是被雅各布斯强烈批判的基于个人英雄情怀的人本主义。

① 普鲁伊特-伊戈成为最著名的例子。

伯纳姆也好，柯布西耶也好，他们对人本的考虑建构在强烈的个人倾向与傲慢的前提下。其实精英式人本主义也带有强烈的空想色彩，但不同的是，空想式人本主义从城市问题出发，人本主义思想融入新城市秩序中，试图建构一种崭新的生活方式与社会机制。而精英式人本主义思想下的新城市秩序建构显得更加机械——一种先于社会的物质性规划，人本更多体现在以精英为本，以城市图景为本。

3.4　有机的人本主义

有机的人本主义是一种更加富有弹性、兼容并包、基于城市复杂性的人本主义，是从理性主义向社会文化主义的转变，重视社区生活与社区文化，强调城市系统的复杂性。有机人本主义思想下的城市规划不再仅追求建构崭新的秩序，而进入了一种有机规划的阶段。

3.4.1　理论根源与背景

随着柯布西耶反对声的增强，城市规划思想中的无政府主义终于重临。其实正如历史的轨迹摇摆不定一样，这一思想根源又可以回溯到霍华德时期。查尔斯·泰勒（Charles Taylor）曾界定了 19 世纪末至 20 世纪初的“市民社会”，是城市进入有机人本主义的先决基础（杨长云，2009）。然而这一思想逐渐被早期自上而下的城市规划运动所掩盖，大量市政住房 + 公共交通的实践以及柯布西耶所引导的城市建设浪潮都承受了失败的代价，人们终于意识到，城市规划的核心在于价值判断，世界上还存在着理性主义不能包括的其他文化（仇保兴，2003）。[①]

柯林·沃德（Colin Ward）于 20 世纪 50 年代在一本无政府主义杂志《自由》中，宣扬自我建造的原则。而奥斯卡·刘易斯（Oscar Lewis）认为，并非所有贫穷的人民都陷入了贫困的文化中。20 世纪 50—60 年代，约翰·特纳（John Turner）在秘鲁与利马也发现了“人们最了解自己想要什么”，这使现代意义上的社区自治初见端倪

① 而格迪斯早早地便意识到了城市复杂系统的本质。他所带来的调研方法，以及将生态、社会、城市空间作为整体系统考虑的思想为当时的城市规划带来了复杂性。正是源于对复杂性的认识，格迪斯本质上是保守的，在面对城市改造的问题时，他选择了有机的更新手段。

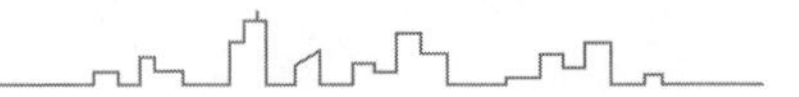

（霍尔，2009）。与此同时，由于“二战”后社会、政治、经济的发展，庞大的中产阶级逐渐拥有社会地位，西方逐渐呈现一种多元亚文化社会状态，女权主义、后现代主义等各类思潮都逐渐兴起，这时城市话语权的转移也是城市规划思潮转移的重要背景。

3.4.2 人本主义的有机转变

第一，社区层面的人本：生活的回归。

柯布西耶早于 C. 佩里（C. Perry）十多年就构想了邻里单元，在住区设计时提供了有机的社区生活组织模式，但显然这只是规划的点睛之笔。在 20 世纪 30 年代，恰逢学界批判城市美化运动，佩里的邻里单元理论将城市由大街转向了更复杂的社区单元。不同于今日的是，在当时的城市规划领域，并没有过多的理论模式值得参照，邻里单元理论成为组织社区生活的重要依据，人本主义已经开始关注真正意义上的大众，并将社会文化作为重要的组成要素纳入城市规划的思想。

1961 年 J. 雅各布斯（J. Jacobs）真正掀开了西方城市对有机的人本主义的重视，她对以城市美化运动和柯布西耶的现代主义城市理论为首的城市规划进行了尖锐的批判，称之为罪恶堡垒。雅各布斯认为多样性才是城市的本质，她揭露了城市中死气沉沉却满足精英们美好畅想的绿地、街道（或者说是道路）、住宅区的悲惨现实，并认为混合功能、小街段、老建筑和合适密度是拯救城市的必要因素。20 世纪 60—70 年代公众参与理论大量涌现，人们逐渐意识到自下而上的意义。自此，在城市规划人本主义的思潮中，社区生活的回归标志着人本主义进入社会文化人本主义阶段。

第二，城市层面的人本：有机的城市复杂系统。

显而易见的是，对于人类社会与城市的认知远不能停留在社区层面的人本，更全面、系统的解释与规划城市是一种更深层、更富有远见的人本主义。

“二战”后的 20 世纪 50 年代，C.A. 道格迪亚斯（C.A. Doxiadis）提出了人类聚居学，他将“二战”前规划的失败归因于对城市复杂性的认识不足，而人才是城市中最重要的因素。道格迪亚斯认为，人口、活力、收入和个人迁移是城市扩张的主要因素。道格迪亚斯对未来城市的预测已不再是物质性空间的畅想，而是一种理论上的城市要素组织形式——网络系统与单元（韩升升，2011）。道格迪亚斯根据人的生活尺度构建了城市的基本单元（5 万个居民，10 分钟步行距离），并借由快速的城市交通网络和通信网络串联起城市生活的各个单元。

1977年《马丘比丘宪章》对《雅典宪章》理念进行修正，成为有机人本主义的标志性事件。《马丘比丘宪章》主要内容包括：城市的有机构成大于功能分区，公共交通主导，强调规划编制的动态性与实施，规划因地制宜，重内容轻形式，城市风貌大于建筑单体，正确运用科学技术，公众参与等（仇保兴，2003）。人们对城市规划中人本主义的认识已进入更深层的城市运转机制。而后诞生的新城市主义、精明增长等才华横溢的理论远见也都建立在这种复杂性认识之上。

有机人本主义建立在城市认知之上，西方开始真正意义上为大众规划。对于城市复杂要素的理解催生了大量新的理论学说，而这些理论早已不局限于城市物质空间，而是扎根于城市的运行规律并提出城市问题的解决方案。

3.5 小　　结

从城市问题的暴露到现代城市规划，西方国家经历了两个多世纪的漫长历程。依托于启蒙运动，对人本主义的解读与价值取向在这些富有远见的城市规划理论中，经历了从空想到精英主义，再到有机复杂的转变历程。在这期间，城市规划的权力、服务对象，资本的参与方式都在进行着翻天覆地的变化。

我国正处于城市规划转型的关键时期，自然资源部的建立意味着城市规划将越来越多地考虑系统性与有机性。由于国家体制不同，我国城市规划参与主体和参与方式都与西方国家有所不同，但可以借鉴西方国家城市规划发展的过程，避开解决城市问题的错误方法，寻找适合于本国发展的合理路径。

参考文献

陈岸瑛，2000. 关于“乌托邦”内涵及概念演变的考证[J]. 北京大学学报（哲学社会科学版），1：123-131.

程方炎，贺雄，1998. 从人本主义到人本主义的理性化：雅典宪章与马丘比丘宪章的规划理念比较及其启示[J]. 现代城市研究，3：23-26.

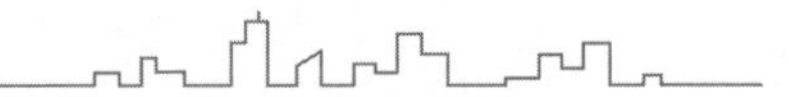

邓晓芒，2003. 西方启蒙思想的本质 [J]. 广东社会科学，4：36-45.

黎丽，2013. 中西方城市规划理论中人本主义思潮的演进及比较研究 [D]. 重庆：重庆大学 .

高宁波，2016. 论英国 1919 年《住房与城镇规划法》[D]. 南京：南京大学 .

韩升升，2011. 道萨迪亚斯的人类聚居学分析 [J]. 科技致富向导，23：92.

侯丽，2008. 社会主义、计划经济与现代主义城市乌托邦：对 20 世纪上半叶苏联的建筑与城市规划历史的反思 [J]. 城市规划学刊，1：106-114.

霍尔，2009. 明日之城：一部关于 20 世纪城市规划与设计的思想史 [M]. 童明，译 . 上海：同济大学出版社 .

康艳红，张京祥，2006. 人本主义城市规划反思 [J]. 城市规划学刊，1：56-59.

李文丽，2014. 论彼得 · 霍尔的世界城市理论 [D]. 上海：上海师范大学 .

沃特维兹，李月，2014. 今天的我们可以向刘易斯 · 芒福德学些什么 ?[J]. 都市文化研究，2：2-11.

马万利，梅雪芹，2003. 有价值的乌托邦：对霍华德田园城市理论的一种认识 [J]. 史学月刊，5：104-111.

彭运石，1999. 从“机械主义科学”到“人本主义科学”：马斯洛心理学方法论探微 [J]. 吉林大学社会科学学报，2：70-75.

仇保兴，2003.19 世纪以来西方城市规划理论演变的六次转折 [J]. 规划师，19(11)：5-10.

宋一然，2017. 刘易斯·芒福德区域规划思想的实践研究 [D]. 上海：上海师范大学 .

汤普森，2003. 大伦敦战略规划介绍 [J]. 城市规划，1：33-34.

王珺，2009. 纽约区划的发展研究及其对中国的借鉴 [J]. 国土资源情报，8：42-45.

王中，2007. 城市规划的三位人本主义大师：霍华德、盖迪斯、芒福德 [J]. 建筑设计管理，4：41-43.

信丽平，姚亦锋，2006. 西方人本主义规划思想发展简述 [J]. 城市问题，7：85-88.

许皓，李百浩，2018. 思想史视野下邻里单位的形成与发展 [J]. 城市发展研究，4：45-51.

杨长云，2009. 公众的声音：19 世纪末 20 世纪初美国的市民社会与公共空间 [D]. 厦门：厦门大学 .

杨滔，2007. 新区域主义在新大伦敦空间总体规划中的诠释 [J]. 城市规划，31(2)：19-23.

詹真荣，2006.19 世纪空想社会主义关于未来和谐社会的构想 [J]. 社会主义研究，1：25-27.

张彤，2010. 明日之城：没有乌托邦 [J]. 商务周刊，9：38-46.

周素红，蓝运超，2001. 人本思想综述及其在城市规划中的体现 [J] 现代城市研究，2：25-28.

周园，2017. 现行英国保障性住房建设法律制度研究 [D]. 太原：山西大学 .

4 不完全契约理论视角下的空间规划治理逻辑

李嫣

自2014年以来，我国从“多规合一”的试点，到国土空间规划体系的建构，无不体现出国家对空间规划的新认识、新要求。作为实现治理体系与治理能力现代化目标的重要一环，空间规划正从专业技术向公共政策转型，随之而来的也是更多元复杂的目标和要求——这就需要运用更多方法和视角进行理论探索。聚焦不完全契约理论，便是出于这种思考的一种尝试。跳出规划看规划，是希望从新的框架，看空间规划背后的治理逻辑，从而更系统地把握空间规划的演变过程，更清晰地理解体系重构的意义，从另一个侧面展开对未来的思考。本文引入不完全契约理论，对空间规划构成的纵向、横向、政府与社会三种不完全契约进行归纳分析，探寻其背后的治理逻辑，并寻找未来空间规划体系重构的关键性发力点。

4.1 不完全契约理论与空间规划有何关系?

不完全契约理论来源于经济学，在其他众多社会科学领域中有所应用，如法学、组织学、政治制度等。本文从不完全契约理论的概述开始，归纳该理论研究的焦点所在。进而结合空间规划，定义横向、纵向、政府与社会这三种不完全契约，并由此引出后续对空间规划背后治理逻辑的探究。

4.1.1 不完全契约理论重点关注适应性治理与剩余控制权

不完全契约理论来源于对契约理论的反思。从经济学家科斯（Coase，1937）早期对契约不完全性的认识，可以清楚地看到该理论产生的起因：“由于预测困难，关于商品或劳务供给的契约时间越长，那么对于买方来说，明确规定对方该干什么就越不可能，也越不合适。”也就是说，受限于现实中的预见成本、缔约成本、证实成本等，明晰契约或“委托—代理”过程中的所有细节成本过高，因而契约总是不完全的（杨瑞龙，聂辉华，2006）。不完全契约理论的研究对象仍然是契约，但更关注如何降低由不完全性带来的效率损失。

不完全契约理论研究重点在于适应性治理和剩余控制权。20 世纪末以来，以 O.E. 威廉姆森（O.E. Williamson）和 O. 哈特（O. Hart）为代表的经济学家分别从交易费用经济学和产权理论来进一步解读不完全契约思想。威廉姆森认为由于缔约双方的有限理性和机会主义倾向，需要求诸第三方的私人秩序或治理结构，从而“注入秩序，转移冲突，实现双方共同收益”（Williamson，2002），强调事后的适应性治理。哈特认为应该对契约中未明确的权力即剩余控制权，需在事前设置一定的分配激励机制，以实现社会福利的次优解（聂辉华，2005）。然而事实上，这两个分支在现实中是同时存在的。正如哈特和莫尔（Hart，Moore，2004）将契约总体上分成松弛型和紧密型，交易费用经济学便是更多探讨松弛型契约在事后的治理结构，而产权理论更注重紧密型契约在事前的激励机制，在实践运用中，二者是相辅相成的。

将不完全契约理论扩展到社会问题研究也不无先例。法律学者运用不完全契约理论，探讨不完全法律状态下剩余立法、司法权的分配问题（Pistor，Xu，2002）。社会学领域的学者结合 J. 卢梭（J. Rousseau）的社会契约论传统，将不完全社会契约的公平性作为研究对象（Aghion，Bolton，2003）。周雪光和练宏（2012）在组织学研究中，借剩余控制权分配的辨析，探求“行政发包制”背后的国家治理逻辑。然而在规划领域，相关研究寥寥，有待深入。

4.1.2　将空间规划治理类比为三种不完全契约

空间规划涉及多个政府部门、多个上下层级，同时也直接关系到社会上的众多利益主体。可以说，空间规划治理包含着横向、纵向、政府与社会三种关联，而这三种关联可以类比为三种不完全契约（图 4-1）。

横向的不完全契约有待成形。在空间规划体系改革之前，不同部门之间缺少稳定沟通的平台，存在对空间权力的博弈。主体功能区规划、城市规划、土地利用规划等多个领域的“类”空间规划，相互趋同又冲突失效（顾朝林等，2019）。空间规划体系的统一，使横向上构成合作关系，在权责分配方面，将形成新的契约。

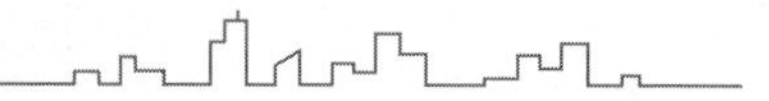

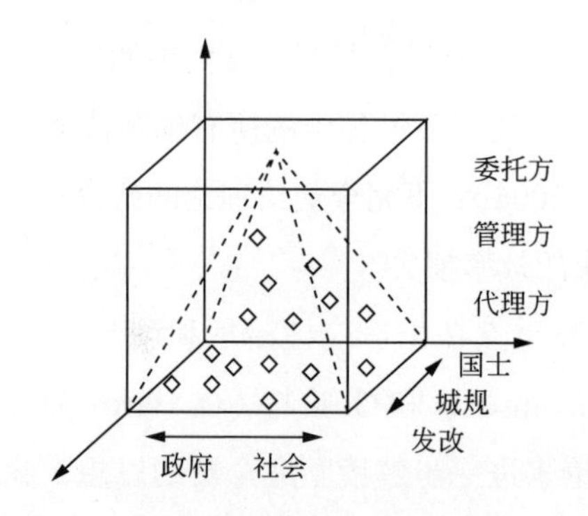

图 4-1　空间规划中的三种不完全契约

图片来源：门晓莹等，2016

相比于横向，纵向的不完全契约长期存在，体现在空间规划不同层次的传导、落实与协调中。具体来说，将空间规划的层次简化为“国家级—省市级—县乡镇级”，三者之间总是存在承接上位要求、下层具体编制、上层再行审批的相互关系，上下层级与“委托—代理”的逻辑不谋而合。于是，“国家级—省市级—县乡镇级”与“委托方—管理方—代理方”形成对应。中央具有国家级规划政策的最终权威，是委托方；省市层级是承上启下的管理方；县乡镇级是规划最终的执行代理方。

政府与社会的不完全契约更典型，却也更松弛①。对居住者、使用者、开发者而言，空间规划的制定与其切身利益息息相关，通常需要政府与社会中多个利益主体相互协调平衡，才能达成一致、缔结契约。然而现实中，政府与社会之间的博弈往往历时长久，变数难以准确预估，加之对话机制的缺失、政府对决策的主导使这种不完全契约长期被忽视。

4.1.3　从不完全契约的角度看空间规划治理逻辑

空间规划作为政府空间治理的手段，在不同阶段反映着国家治理逻辑。从深层次看，过去“多规冲突”是在国家治理体系转型过渡的特殊时期，治理逻辑的摇摆与反复的具体表现（张京祥，夏天慈，2019）。党的十八届三中全会以来，空间规划从国家引导和控制城镇化的技术工具转变为国家治理体系的重要组成部分，被上升

① 哈特和莫尔将不完全契约看作一系列结果的列表，并分为两类：紧密型与松弛型。结果个数越少则契约越紧密，反之越松弛。换言之，二者的差异在于“讨价还价”的余地。

到治国理政的新高度（武廷海，2019）。由此可见，空间规划治理变革是国家治理转型的缩影；不同时段的空间规划治理逻辑也是国家治理逻辑的集中体现。

从不完全契约理论切入，目的是形成一个整体框架，结合空间规划的发展过程，梳理既往的空间规划治理逻辑和当下的转型，探究目前的转型重构需要着力的关键点。接下来本文将尝试从三种不完全契约理论的视角，回答这样几个问题：三种契约分别体现了什么样的空间规划治理逻辑？如何运用剩余控制权与适应性治理来解释？未来的体系重构需要关注什么？

4.2 纵向不完全契约及其背后的四种基本逻辑

空间规划治理构成横向、纵向和政府与社会三种不完全契约，其中，纵向的不完全契约是一种相对紧密的契约，对于这种契约，剩余控制权的分配是事前激励的关键点。在我国既往空间规划的演变过程中，纵向的剩余控制权分配随之改变，由此入手，可以较清晰地看到其背后的治理逻辑变迁。

在空间规划治理中，剩余控制权主要有三部分：规划审批权、开发主导权和编制主导权。这三部分的剩余控制权分配可以衍生出四种基本逻辑：直控式、承包式、托管式与混合式（表 4-1）。接下来笔者将以时间为线索，一一展开。

表 4-1 纵向契约背后的四种基本逻辑

剩余控制权	四种逻辑			
	直控式	承包式	托管式	混合式
规划审批权	委托方	委托方 管理方	委托方 管理方	委托方 管理方
开发主导权	委托方	委托方 管理方	管理方 代理方	委托方 管理方 代理方
编制主导权	委托方	管理方 代理方	管理方 代理方	委托方 管理方 代理方

来源：周雪光，2015。

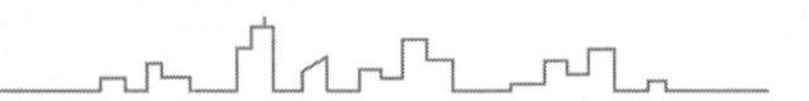

4.2.1 “直控式”计划经济时期的空间规划

“直控式”指剩余控制权完全由委托方掌控，空间规划由国家意志所决定，管理方与代理方没有主动安排的权力，这一逻辑从中华人民共和国成立一直延续至改革开放[①]。这一时期，委托方事无巨细地下达指令，成为实质权威；管理方与代理方在这个不完全契约中处于服从安排的位置，缺乏相应的激励机制与机动性。

然而对于我国而言，幅员辽阔、复杂多样的特征为委托方进行“直控式”空间规划治理带来了巨大的成本和压力，有限理性也使整合调配工作的正确性有所偏差。同时，为了从根本上杜绝管理方与代理方可能出现的机会主义倾向，委托方不赋予管理方与代理方剩余控制权，大大削弱了有效治理与变通能力。纵向的不完全契约低效保守，难以长期维系。

4.2.2 向“承包式”转型的“双轨制”时期空间规划

“双轨制”时期的空间规划分为两个轨道——“直控式”和“承包式”，这其中的转变源于空间规划剩余控制权的新分配。改革开放初期受到的阻力较大，于是委托方从局部的特区和城市入手（周黎安，2017），赋予管理方一定的开发主导权，激活管理方的改革动力。随着改革的深入，1984 年的《城市规划条例》出台，首次为管理方和代理方提供了空间规划编制主导权和规划审批权的法律支撑；1988 年将土地使用权的依法转让列入宪法条文，又彻底改变了管理方对空间规划的理解，以地生财的新路径由此展开。至 1990 年，《城市规划法》标志着“承包式”空间规划治理逻辑的成形。

这一时期，在纵向的不完全契约中，委托方将部分剩余控制权逐渐“承包”给管理方与代理方，并以土地使用权转让合法化为基础，为空间赋予经济价值，激励管理方与代理方对空间进行改造提升，从而解放“直控式”的束缚，用新的治理逻辑引导空间规划的发展。然而由于税收多归于管理方和代理方，委托方在财政上陷入尴尬的境地，需要进一步改革。

---

① 在 1958 年和 1969 年有两次基建管理和审批权的下放，然而总体上，仍可将改革开放之前的空间规划治理逻辑概括为“直控式”。

4.2.3 “发展就是硬道理”的“托管式”空间规划

从“承包式”转变为“托管式”，剩余控制权在三方之中产生下移，实质权威转移到管理方。

剖析时代背景，1994 年分税制改革以来，委托方不再有财政危机，而仍将空间规划的剩余控制权赋予管理方。但此时从管理方的角度来看，这不再是过去的“承包”，而类似于“托管”，反而使其陷入了“事未减而财不足”的窘境。对比委托方与管理方的财政收支占全国 GDP 的比例更直观：1994 年来，委托方的支出占比持续下降而收入占比持续上升，管理方恰恰与之相反，且后者的支出占比高于前者（图 4-2）（周黎安，2017）。

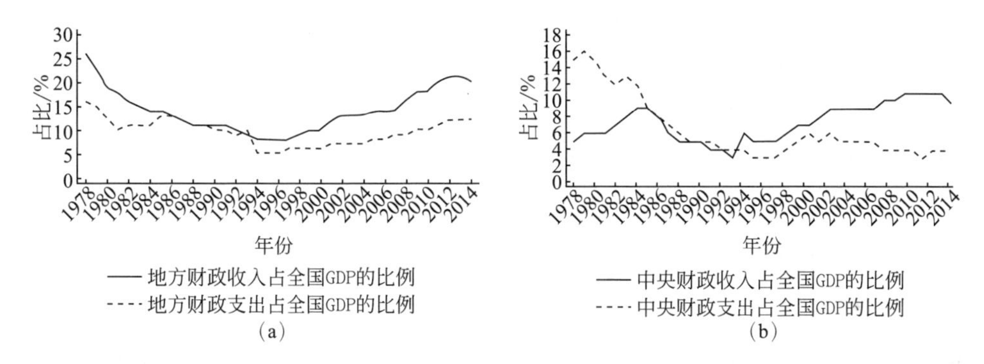

图 4-2　1978—2014 年委托方与管理方的财政收支占全国 GDP 的比例

（a）地方政府财政收支占全国 GDP 比例；（b）中央财政收支占全国 GDP 比例

图片来源：周黎安，2017

面对这样的窘境，管理方进行了两个转变。一方面，管理方开始更多关注空间背后的经济效益，依赖土地出让获取经济资源，以此积极“经营城市”，促进产业与城市竞争力提升（周黎安，2017）。受到这种土地财政的驱动，管理方开始更加主动地把握空间规划的开发主导权。另一方面，管理方又运用与委托方相似的逻辑，将部分开发主导权“托管”于代理方，鼓励代理方以土地财政发展自身来平衡上层财政。由此，代理方也成为空间规划的推力之一，县级市的数量激增或为一种佐证（朱建华等，2015）。

在这样一种“托管式”逻辑下，委托方、管理方与代理方的关系层层嵌套，纵向上的不完全契约关系更加紧密。空间规划的实质权威来源于管理方，而委托方的

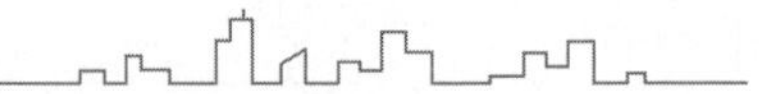

统筹减弱。这种新的变通来源于管理方对分税制的应对，在以经济发展为核心的背景下逐渐成熟，但在发展过程中，管理方的机会主义倾向也不可避免地埋下了新的隐患：“以邻为壑”的恶性竞争、环境的不可持续发展以及区域之间的不协调。

4.2.4 “混合式”空间规划的艰难调控

面对加入 WTO 带来的全球化冲击以及“托管式”发展带来的环境、区域等方面的问题，“混合式”逻辑自 21 世纪初逐渐出现。彼时，委托方寻求区域的协调和环境的改善，希望将空间规划的剩余控制权进行一定程度的收回，因此出台了一系列的“国家战略”区域规划（张京祥，2013），试图越过管理方，直接与代理方连接，推动局部区域的提升。然而，面对新的经济机遇和委托方对财政的要求，管理方并不甘于被越过。于是，不同省市的管理方形成合谋，向委托方争取更多的“国家战略”落地，从而再次获得剩余控制权，主导空间规划与开发。“国家战略”大跃进因此形成，却并未达到委托方的预期成效。

在更深层次上，受到三方的机会主义倾向影响，纵向的不完全契约内部产生了传递断层。委托方试图通过国土规划和发展规划来重掌空间规划的开发主导权，却在管理方与代理方之中受到掣肘。管理方则紧抓城乡规划的编制主导权和部分审批权，落实自身在空间规划中的实质权威，沿袭“托管式”逻辑。委托方又反过来利用自身对城乡规划保留的审批权，牵制管理方的行为。面对不恰当的事前激励机制，管理方在复杂的空间规划治理难题中，既将事权下压到代理方，又与代理方形成“共谋”（周雪光，2008），纵向契约内部的效率损耗也更进一步增加。

这一时期，剩余控制权的分配不平衡，实质权威在委托方与管理方之间交替摇摆，纵向不完全契约内部断层、效率损耗高，“混合式”治理逻辑有待改善。

4.2.5 重构期的空间规划应平衡剩余控制权的分配

通过纵向的不完全契约来看空间规划治理逻辑变迁，剩余控制权的分配是一条连贯的线索。自 2014 年以来，我国开始空间规划重构，从根本上转变“混合式”治理逻辑。目标在新的体系构建中，“一本规划，一张蓝图”，横向的部门整合统一，纵向的不完全契约内部不再有断层，但剩余控制权的分配仍然是需要解决的关键点。事实上，这个关键问题并不能一次性解决，在任何一个时期，面对国内外的形势变化，都需要不断地平衡调整。不过，从 2020 年 4 月发布的《中共中央　国务院关于构建更加完善的要素市场化配置体制机制的意见》[①] 中，或许能看到下一阶段的改革方向：管理方的开发主导与规划审批权力加强，委托方的职能转型和代理方的融合提升。

4.3　横向不完全契约、政府与社会不完全契约的可能变化

横向部门之间、政府与社会的不完全契约不同于纵向的不完全契约，在我国过去的发展历程中，二者长期被忽视。未来的空间规划是国家治国理政的支撑，应体现新时代的治理逻辑，而这两种契约中，正蕴含着新的变化。

4.3.1　横向契约背后的生态导向

空间规划体系旨在解决空间规划类型过多、内容重叠冲突、审批流程复杂、周期过长、地方规划朝令夕改等问题[②]。横向契约的建立是空间规划体系重构中重要的一环，根本在于空间规划治理逻辑由过去的增长导向转向生态导向。在增长导向的逻辑下，横向的多部门之间为争夺空间背后的资本与资源，在规划领域争夺管辖权。转向生态导向的底线管控逻辑，意味着空间规划向本质回归，在波澜壮阔的城市化进程中，回过头来聚焦人居环境的提升和人与自然的和谐共生的共同利益。要做到这一点，必先建立空间规划的横向契约，融合多部门的不同目标，整合不同“传统”，统一生态导向空间规划的“战线”。然而由于契约的不完全性，强求一步到位以及法规出台，追求严丝合缝地理清权责是并不现实的。

提升横向契约的效率，关键在于完善事后的适应性治理，也就是建立长期有效的协商机制。对于原本各怀心思的多个部门而言，事前激励并不能降低契约不完全性带来的效率损耗，反而有再次引发对剩余控制权争夺的隐患。因此，事后的再谈判至关重要。如何搭建一个第三方的治理机制[③]，使冲突能够有秩序地化解，多方的

---

①《中共中央　国务院关于构建更加完善的要素市场化配置体制机制的意见》“完善土地管理体制”一则，体现出空间规划审批权的进一步下放。

② 参见《中共中央　国务院关于建立国土空间规划体系并监督实施的若干意见》。

③ 此处提及“治理机制”，沿用交易费用经济学思想，指长期有效的协商机制，勿与空间规划治理逻辑混淆。

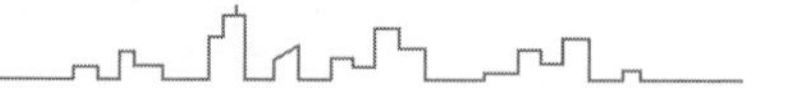

有限理性和机会主义倾向能够得到及时纠正，从而在长期的运行过程中逐步降低不完全性，这才是建立横向契约之后首要解决的关键点。

4.3.2 政府与社会的契约背后的服务型政府角色

党的十八大以来，建设人民满意的服务型政府成为行政体制改革的新目标，其中创新行政体制和管理方式是十分重要的一部分①。在此背景下，空间规划亦需转变，回归以人为本的初衷，改良规划治理方式，推进国家治理现代化的进程。要做到这一点，应首先立足人的尺度，与城市设计和建设等部门做好衔接、联动，将治理逻辑从“政府本位”向“社会本位”转变，创新治理模式，让社会推动、主导微观层次的空间塑造。

提升政府与社会之间契约的有效性，关键在于事前对社会激励、事后与社会协商这两点。一方面，消除过去公众参与“走过场”的弊端，真正赋予社会一部分剩余控制权，在小尺度空间中激发社会活力，让本地居民、投资者、规划团体等多社会主体成为“本位”，鼓励自发进行美丽家园建设。另一方面，建设服务型政府，搭建稳定的事后协商平台。在不同主体因有限理性和机会主义倾向产生冲突时，政府作为第三方调节者，及时调解、注入秩序，促进多方实现共同利益。

4.4 小　结

从不完全契约的视角看空间规划，并非着眼于空间规划本身，而是试图以纵向、横向、政府与社会三种契约的角度，探讨空间规划背后的治理逻辑。纵向契约长期存在，本文按时间顺序、以剩余控制权的分配为线索，将我国既往的空间规划概括为四种逻辑，并提出未来如何平衡纵向的剩余控制权分配仍是关键。横向的契约、政府与社会的契约在空间规划发展过程中长期被忽视，而在体系重构之后将成为新的课题。本文对两个契约背后的治理逻辑转变进行浅析，提出横向契约需解决协商机制的构建问题，政府与社会契约需关注事前激励、事后协商两个关键点。

本文主要运用演绎法，试图用非规划理论来分析规划问题。由于不完全契约理

① 来自中华人民共和国中央政府网站。

论本身也是待完善的课题，尤其是剩余控制权如何明确定义、如何评估不完全性带来的效率损耗等，仍然在经济学界缺乏共识，因此本文分析仍有待发展完善。

参考文献

顾朝林，武廷海，刘宛，2019. 国土空间规划经典 [M]. 北京：商务印书馆，268-281.

门晓莹，徐苏宁，董治坚，2016. 简政放权视角下的城乡规划管理体制改革 [J]. 规划师，32（07）: 5-10.

聂辉华，2005. 新制度经济学中不完全契约理论的分歧与融合：以威廉姆森和哈特为代表的两种进路 [J]. 中国人民大学学报，1: 81-87.

武廷海，2019. 国土空间规划体系中的城市规划初论 [J]. 城市规划，43（8）: 9-17.

杨瑞龙，聂辉华，2006. 不完全契约理论：一个综述 [J]. 经济研究，2: 104-115.

张京祥，2013. 国家—区域治理的尺度重构：基于“国家战略区域规划”视角的剖析 [J]. 城市发展研究，20（5）: 45-50.

张京祥，夏天慈，2019. 治理现代化目标下国家空间规划体系的变迁与重构 [J]. 自然资源学报，34（10）: 2040-2050.

周黎安，2017. 转型中的地方政府：官员激励与治理 [M]. 2 版 . 上海：格致出版社，82-86.

周雪光，2008. 基层政府间的“共谋现象”：一个政府行为的制度逻辑 [J]. 社会学研究，6: 1-21，243.

周雪光，练宏，2012. 中国政府的治理模式：一个“控制权”理论 [J]. 社会学研究，27（5）: 69-93，243.

周雪光，2015. 项目制：一个“控制权”理论视角 [J]. 开放时代，2: 82-102，5.

朱建华，陈田，王开泳，等，2015. 改革开放以来中国行政区划格局演变与驱动力分析 [J]. 地理研究，34（2）: 247-258.

AGHION P, BOLTON P, 2003. Incomplete social contracts[J].Journal of the European Economic Association, 1(1): 38-67.

COASE R, 1937. The Nature of the Firm[J].Economica, 4: 386-405.

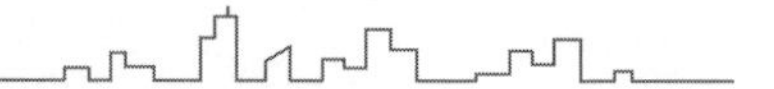

HART O, MOORE J, 2004. Agreeing now to agreeing later: contracts that rule out but do not rule in[Z].National Bureau of Economic Research.

PISTOR K, XU C, 2002. Incomplete law - a conceptual and analytical framework [Z]. Columbia Law School Working Paper Series.

WILLIAMSON O E, 2002. The theory of the firm as governance structure: from choice to contract[J]. Journal of economic perspectives, 16(3): 171-195.

5 关于新自由主义理论的研究综述

沈霖

在20世纪70年代兴起的新自由主义理论（neo-liberalism）在西方国家影响深远，并于20世纪80年代进入中国，推动社会主义市场经济的出现和发展。在不同地区，近乎同时期所产生的重大政策变革对社会经济、城市空间结构、政治环境及社会文化均产生不同程度的变化。在40余年的改革开放过程中，中国在经济等多个领域已产生巨大国际影响。新自由主义理论研究，在日益复杂的国际形势下对中国进一步扩大开放、深化改革依然具有重要启示作用。本文在简要介绍新自由主义理念的概念与发展阶段的基础上，以20世纪70年代的西方新自由主义和中国改革开放为依据，对新自由主义理论的传播与影响展开论述，并分析其中差异性以及对中国现代发展的借鉴性。

5.1 新自由主义的概念界定

本文所讨论的新自由主义主要是指经济领域中，主要特征表现为反对国家及政府对社会经济活动的不必要干预，强调市场的自由性。

诺姆·乔姆斯基（Noam Chomsky，2000）认为："新自由主义是以古典自由主义（classical liberalism）为基础，由亚当·斯密研究成果上建立的新型理论。这个理论强调市场的重要性，主要包括自由贸易、自由市场、私有制改革的理论，并通过'华盛顿共识'在全球范围内得到发展。"

罗伯特·迈克杰尼斯（Robert McChesney）认为："新自由主义是一种私有者通过对政治资源、经济资源的控制，以获得最大个人利益的理论"（哈耶克，1997）。

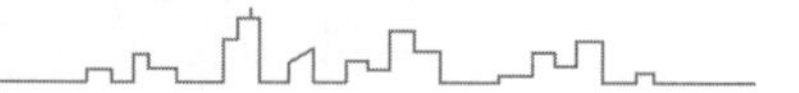

5.2 新自由主义的演变过程

5.2.1 自由主义的演变

自由主义由早期的古典自由主义理论（classical liberalism）过渡为自由主义理论（new liberalism），并最终演化出新自由主义理论（表 5-1）。

表 5-1 自由主义理论类型

理论	古典自由主义理论	自由主义理论	新自由主义理论
主要活跃时间	17—18 世纪	19 世纪末—20 世纪初	20 世纪 70 年代
核心思想	减少政府干预	增加政府干预	减少政府干预

古典自由主义理论——17—18 世纪，以亚当·斯密（Adam Smith）等为主要倡导者的古典自由主义理论强调个人财产的所有权神圣不可侵犯，并主张自由市场政策，主张政府对市场弱干预，减少不必要的管控。

自由主义理论——19 世纪末—20 世纪初，频发的经济危机让古典自由主义陷入危机，政府自由的经济政策受到强烈打击。20 世纪初，约翰·梅纳德·凯恩斯（John Maynard Keynes）借着罗斯福新政的势头，在《就业、利息和货币通论》中提出投资需求相关理论以及国家干预经济、就业的相关政策主张。以凯恩斯主义为代表的一系列主张国家干预的经济理论应运而生，此时期也被称为自由主义。

新自由主义理论——20 世纪 70 年代，由自由主义衍生出的"福利国家"相继破产，以弗里德里希·奥古斯特·冯·哈耶克（Friedrich August von Hayek）为代表的经济学家提出减少政府对社会经济活动的干预，回到古典自由主义。此阶段被称为新自由主义。

5.2.2 新自由主义的发展阶段

新自由主义的发展共经历出现、发展、兴盛、变化四个阶段，优势与劣势在演变过程中展露无遗。

出现——20 世纪 20—30 年代，自由资本主义开始向垄断资本主义过渡。新的环境对古典主义经济理论提出了新要求，新自由主义随之出现。

发展——哈耶克于 1944 年通过《通往奴役之路》一书表达出对国家干预主义的

强烈反对。但是由于 1930 年前后西方世界资本主义出现严重经济危机，自由市场受到强烈诟病。新自由主义思想在长达 20 年间，一直未被采纳。

兴盛——20 世纪 60 年代末期开始，西方国家受到经济"滞涨"的影响，新自由主义理论开始受到英美等国的重视。在接下来的 20 年间，国家垄断资本主义逐步向国际垄断资本主义过渡。在"华盛顿共识"的传播下，美国布什政府把新自由主义推向全球。

变化——20 世纪 70 年代以后，西方国家开始对新自由主义进行批判，认为此思潮加剧了世界范围内各地区的不平等，导致世界经济秩序稳定性下降。但与此同时，为达到全球化的目的，西方国家将新自由主义向东方国家输送，以亚洲四小龙为代表的东方国家或地区开始批判性地吸收并运用新自由主义理论。

5.3　新自由主义理论在西方国家的发展与影响

5.3.1　新自由主义西方国家的发展演变

20 世纪 60 年代末开始，西方代表垄断资本主义利益的政府开始登上历史舞台。其中英国撒切尔政府的货币紧缩政策，以及美国里根政府经济复兴计划的推行，标志着新自由主义理论所带来的经济政策成为主流。

第一，新自由主义英国的发展。

1979 年，撒切尔夫人（Margaret Hilda Thatcher）以货币主义为经济发展理论，践行新自由主义理念，最先提出私有化改革方案，将国有企业私有化。经过十余年的改制，英国成功将国有企业占比降低，英国经济、政治制度结构发生根本改变（毛锐，2005）。

此外，英国政府通过紧缩公共财政，减少社会福利相关开支，有效减缓了滞涨现象的出现。面对低生产率、低效率的公共服务，撒切尔政府通过减少税收，有效提升了工作积极性，促进了生产的增长。

1997 年安东尼・查尔斯・林顿・布莱尔（Anthony Charles Lynton Blair）担任首相后，其主张介于新自由主义理论和人民民主主义理论之间。具体而言，在经济领域、福利政策领域沿用撒切尔政府的政策，但在社会公共服务领域，增强政府干预力度，创造更好的医疗及教育环境。

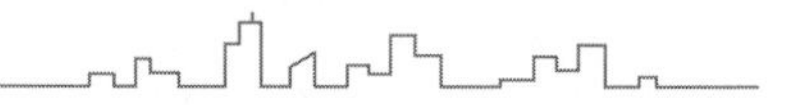

第二，新自由主义美国的发展。

1980年，罗纳德·威尔逊·里根（Ronald Wilson Reagan）认为应让市场自由，尽可能减少政府对市场的管制，并以供给学派理念为经济发展理论，提出“经济复兴计划”。

首先，里根政府制定《经济复兴税法》来实施个人所得税、企业税的全面降低，以此提高生产积极性、刺激高收入人群对投资和储蓄的支出。其次，减少联邦政府的福利支出，将压力转移至地方政府，以调动更多政府财政至宏观调控中。再次，全面减少放缓对经济发展不利的规章制度，以调动经济发展的同时减少政府的管理成本。最后，将国家的公共服务部门转向私人竞争的方式，其中最典型的表现为监狱私有化。这样的措施有效地减轻了政府财政负担，并提高了公共服务的效率和能力。

1988年，乔治·赫伯特·沃克·布什（George Herbert Walker Bush）接任美国总统，将新自由主义通过《华盛顿共识》和《美洲倡议》从国内向全球意识形态拓展，推动拉美国家实行市场化、自由化以及私有化，这对将美国产品出口国际、拉动国内经济有着很大的促进作用。

2001年，乔治·沃克·布什（George Walker Bush）接任美国总统时，美国的经济已受到新自由主义政策拉动，转赤为盈。然而，金融衍生品也因此增多，基金发展迅速，同时大量借贷消费投资于房地产，这都无疑为2008年的次贷危机埋下隐患。

5.3.2 新自由主义对西方国家的影响

第一，国家内部的私有化改革快速提高社会经济效率。私有化改革以及减少税收的政策，对企业来说，能有效提升企业的生产效率，迅速增加政府的财政收入；对个人来说，能充分调动个人积极性，创造财富。并且刺激消费，有效地使资本快速流通，扭转资本主义国家“滞涨”的情况。

第二，国际的资本流动为发达资本主义国家带来经济收益。在新自由主义全球化的背景下，资本在全世界的流动性大大增加。资本在跨国公司的帮助下，创造收益后带回母国，为发达资本主义国家带来经济收益。

第三，市场自由化为长期经济发展埋下隐患。新自由主义虽然遏制了短期的通货膨胀，但经济停滞的问题并未得到根本解决，而为金融泡沫和财政赤字等埋下隐患。同时，自由主义全球化使美国遭受于强压下，一旦美国经济支撑不起世界经济的需求，新自由主义的全球秩序将难以维持。

第四，贫富差距和失业率攀升等社会问题被进一步放大。新自由主义带来减税政策，最大受益者为富人，普通群众并未受到太大影响，此举措强烈加大了居民收入的差距。20 世纪 70 年代末期，新自由主义理论在美国受到里根总统的青睐，自此，美国薪资水平最高的 1% 人口所拥有的资产，在全国收入中所占比例立刻上升，甚至在 20 世纪末达到了 40%（图 5-1）（Harvey，2005）。

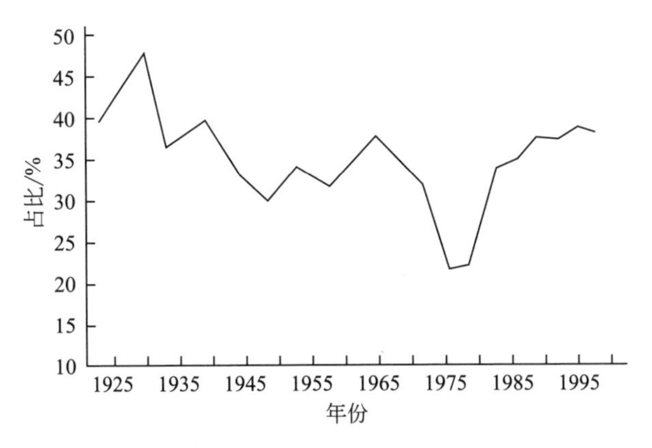

图 5-1　20 世纪 70 年代的财产滑坡：美国收入最高的 1% 人口所持资产比例

图片来源：莱维，迪眉尼，2017. 资本复活：新自由主义改革的根源 [M]. 北京：中国社会科学出版社 .

此外，由于新自由主义在全球范围内发展，西方国家将大量低端制造业转移到发展中国家，国内工人因此失业。而社会福利也在此时收缩，社会问题进一步激化，以抗议为代表的各种社会运动兴起。

5.4　新自由主义理论在中国的发展与影响

5.4.1　新自由主义在中国的发展演变

新自由主义理论在中国的发展经历初期、中期、后期三个过程，从早期的探索到中期的争议变化，到最终形成理性认识，过程历经曲折但总体上带来改革开放的成功结果。

初期探索——20 世纪 80 年代初为新自由主义在中国发展的初期阶段，主要表现为改革开放政策的提出。首先，于1978年举行的十一届三中全会提出，对内以家庭联产承包责任制进行经济政策试验性改革，对外开放经济特区作为通商口岸的主张，标志着改革开放的开始。随后，在1981年举行的十一届六中全会上，邓小平提出市场经济体制的改革，提出“以计划经济为主，市场调节为辅”的理论，促进中国充分尊重价值规律开展经济社会活动。

中期争议——20世纪90年代为新自由主义在中国传播的中期阶段，理论对中国的影响进一步加深。但与此同时，也表现出西方政策的非普适性。邓小平在1992年的南方谈话提出坚持改革开放的主张，并强调“计划多一点还是市场多一点，不是社会主义与资本主义的本质区别。计划经济不等于社会主义，资本主义也有计划；市场经济不等于资本主义，社会主义也有市场。计划和市场都是经济手段”（邓小平，1993）。然而，新自由主义观点强调私有化，导致中国的改革过程中出现国有资产损失的状况。同时，拉美国家的失败教训引发人们对新自由主义开展批判。

后期稳定——21世纪为新自由主义在中国发展的后期。此阶段表现出对新自由主义理论形成稳定的理性认知。学术界对新自由主义展开了大量研究，并在基本观点上达成一致，即新自由主义存在许多不适应中国道路的方面，需要进行批判。但同时，合理成分的借鉴对我国建设中国特色社会主义经济体制是有价值的。在具体的运用中，需要总结实践经验形成中国方案。例如，新自由主义理论所倡导的“市场的绝对主导作用”，在中国的市场经济解读下，拓展成为“在市场起资源配置的决定作用的同时，应更好地规范政府角色，发挥政府的作用”。

5.4.2 新自由主义对中国城市的影响

第一，对城市社会空间的重构。与计划经济时期的缓慢发展相反，在市场机制的引入作用下，以城市土地为代表的房地产开发带来了城市社会空间的快速重构。一方面，城市中心高价值、低质量的房屋吸引资本的再开发；另一方面，低价值、大空间的城市郊区同样吸引资本介入。大规模的城市建设于20世纪90年代后得到开展，各类新城市空间改变了中心城和郊区的空间结构和肌理，空间构成异质化特征越发明显（Feng等，2008）。

第二，对城市政府转型的影响。“去国有化”重塑了地方政府对社会经济的控制力度。国有部门向非国有部门赋权并重新界定了公私职能，一些公共部门的职能交给了市场（Xu，Yea，2012）。这样的“弱中央”的职权界定一方面促进市场活跃，吸引境外资本入境，形成中外合资、国有私有合资等类型的企业；另一方面导致基层政府的财力不足以支撑强事权，只得通过土地政策来增强政府的竞争力及财力。

5.5 小　　结

5.5.1 国内外新自由主义的差异

一是新自由主义产生背景不同。西方是由于 20 世纪 70 年经济危机导致国家干预政策受到质疑，此时以自由市场为导向的新自由主义得到广泛接受；中国是由于计划经济时期资源分配低效，需要高效的新自由主义理论来加强社会生产力，进而产生社会主义市场经济。

二是新自由主义对城市空间的影响不同。西方工业转移至发展中国家，许多工业城市出现空间的收缩；中国城市空间在资本的介入后，由计划经济时期的均质化转向异质化。

三是新自由主义实施路径不同。西方国家通过强调地方政府和私人企业、部门之间的合作，从而形成决策群体，运用政治精英与经济精英的资源共同促进经济增长；中国将事权由中央下放至地方，让地方政府从中央政府决策的执行者变为地方事宜的直接经营者。

5.5.2 国外城市发展的借鉴意义

第一，新自由主义发展应因地制宜。在新自由主义全球化的今天，同时出现了以美国为代表的强者获利，以非洲国家为代表的弱者经济衰退的局面。相同的政策，在不同的市场环境和政治背景下有着不同的效果。即使是对于英国和美国两个新自由主义改革强国来说，相同的私有化改革实施效果也不尽相同。英国国有化率远超美国，同样的政策执行力度，英国所带来的收益率远高于美国。所以对于现阶段新自由主义道路的探索，不仅应对现有政策及成果的共性进行总结，更应对不同国家的多种市场环境、政治背景进行分析，再对现有情况进行具体分析，根据实施反馈不断调整、更新政策。

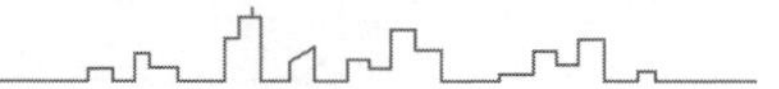

第二，动态平衡政府与市场的关系。纵观西方世界政府干预经济的发展过程，政府和市场的关系并非对立，而是共存。从古典自由主义理论到自由主义再到新自由主义，政府的管控由弱到强再到弱，政府与市场的关系始终处于动态平衡的互动规律中。新自由主义的“自由市场”并非意味着无政府监管，放任市场自由和政府绝对的强权同样不可取。合理地运用市场思维，将政府有效调控监管和自由市场相结合，拓展市场与政府关系的多种契合关系，才是新时代背景下新自由主义应该寻找的道路。

参考文献

邓小平，1993. 邓小平文选 [M]. 北京：人民出版社 .

哈耶克，1997. 通往奴役之路 [M]. 王明毅，冯兴元，译 . 北京：中国社会科学出版社 .

毛锐，2005. 撒切尔政府私有化政策研究 [M]. 北京：中国社会科学出版社 .

乔姆斯基，2000. 新自由主义和全球秩序 [M]. 徐海铭，季海宏，译 . 南京：江苏人民出版社 .

FENG J, WU F, LOGAN J, 2008. From homogenous to heterogeneous: the transformation of Beijing’s socio-spatial structure[J]. Built environment, 34(4):482-498.

HARVEY D. 2005. A brief history of neoliberalism [M]. London: Oxford university Press.

XU J, YEH A G O, 2012. Re-building regulation and re-inventing governance in the Pearl River Delta, China[J]. Urban policy and research, 30(4):385-401.

6 美国大都市区治理理论与实践

邓冰钰

大都市区治理是指对大都市区范围内管制行为的一种制度性的安排。在经济全球化浪潮席卷世界的今天，大都市区作为一个国家和区域范围内最核心的经济社会人力资源集聚中心，大都市区治理模式对区域甚至国家都有着深远的影响。面对若干个特征不一的大、中、小城镇，如何在大都市区范围内建立稳定、高效的行政体制，协调区域发展过程中的需求和矛盾，促进经济繁荣社会进步和区域竞争力提升，无论对中国还是发达国家都是值得深入研究的问题。作为世界上最发达经济体，美国为克服大都市区城市蔓延所带来的问题做了诸多成功或失败的尝试。从公共政策的角度解读美国如何克服大都市区城市蔓延所带来的弊病，如构建联邦大政府、进行市县合并或进行中心城市兼并等种种行为，对于研究中国和发展中国家都市区治理问题有很高的学习价值和借鉴意义。本文从美国大都市区的现状出发分析大都市区地区内部政府巴尔干化的成因，并根据时间线梳理了自美国建国以来关于大都市区治理的四种理论选择：争论焦点始终围绕如何处理不同等级之间政府关系、选择大政府还是小政府的模式展开。不同的理论选择的实践方式也多种多样，区域规划委员会和政府联合会即其中实施影响最深远的两种方式。国与国之间现实情境有着巨大的差异，但构建良好的大都市区内部关系，协调内部发展和冲突始终是我们在当下应当研究的课题。

6.1 大都市区治理的社会背景：碎片化的美国地方政府

由于根深蒂固的自由主义价值观和复杂的政府间结构影响，在美国大都市区内部建立统一的区域政府是一件很困难的事情。美国大都市区内部呈现出复杂的“碎片化”（fragment）特征。美国的地方政府包含州、县（或自治体、特区、镇区）两级。县（county）是州政府的代理机构，在地方替代了某些州政府行使某些州政府的权力如征税权、执法权、公用事业管理权、提供公共服务等。尽管在美国不同区域，县政府的权力大小（或名称）都有所区别，有些州也会将县、自治体、市、镇区等行政单位划分为多个不同的层级，但是县一直是美国地方一种长期存在且稳定的政治机构。美国《独立宣言》强调，人民有权改变或废除任何对人民大众共同利益造成破坏的政府形式，并有权创立新政府。在这一理念的指导下，美国人偏好小而独立的政府，偏好自然野趣的独立生活，人们忠于自由平等、天赋人权的理念，因此地方政府享有高度的自治权利并相互独立。同时，历史上的美国是多民族的移民国家，欧洲的清教徒、意大利人、德国人、爱尔兰人等都有着不同的文化背景和经济诉求，这直接导致了不同群体之间分割并独立建立自治体。美国 18 世纪起执行的"许可性建制法"体系规定，建制市县的创立者只要向州政府缴纳一笔足够的现金就可以获得自治权利，城市居民、不同种族的人民为了获得良好的公共服务和统一和谐的社区环境纷纷主动选择建立郊区自治体。在种族分割和建制鼓励的双重激励下，19 世纪以来美国独立的建制市数量迅速增加。

美国一些公共管理领域的学者认为，正是这种内部的分散化拉低了行政效率，造成政府间的互相扯皮，严重影响了一些大都市健康发展。总体来看，"碎片化"的负面影响主要包含以下几点。

首先，碎片化的管理模式导致区域间公共服务不均等，也无法使政府在一定大的范围内控制某些负外部性，如大气污染等影响。公共服务的质量与地方政府的税收直接相关。一般来讲，郊区富人区政府的财政收入显著高于内城贫民区政府的财政收入，这就直接拉大了郊区与内城区的发展差距和不平等现象。其次，不均等的公共服务和经济发展水平会引发严重的社会经济问题，例如美国的种族隔离和冲突问题。再次，这种"碎片化"与城市无序蔓延问题相关。尽管这种相关性存在，但蔓延与碎片化政府结构之间的因果关系还未得到证明。最后，郊区县市自治体增多意味着其政治话语权的加大，削弱了中心城区政治地位，间接导致了中心城区的衰落，不利于整个大都市区的健康发展。

6.2　大都市区治理结构的选择：大政府还是小政府？

面对“碎片化”产生的种种问题，进行地方治理体制改革的呼吁在美国政界和学界始终不绝于耳。大都市区管制理论即是其中最有影响力的一种。这种理论起源于美国19世纪“城市改革运动”的实践中，这一改革运动的发起人多为美国工商界掌握话语权的企业家和商人。在工业革命后，他们认为强有力的地方政府有利于最大程度地提高工业生产效率。芝加哥学派重视城市结构对城市经济发展的影响，在20世纪30年代经济大萧条中，美国在芝加哥学派的论断下重新审视地方政府并着手进行改革。20世纪40—60年代，大政府理论始终得到某些研究者的支持，用来应对社会发展不公平等城市问题。与美国的传统政治观念有区别，大政府理论的支持者普遍认为大都市区的治理模式应该与经济和社会发展程度相适应。因为规模经济和人口集聚正外部性的存在，大政府的模式有利于提高大都市区范围内的管制水平和服务效率。这种模式使住房、公共基础设施等资源在同一区域内更好地分配，保证了同一纳税区域内的居民享受着与他们纳税额度同等水平的公共服务。例如，伍德罗·威尔逊（Woodrow Wilson）在《行政学研究》（*The Study of Administration*）中提出要将管制行为和政治理念明确区分开，政府的管理模式应当追求等级制的内部结构，追求效率和统一。

尽管在大都市区范围内建立统一强有力政府的观点早在20世纪初就出现了，但并未对同时期乃至后来的美国大都市区治理体制改革产生深远影响，美国大都市区内的分散化现象反而更加严重了。“大政府”理论一直缺乏实证研究而始终停留在理论探讨层面，成为20世纪60年代“公共选择学派”（Public Choice School）支持者攻讦大都市区管制理论的重要原因。作为当代西方经济学的一个重要分支，公共选择学派认为凯恩斯主义是有缺陷的，凯恩斯主义带来政府权力增强的同时，也为经济发展带来了政府债台高筑、通货膨胀、失业率居高不下的窘境。在这样的背景下，公共选择学派选择将经济学的研究方法应用于政治学研究中。其中最有代表性的学者布坎南（Buchanan）基于个人主义哲学研究，认为社会是个体追求自身利益最大化的结果，政府的角色应该被严格地限制在公共品提供者这一角色框架中。在对大政府理论的批判中，公共选择学派认为研究人员很难定量分析建立在区域管制制度基础上的一定区域范围内的经济发展水平和规模，这种模式既不有利于创新也不有利于降低区域生产成本；同时，因为“行政垄断”的存在，居民们无法“用脚投票”，选择让自己满意的公共服务提供者。公共选择学派认为应当在加强区域政府横向联系的基础上，坚持既有的小政府管制模式，而这样的横向联系往往起源于政府自主合作。这样多中心的治理体制有利于区域间的政府竞争，为居民提供更优质的公共服务。与此同时，为了更好地发挥规模经济的作用，公共选择学派支持者建议将地方政府的生产功能和服务功能区分开，因为前者可以由地方权力机构或私营单位提供，而后者则不能。

试图客观地对比这两种组织模式的优劣是徒劳的，因为他们根源于两种截然不同的看待政府的价值观。公共选择学派支持者从保守主义的视角去理解政府，认为政府仅仅是城市公共服务的提供者，而“大政府”支持者将政府职能的侧重点放在政治和某些社会职能上。政府究竟应承担的首先是公共服务的提供者还是一种代表社区的社会政治角色抑或是两种功能的复合体？这个问题始终没有答案。“大政府”理论的支持者认为应当从某种高度全面地认识某一区域，而公共选择学派的支持者则认为个人自由的选择权利应当首先被捍卫。

公共选择学派在 20 世纪 60—80 年代的近 20 年间几乎垄断了政府管制价值观的主导权。但是面对大都市区治理的难题，面对区域内部发展的不平等（disparity）和无法遏制的城市蔓延现象，在 20 世纪 90 年代美国学界还是出现过大政府思想的回潮，即折中的“新区域主义”的观念。与大政府学派支持者的观点一致，公共选择学派支持者也反对区域内管制单位过度的分散化，因为分散化导致了 20 世纪 90 年代城市内部的社会隔离和内城的衰落。但有所区别的是，公共选择学派支持者从另一个角度，即经济效率的角度来论证统一治理的必要性。这种统一治理，与建立区域大政府不同，是一种非正式的、自愿的政府间的合作治理。戴维·鲁斯克（David Rusk, 1995）在《没有郊区的城市》（*Cities without Suburbs*）中提出，城市政策的制定应当考虑到整个大都市区，解决问题的思路应当是宏观的，并非仅仅立足于内城或郊区。在整个区域范围内，如果种族隔离和平等问题得不到解决，就会降低经济发展效率，降低大都市区在全球化过程中的竞争力。鲁斯克认为应通过大都市区内政府收入共享，缓解政治、社会、经济上的不平等现象。但遗憾的是，鲁斯克的观点在个人自由主义价值观执牛耳的美国始终没有得到重视，更没有在政治上实施的可能性。

6.3　治理的典型实践——建立区域委员会

20 世纪 60 年代中期美国联邦政府为了应对分散化的问题，进行专项拨款鼓励各地成立“区域委员会”（regional councils），并授予区域委员会制定大都市区发展规划、审查地方拨款申请的权力。区域委员会建立的主要目的是增强地方政府之间的横向联系——与公共选择学派的主张相同，它并不具备地方政府的权力，如征税权、提供公共服务权等，而类似于政策咨询者的角色。区域委员会的一个重要作用是将各个地方政府聚集起来商议区域发展的重要公共问题，如重大交通基础设施的布局、环境保护问题等区域性问题；另一个重要作用是监督联邦政府资金的使用情况，例如联邦政府特批的环境保护、区域重大基础设施建设专项资金的利用，并可以对地方政府就资金的利用情况进行干预。相比于正式的联合政府，区域委员会有许多优势。除了与美国自由主义的意识形态一致，区域委员会最大的优势在于建立的成本低、效率高，并且能够激发区域政府官员和公民参与公共决策过程的热情。

目前美国广泛存在的区域委员会有两种形式。一种是大区域规划委员会（Reginal Planning Commissions），主要职能是设定城市发展战略规划、规范区域土地利用和基础设施建设项目。例如，1922 年成立的美国纽约大都市区区域规划委员会，由私人企业所有者、市民代表和社区意见领袖自愿组成，研究纽约州、新泽西州、康涅狄格州及周边近 31 个县范围内的跨边界发展规划和跨区公共事务管理。另一种是政府联合会（Councils of Governments），主要作用是为地方政府官员提供一个联合讨论问题的平台，以协调地方开发。例如，华盛顿特区政府联合会于 1957 年由哥伦比亚特区、马里兰州、弗吉尼亚州内的市县合作组成，成员来自每一个地方政府，由联邦政府直接拨款负责联合会项目决议的执行，如交通、环境规划等，后期还单独建立了华盛顿大都市区交通委员会。华盛顿特区政府联合会最重要的立足点是其享有联邦政府的直接拨款分配权，如果这一组织消失，地方政府将会丧失每年几亿美元的联邦政府援助。

6.4　小　　结

直到今天，美国学术界关于“大政府”还是“小政府”的争论依然存在。但美国的实践始终没有理论学术界争论的那般绝对化，巴尔干化的小政府不能推动大都

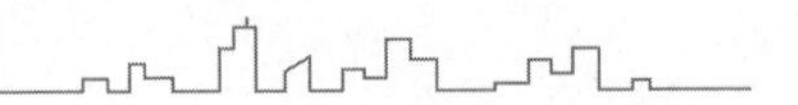

市区整体的转型，而大政府又鲜少存在。因此，新区域主义或与新区域主义观点一脉相承的理论在近年来研究较频繁，弱化“治理”的概念，而强调区域间的合作或许是一个合适的折中选择，但结果并不能令所有人都满意。

参考文献

陈雪明，2003. 美国城市化和郊区化历史回顾及对中国城市的展望 [J]. 国外城市规划，1：51-56.

顾朝林，沈建法，等，2003. 城市管治：概念 · 理论 · 方法 · 实证 [M]. 南京：东南大学出版社 .

刘君德，张玉枝，1995. 国外大都市区行政组织与管理的理论与实践：公共经济学的分析 [J]. 城市规划汇刊，3：46-52，64.

卢为民，刘君德，黄丽，2001. 世界大都市组织与管理的新模式、新思维和新趋势 [J]. 城市问题，6：71-73.

王旭，2000. 美国城市史 [M]. 北京：中国社会科学出版社 .

王旭，2006. 从体制改革到治道改革：美国大都市区管理模式研究重心的转变 [J]. 北京大学学报（哲学社会科学版），3：92-99.

王旭，黄坷可，1998. 城市社会的变迁：中美城市化及其比较 [M]. 北京：中国社会科学出版社 .

易承志，2010. 集中与分散：美国大都市区政府治理的实践历程分析 [J]. 城市发展研究，17（7）：73-79.

张紧跟，2010. 新区域主义：美国大都市区治理的新思路 [J]. 中山大学学报（社会科学版），50（1）：131-141.

张京祥，黄春晓，2001. 管治理念及中国大都市区管理模式的重构 [J]. 南京大学学报（哲学 · 人文科学 · 社会科学版），5：111-116.

张京祥，刘荣增，2001. 美国大都市区的发展及管理 [J]. 国外城市规划，5：6-8.

BOLLENS S A, 1986. A political-ecological analysis of income inequality in the metropolitan area[J].Urban affairs review, 22(2): 221-241.

RUSK D, 1995. Cities without suburbs[M].Washington: The Woodrow Wilson Center

Press.

KJAER A M, 2009. Governance and the urban bureaucracy[J].Theories of urban politics, 2: 137-152.

MOLOTCH H, 1976. The city as a growth machine: toward a political economy of place[J].American journal of sociology, 82(2): 309-332.

RUSK D, 1999. Inside game outside game: winning strategies for saving urban america[M].Washington: Brookings Institution Press.

7 西方城市再生理论与实践演变及思考

杨骁

历史的舞台往往不喜欢讲究中庸之道的角色登台表演，个性十足、特色鲜明的观点往往更能引发观众的追捧，立场鲜明的理论与学说在这样的氛围中一幕幕竞相登场并成为每个阶段的代表。然而当人们在回顾历史时会发现理论的演变往往并不是线性的阶段推进，而是在充满差异与对立的观点中交错叠进的。拥有话语权的一方善于在对应阶段中宣扬自身的先进性，同时将已有的旧理论进行个性放大式的总结，而对于没有帮助的其余部分选择性忽视。然而一些阶段的代表性理论实际只不过是对旧思想的“换装返场”。对于城市这样的复杂对象，这种包装便更为容易。在讨论城市更新问题时应首先将思想理论置于对应的大时代背景，再将实际跳跃交替的线索进行逐条梳理以便于将其更为清晰的呈现。正如彼得·霍尔（Hall，2014）所言：“在 20 世纪的城市规划中，只有少数思想是重要的，它们呼应、循环并且重新衔接。”因此对于线索与规律的总结往往更具有价值。本文尝试在大进程中提取与城市再生这一城市更新阶段演进相关的规划线索，他们分别是：向前看与向后看，效率与人文，自上而下与自下而上，以及规划的人称角色。

7.1 西方城市更新历程概况

目前对于西方国家战后城市更新阶段的划分一般习惯于认同施托尔（Stohr）和利奇菲尔德（Lichfield）的 5R 阶段划分：即 20 世纪 40—50 年代的战后重建阶段（urban reconstruction）、60 年代的城市复苏阶段（urban revitalization）、70 年代的城市更新阶段（urban renewal）、80 年代的城市再开发阶段（urban redevelopment）和 90 年代以来的城市再生阶段（urban regeneration）（常新，曾坚，2019）。这种划分对于时间和地点的概括并不细致（如未将欧美进行区分）。对于主要政策倾向的概述是由大规模拆改转向小尺度更新（关于，2008）；形式由物质规划向更全面的社会经济环境文化等多方向转化；促进机构由政府与私营机构的承接转化为合作（缪鲲，2015）。这样的概述整合固然清晰合理，但却也如引言部分描述的那样实际，一定程度上模糊了演进的线索。这对于城市更新关键问题的理解自然是不利的。“伟大的规划奠基者大多有一个共同的特点，那就是不连贯性”（Hall，2014），深受所处时代规划思想和相关实践影响的城市更新理论更应该在相对更广阔的时空范围内加以解构并重组。因此本文所讲的城市再生并不是 5R 理论中的最后一个阶段，而是通过拆解城市更新相关理论从多条线索中总结城市再生的演变的关键点。

7.2　时代背景与线索引题

“历史是一个他乡异域”（Hall，2014），以当代视角评判其他时代的理论自然有失偏颇，有趣的是那些超时代的理论往往会被某一时期简单粗暴的实践所曲解，并将实践后的误解继续流传。因此尽力回归时代去思考理论并进行跨时代的审视便尤为必要。当今的规划理论基础多出现于生产力解放后的时期，但很多思想痛点依然可以从更早的年代中找到线索或源头。实际上，城市更新理论理解的演变中充满了对于几种关键问题反复的咀嚼。

“城市是一个为着自身很好的生活而保持很小规模的社区”（张京祥，2005），从古希腊人对城市的定义开始就可以看到人文主义规划与无政府主义的种子；公民平等、贫富混住的实践都闪烁着人本主义的光辉。在历史的长河下，这一思想在被压制与解放中不断反复着。而之后有关城市效率概念的出现以及人文与效率的权衡可以追溯到希波丹姆模式的出现。现代主义的机械理性同样可由此找到源头。这种权衡的背后是所在时代人文与理性思辨的矛盾与冲突。张京祥（2005）将希腊的哲学特质归为两条：一个是非宗教的人文精神，一个是思辨的精神。从中可见人文与效率思维线索的缘起。

进入罗马时代，对于哲学思想的伦理化诠释一定程度上延伸了人文主义的世俗精神，而斯多葛学派的超级国家思想对于城市建设角色定位也有所影响。城市空间充满人工秩序和超尺度表现，凸显了君权化的城市建设目的。在这之后，奥斯曼式改造与德国、苏联出现的“伪古典主义”和“新古典主义”的思想内核与其相比并无二致（沈玉麟，1989）。柯布西耶的光辉城市亦然如此：以造物者的“上帝之手”伸向眼下城市。不同的是一个为君主的骄傲，一个为技术的崇拜。以上皆可归结为规划人称与视角的问题，或者说是规划者或城市更新人本身的角色认同问题——以什么样的身份面对他眼前的城市：是第一人称的创造者、第二人称的服务者还是第三人称的旁观者。

进入负面精神主导的中世纪，这个看似文明停滞或倒退的时代却给城市更新带来了难得的自然秩序时期，而这也为后现代主义中对于机械理性功能分区的批判留下了论据；这一时期城市的非干预性更新特征，甚至可以作为 20 世纪 80 年代英国“反规划”浪潮的前奏。自下而上的更新思想并非是某一新时代的新生产物，只是因为时代需求一次次被提及又一次次成为被关注的焦点。

文艺复兴时代重新带回了人文与唯理的思想。人们对于理想城市的追求又一次被唤醒。阿尔伯蒂对于维特鲁威思想的继承宣示了“向后看”时代的到来。在另一条规划人称线索的问题上，纵观城市设计和城市更新的全史，如“艺术家”般的第一人称一直存在，这种创造者的激情一直凭借着不同的理由与目标延续着：神受、君权、精英主义、技术至上……进入自然科学高速发展的时期，科学成为创造者的理由：“由分解到综合的机械论思维，后来集中体现在了《雅典宪章》和柯布西耶等人的柯布西耶城市理论之中”（张京祥，2005）。有趣的是有关城市更新历史的几个关键性线索，总是相互缠绕着为一个时代的权利集团所用：这时是理想国的规划，是第一、第二人称与向后看的唯理与秩序思维的结合。

在简述了 19 世纪之前（生产力解放，西方城市快速发展之前）的时代特征之后，可以发现在城市发展与更新理论中涉及的几条关键性线索：向前看还是向后看，效率与人文的权衡，自上而下还是自下而上，以及最重要的有关规划人称的思考。

7.3 西方城市更新关键线索解析

作为出现在 20 世纪 90 年代的概念性框架，城市再生所在的城市更新讨论体系，主要集中形成于战后西方有关城市更新的理论与实践过程中。其实践过程涉及清理贫民窟，强化城市内城，中产阶级回归，邻里复苏，以及公众参与的社区规划等方面（方可，1998）。而相关的理论则更丰富，例如以 L. 芒福德（L. Mumford）和 J. 雅各布斯（J. Jacobs）为代表的人文主义思潮（吴炳怀，1998）。在这一体系面前，最为瞩目的是第一波规划思想高潮期间的理论，特别是资本主义初期那些精英路线下特色鲜明的经典理论，对之后的城市更新实践有着充分的影响。霍尔（Hall，2014）将这些理论的创造者称为“远见者”与“现代规划之父”。

7.3.1　向前看与向后看

前文提及了文艺复兴时期及绝对君权时期的思维方向为一种“向后看”的思维，随着生产力的解放与自然科学的突破这种思维方向逐渐发生了转变。所谓“向后看”是回归经典以消除问题出现的新源头；而“向前看”是通过发展解决发展产生的问题。每一种思维方向都有对应的优势与弊端。

在城市因生产力解放快速扩张、社会问题逐渐激化的背景下，资本主义初期科学实证主义思维与功利实用主义的哲学态度开始显现。思维方向由向后转为向前。这种转变时期特别容易产生对人文思想的规律性忽视。严重的城市问题引发了城市规划意识的觉醒，这也是一个粗糙的分割线，意味着城市更新“黑箱”时期的结束，以及对于城市规划这一复杂的黑箱系统进行探索与拆解阶段的开始。然而正如所有领域对“黑箱”开始解析的初始阶段一样，因能力的有限性，在这种由非自觉意识向自觉意识转换过程中，出现了大量的错误与修正，而错误的实践又往往引发了对于相应理论的怀疑与否定。

面对新的城市问题，“远见者”们的思维方向开始出现了分歧：有“向后看”的鼓励城市分散与疏散的理论，也有“向前看”的支持城市集中与内部优化的立场。其中最具代表性的便是田园城市与光辉城市。两者相比，充满人文情怀与社会改革思想的田园城市理论收获了更多肯定的声音；而更追求效率的光辉城市理论对城市更新的实践造成了更为深远的影响。这是思维方向线索与另一条线索——效率与人文交织的结果，是时代对于城市更新人文与效率权衡后的实际答卷。有趣的是，虽然人们善于反思与矫正，但时代的真实诉求却不会轻易随思维意愿发生改变。因此这两条线索的排列组合也随着理论者的反思与时代的实际需要进行了不断的重组。后现代主义相对于现代主义便是两条线索重新排列组合后的结果：表面上思维方向反转向后回归人文，实际上是把现代主义化了个“浓妆”，并未能触及对于效率追求的内核。

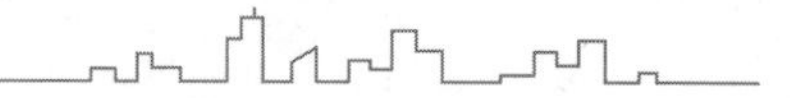

7.3.2 效率与人文

效率的表现形式有很多，在规划形态中有前文提及的希波丹姆模式在殖民过程中快速兴建的效率；在规划思想上有上一节提及的光辉城市的功能理性及其对城市快速现代化的适应。在城市再生思想前期的孕育过程中对效率的关注，更多地体现在宽松的政策与制度之上，即彼得·霍尔所说的企业化。在更新历史的实践中，不止一次地证明了效率与人文冲突的权衡实践中最终会向效率倾斜。实际例子包括有前文提及的光辉城市相较于田园城市对城市更新的实际影响。随着城市更新实践的推进，决策者与规划人似乎都意识到了若能寻求效率与人文的结合，哪怕部分冲突的方案，都将更能得到好的执行。于是英国在 20 世纪 70 年代找到了人文与效率结合的“绝佳方式”——企业化。这也意味着规划人称的转化，“规划师由猎场守护者变成了偷猎者”（Hall，2014）。

这种结合和转化一定程度上将一些理想主义者拉回了现实，但也造成了实践中人文对效率的退让。自然有结合较为成功的案例，如美国“罗斯”化下“节日市场”概念的部分成功；早在 1964 年便出现的吉尔德利广场；包括多伦多千禧年后在相似模式下的酿酒厂改造：在这个实际案例中，古酿酒厂作为工业区与历史文化区，依托公私合营和小而美战略的结合，在实践中复兴了具有人文“潜质”的地区。但是这种结合的牺牲更多的部分往往是人文：例如古酿酒厂对于改造尺度和业态模式的退让；以及私营企业主导开发模式下，开发商本身人文情怀的程度直接影响了地方文化保留程度等细节问题（唐顺英，周尚意，2011）。

这种结合在 20 世纪 80 年代的英美出现了更为直接的政策体现，城市开发公司的成立、“企业区”的划定（佘高红，朱晨，2009）、“城市基金”的创立等都毫无保留地强调了市场投资在内城强化中的作用。远在大洋彼岸的加拿大“城市再生区”的划定如出一辙（Taylor Hazell Architects Ltd. THA，2016）。其跨政府的开发公司“多伦多湖滨区”等方式和灵活的公共要素返还政策，在为开发商提供足够利润的基础上提高了更新效率（张际，2019）。但一切实践结果只能算差强人意。以伦敦城对道克兰的伤害为例，借用苏珊·费恩斯坦的观点这种结合的实际效果“表明了通过转向私营部门来实现公共目标的局限性”。

7.3.3 自上而下与自下而上

前文已经提及希腊与中世纪的自下而上的城市更新思维与实现。对于其他理论，霍尔将田园城市和区域主义思想归类为无政府主义（Hall，2014），这种无政府主义思潮是自下而上的城市更新思维另一种具体体现。与之类似的，格迪斯认为“人们可以建造他们自己的城市”（Hall，2014），简·雅各布斯在批判柯布西耶思想的同时，也在鼓励回归传统的密集型、混合性无规划的城市更新（吴炳怀，1998）。在实践中的例子如 P. 格迪斯（P. Geddes）贫民窟自建更新的尝试：在印度之旅中他提出的“保守型手术”方案，强调了市民积极参与的重要性。并认为政府的规划干预会造成与公共情感、公共需求分离的危险。这个例子有着一个值得思考的细节，那便是格迪斯“从未在印度亲自完成自己的调研工作”（Hall，2014）。这是一种危险的信号，与另一条线索规划人称相关。格迪斯的“自下而上”理论是否同样意味着第一人称视角下的主观臆断，只不过这次是以大众的权利为名义。

由自上而下的大规模拆改到自下而上的小范围更新，这种范式转化的典型事件之一是作为柯布西耶追随者的英国 AA 建筑学院（Architectual Association School of Architecture）对无政府主义建筑师 G. 德卡罗（G. De Carlo）的邀请。其相似的观点为“住房是人民的问题”。此外 J. 特纳（J. Turner）在秘鲁贫民窟的实践调查中对传统贫民窟文化进行了平反，传递了类似的思想：“居民建造并管理自己房屋的过程，给个人与社会带来了幸福”（Hall，2014）。特纳并不反对规划，而是主张将规划作为一种框架进行指导，这便再次触及了规划人称这一关键问题。其对于规划人，协调者与促进者的定位更明确。

城市自下而上进行更新理论需要接受实践的检验，其真实的实践结果有得有失：其中的作品包括拉尔夫·厄斯金（Ralph Erskine）的“拜客墙”以及远在大洋彼岸美国的“模范城市”计划（佘高红，朱晨，2009）。实践过程中有关“权利让渡”的矛盾和精英视角的局限性让人们意识到，自下而上的规划理念需要规划人称的正确定位以及与之配合。在实践的推演过程中，将自下而上与效率相结合成为了新一轮城市更新思想的指导。社区建筑的出现，让权利集团找到了自下而上模式与效率的结合点。

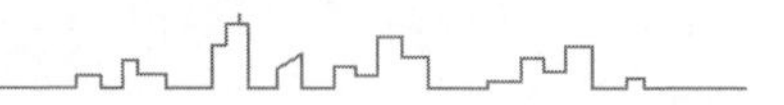

7.3.4 规划人称

在有关城市更新的前三个关键线索的梳理中已多次提及规划人称问题。所谓第一人称便是造物者、创造者，这种人称的典型代表是理想者或艺术家。第二人称是服务者、推进者、执行者。第三人称是观察者、协调者。对于第一人称与第二人称是否适合作为规划人视角的问题，历史实践已经给予了我们足够多的回答。值得我们警惕的是伪装为第三人称的第一人称理论家。他们自诩人文主义下民众的代言人，却和真实的人民诉求与立场有着难以弥合的差距，其实是悖论下的第一人称规划人。而真正有趣的是城市更新和规划的视角不仅限于这三类。例如在企业化更新中规划人由“保护人”向“偷猎者”的转化。多利益主体的诉求中体现的是规划理想与实际效益的平衡。从这样更为现实的角度出发达维多夫（Davidoff）所提倡的辩护（倡导）性规划，似乎是更适用于实际面对多元利益主体的最佳选择。“规划不应当以一种价值观来压制其他多种价值观，而应当为多种价值观的体现提供可能”（张京祥，2005）。然而它们是否符合更新实践中的效率要求，是否符合地方环境与时代诉求还需要具体的实践加以检验。

7.4 小　　结

本文以城市再生阶段作为西方城市更新历程的一个阶段性代表，将其过程演变重置于更长的时空阶段，试图在西方城市更新的理论与实践中梳理出影响城市更新演变的四条关键性线索：即更新方向、更新视角、人文与效率及规划人称。

在实际案例的梳理中，可以看到每个时代和地区都有着相对独特的内外部条件，每一阶段的更新理论都是在特定环境下几条关键线索的排列组合。因此不能简单地认为，距离时间线更近的城市更新理论案例就更适合作为我国当下进行更新实践的参考，而应依据关键线索对其在历史时空背景下的实践原因进行还原，通过对线索与组合的剥离进行规律判断从而加以参考和应用。

对于更新思维的方向，在科学与技术应用主导的时代，理论思维的方向自然更加倾向于向前看：用发展的手段解决发展的问题。需要强调的是，这里的问题是指因发展所产生的新问题，对于已经形成规律的事实仍然需要大胆地向后看。正如新城市主义者面对外界对其理论创新的质疑时所回应的那样："与其挖空心思去一味求新、求异，不如把目光转向那些早已存在的、历经时间考验而生命力依旧的东西，去探究蕴藏在其中的持久不变的特质。"（张京祥，2005）

对于效率与人文的权衡，时间证明了人文思想经久不衰的光辉与魅力，而实践也多次证明了效率对于实际推行的客观需要。将效率的需求作为更新实践的条件之一加以考量，作为人文保护、延续与创造需要考量的前提将更有可能将人文主义带到城市更新的实践中来。

对于更新视角的判断，由上到下抑或自下而上，在更新实践中虽然其演变趋势倾向于二者的结合（单菁菁，2011），但就其具体选择，依然需要通过与其他更新线索相关联并结合实际案例诉求加以判断。

最后对于规划人称的选取，第三人称是理论下的正确选择，但是在城市更新的实践推行过程中必然存在权利集团之间的冲突与个人意愿的偏斜，因此辩护型视角更能帮助规划在协调中发挥效能，但需要一个能与之匹配的高效协调机制与对话平台以及各相关方对于规划人称的基本共识。

参考文献

常新，曾坚，2019. 我国城市更新研究分析及新时代研究方向预判 [C]// 中国城市规划学会、重庆市人民政府 . 活力城乡 美好人居——2019 中国城市规划年会论文集（02 城市更新），2254-2265.

方可，1998. 西方城市更新的发展历程及其启示 [J]. 城市规划汇刊，1：3-5.

关于，2008. 中西方老城中心区发展及更新理论比较 [J]. 山西建筑，25：36-37.

缪鲲，2015. 旧城有机更新文献综述 [C]//《建筑科技与管理》组委会 . 2015 年 11 月建筑科技与管理学术交流会论文集，106-107.

唐顺英，周尚意，2011. 影视表征对多伦多老酿酒厂区地方性的影响 [J]. 城市与区域规划研究，4(3)：169-175.

单菁菁，2011. 旧城保护与更新：国际经验及借鉴 [J]. 城市观察，2：5-14.

佘高红，朱晨，2009. 欧美城市再生理论与实践的演变及启示 [J]. 建筑师，4：15-19，4.

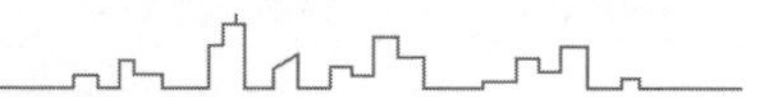

沈玉麟，1989. 外国城市建设史 [M]. 北京：中国建筑工业出版社 .

吴炳怀，1998. 西方国家旧城更新的理论与实践发展 [J]. 现代城市研究，6：3-5.

张际，2019. 城市更新政策研究：以多伦多和上海比较为例 [J]. 地产，9：51-52.

张京祥，2005. 西方城市规划思想史纲 [M]. 南京：东南大学出版社 .

HALL P, 1997. Regeneration Policies for Peripheral Housing Estates: Inward-and Outward-looking Approaches[J].Urban Studies, 34: 873-890.

HALL P, 2014. Cities of Tomorrow An Intellectual History of Urban Planning and Design Since 1880[M].New York: Wiley-Blackwell.

Taylor Hazell Architects (THA), 2016. Distillery District HCD Study City of Toronto[P].Toronto.

8 治理工具或社会理想——基于《明日之城》与英国住房郊区化的论述

吴雅馨

彼得·霍尔（Peter Hall）的《明日之城》一书翔实而深刻地记叙了 20 世纪规划专业的思想与实践运动，对规划思想本质的根源与流变进行探索与思考。本文以规划的社会功能为切入点，以英国城市郊区住房运动、田园城市运动为主要观察对象，围绕城市规划在作为治理工具和社会理想的两种对立共存的趋势，对书中的内容与观点展开归纳与论述，以理解城市规划的本质与发展路径。

8.1 由《明日之城》引发的思考

《明日之城》由英国著名城市规划学者彼得·霍尔出版于 1988 年，从史实的角度对 20 世纪以西方国家（欧洲和北美）为主的规划专业运动进行了记录。正如霍尔在序章中所强调的一样，他更加注重探讨城市规划本质的思想理论（theory of planning），而不着重于关于实践技艺的方法论（theory in planning）。从 20 世纪的规划历史中亦可以看出，大部分规划理论一开始都是建立在针砭社会问题的思想上（吴志强，1999），而不是以付诸实践为最初目的。因此这本书并不是严格按照历史时间顺序组织叙述的，而是围绕若干重要的规划思想，以思想为线索追溯其形成与沿革、在不同时空环境的变体与实践。

霍尔在书末站在 20 世纪末的视角下对过去的百年做出感叹，总结城市规划运动的发展为“螺旋上升”的趋势：在思想源头上具有针砭时政和无政府主义的反叛重组性，又不断地被他所批判的主体所吸收、运用，甚至成为维护社会安定的规则机器。受其启发，笔者在阅读中更加关注规划的理论和实践在各时空中所发挥的社会功能，总结出两种相互矛盾又依存的趋势：有时是针对特定社会利害关系的政府治理工具，

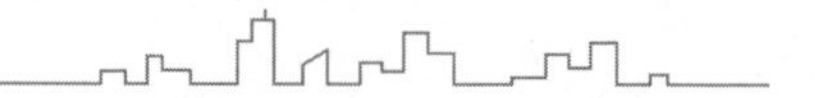

有时是乌托邦式的社会理想。

8.2 从住房问题到规划法制化：规划作为治理工具

8.2.1 住房问题开启的20世纪规划运动：根植于统治者视角的起源

作为当代规划专业从业者，我们更多在城市综合体、商业街区等城市“亮点”“增长点”上施展才华（金经元，1996），而在住区和住房上照搬套用既有规则，有所怠慢。追溯历史可以惊奇地发现，城市规划无论是作为专业理论还是社会规则，起初都包含了解决住房问题的目标：如何安置城市中的人，如何提供合适的住房，是一个长久以来都困扰着城市却没有完美解答的问题（黄怡，2009）。这个“起点”也反映了城市规划从诞生伊始便具有协调不同群体利益的社会功能属性，它不可能完全由美学和理性来评判，也不可能完全被经济主宰。

在《明日之城》开篇，霍尔用了大量笔墨渲染19世纪末英国贫民窟与住房问题的严重性；田园城市运动在世界各地传播，为工人和战争英雄提供住房也成为各国倡议者的出发点。住房作为城市人民基本需求，是城市系统稳定的前提。然而，霍尔并非通过贫民窟居住者的讲述抒发怨言，而是引用当时的社会观察者的报道和统治阶层的议论来表达对缺少合适住房的忧患。尽管这是一场颇具情怀的社会运动，它本质上还是从治理工具的视角在思考住房规划：解决贫民窟、发展新住区，与其说是贫民要改善生活的理想，不如说是贫民窟以外的人对于社会稳定的需求。

8.2.2 关于伦敦郊区住房的阶级论战：乡村的利益“蛋糕”

20世纪初期伦敦内城严峻的住房形势使解决工人、中下收入阶层的住房问题成为社会关注的焦点：否则他们可能会投靠布尔什维克了。住房供给的缺乏使政府允许私人开发商加入低价住房的建设中，通过开发公共交通（地铁、有轨电车）和相应的郊区住宅来获得收益。在资本的驱动下郊区住房快速蔓延，它们便宜、建造速度快、交通便捷，不仅提供了明显优于城市拥挤住房的居住空间质量，并且因为可转租等宽松于政府公共住房的条款而更加契合中低收入者的需求。

然而，这些私人郊区住房却遭到了两类人群的猛烈抨击：一是在经济上占据支配地位的中高收入阶层，二是田园城市等城市规划运动的理论代表。前者抨击的角度主要有三个：一是从设计的美学角度，批判郊区住房的建筑形式和排列方式，认为不经有序规划、缺乏美学指导的郊区土地开发是单调、缺乏品位的，戏称为“杂道城市”；二是从城乡关系的角度，认为这些郊区住房的建设忽略了乡村自然的特征，使乡村的风貌受到了破坏和威胁，并使城非城、乡非乡，松散的郊区斑块使原有的城乡体系“失效”；三是认为由经济因素主宰的低价郊区住宅将社会阶层写在了单调的立面和稀少的服务设施上，对社会公平有不利的影响（欧阳萍，2009）。而实际居住在郊区住宅中的中低收入阶层却并没有感到单调、乏味和遭受隔离，相反地，他们切身体会到生活质量的提高。于是在乡村的开发问题上伦敦开始了基于社会阶层立场的更加露骨的论战，中高收入阶层将郊区低价住宅的建设视为玷污乡村的“细菌增长”和“癌症”，并认为中低收入阶层的迁居是对乡村的入侵和蚕食，表达了失去乡村的恐惧；中低收入阶层的辩护者则认为乡村不是有钱人的保留地，而应该为大多数人创造更好的社会状况。基于政治能力和经济能力的悬殊，这次论战中批判的声音总是盖过辩护的声音：低价郊区住房不被视为出于社会稳定考虑的政府公共住房，而被视为动到统治阶层利益“蛋糕”的危机。

8.2.3　暗含统治语言的城市规划法制化

为了分好乡村这块“蛋糕”，规划得到了伦敦政界与学界的倡导，逐渐成为法定程序：英国1947年《城市与乡村规划法》（Town and Country Planning Act 1947），对土地利用规划进行了法规化的控制，规划立法权逐渐推及到了西方城市甚至全世界，用以指导城镇和乡村系统“健康、有序”的发展。

虽然结局喜闻乐见，但笔者却在城市规划法制化的历史渊源里读到了统治语言的暗示。尽管这场社会运动最终导向了城市与乡村规划体系的建立这样公正的结果，但事实上在利益上的本质矛盾被掩藏起来，而城市规划受到推广，不过是从规则和空间语言上对利益关系进行了协调。换言之，占据统治地位的人们巧妙避开了乡村使用与开发权利的话题，而集中力量推动整体规划的规则确立，认为需要“有计划”地进行开发，但计划是谁制订的呢？在伦敦最终的规划体系中显然对郊区住宅论战中统治阶层的诉求进行了表达，以限制人口向乡村动迁为目标倡导停止扩张、划定建设边界等。从某种意义上讲，当时对城市规划的推行似乎把统治者逻辑纳为规则

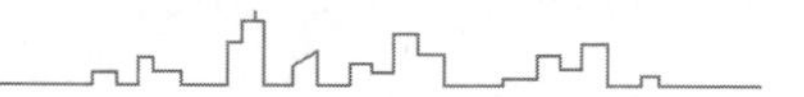

了，而中低收入阶层并不具备与统治者平等探讨规则合理与否的能力。

综上所述，从20世纪初西方城市规划运动的起点，到英国规划法制化的历史脉络中，城市规划作为治理工具的属性十分显著：它绝对保护统治阶层和私有产权的利益，又兼顾中低社会阶层的利益以维系社会和政治的稳定；因此从治理工具的属性上看，城市规划永远不可能完美，也没有绝对的公平，它是切分社会利益“蛋糕”的某种工具。

8.3 田园城市运动：起源于浪漫主义的社会理想

8.3.1 走向郊区：田园牧歌或乡村癌症

在英国，田园城市运动与郊区住房运动发起和实践的时期大致重合、互相交织，并且田园城市的思想理论对郊区公共住房运动有一定的影响。然而，无论是郊区私有还是公共住房，均受到田园城市拥护者的批判：虽然同是“走向郊区”的发展，由政府和投机的私人开发商所建设的郊区住房被认为违背了真正的田园城市的模式，E. 霍华德（E. Howard）作为“田园城市之父”更明确地表示仰赖国家不可能实现田园城市。事实上，这两个城市规划运动看似互相交织、目标一致，却有着完全不同的诉求：上文定义工人住房运动是统治视角下的社会治理工具，而田园城市运动在根源上却具有浪漫主义色彩，是解构了既有政府体系而重筑形成的社会理想。以社会理想为出发点的规划理论流派并不仅有田园城市，20世纪中期以后众多的建筑师、规划师都在探寻城市的“理想范式”：不仅探讨理想的城市建设形式，还包括对理想城市社会的经济、人文甚至精神上的设想（吴志强，1999）。霍尔在全书开篇便声明了这些“乌托邦”式的远见的“无政府主义根源”，在此后对于实践和理论发展的记载中也不断正本清源，对在思想传播、移植的过程中发生的变化不惜笔墨地细致论述，以厘清从规划思想到理论体系，继而最终付诸实践的过程中在表层和本质上的区别。

从英国等西方国家城市化与人口安置的历程上看，可以发现值得批判的对象并不是走向郊区这一路径：政府和开发商对郊区工人住房的抨击，不仅在于空间组织形式上欠缺美学原则，更多的在于不符合“田园牧歌”的理想本质。综观书中记载的观点，在根本上决定在郊区或乡村的开发是田园牧歌还是乡村癌症的并不是具体的空间选址或物质形态，因为即便在同一规划思想脉络中，在距离中心城远近、绿带宽度、住区模式、工业布局的设想上亦有略微的出入，而在互相批判的理论中却也有相似的见解。对于空间建设的规划是思想家们表达自治、共享的社会理想的语言，因此被资本主宰的开发商郊区住宅是没有灵魂的蔓延，因为它缺乏对城市系统的整体考虑、是不具备完整城市功能的“卧城”，即使有图纸可循，却依然是无序、不经“规划”的。而霍华德的田园城市思想正面迎战了对传统城乡体系的执念，明确提出最理想的途径就是在拥挤但有大量经济社会机遇的城市和缺乏社会生活却有新鲜空气和美好自然的乡村之间开辟一条新路——Town + Country（城市 + 乡村），集体所有、自给自足、具有家园精神的田园城市；于是曾经认为郊区和乡村建设是松散、失序的观点偃旗息鼓。

8.3.2　田园城市运动的实践与传播：被现实稀释的理想

在英国第一批田园城市的建设中，霍华德的理想就已经有所稀释了，他需要获得他所希望逃脱的政治和资本力量的支持，因此在实际的建设和运营模式需要有所妥协，例如莱奇沃思（Letchworth）的土地集体所有和租约等方面的让步；雷蒙德·欧文（Raymond Unwin）和巴里·帕克（Barry Parker）在莱奇沃思的空间形态设计上很大程度地遵照了霍华德的原则，但在实践的路径上资本和政治力量却发挥着重要的作用，这对于霍华德和纯正派的田园思想家们而言是对田园城市思想本质的某种稀释，霍华德因此在韦林（Welwyn）重新开展田园城市试验。然而即便做出了妥协，霍华德所主导的田园城市试验仍然难以达到他所设想的经济自足和人口规模，最终均以某种失败告终。

然而，田园城市运动却不断地传播并输出到全世界，霍尔描述这一过程为“奇特的变形”。在有关于英国汉姆斯特德（Hampstead）的辩论中，田园城市纯正派们便批判将田园城市作为建造商虚无的广告口号，事实上并没有形成具有完整功能的田园城市，而是为消费主义所服务。此后欧文便为政府工作，走向了“田园郊区”和“卫星城市”的道路，完全背离了田园城市的自足理想。

在英国本土如此，在欧洲和其他世界城市，田园城市的概念则稀释得更加“彻底”：本土的田园城市思想家们有的借鉴了空间形态上的组织，有的借鉴了对工业生产关系的考虑，霍尔将这些差别描述为“微妙但重要”。从对旁系理论和实践案例的分析中可以看出田园城市理论家对于这场运动理想本质的苛刻：在西奥多·弗里奇（Theodor Fritsch）推行的德国“未来城市”中倡导了与霍华德相似的空间规划形式，圆形的城市形状、外围的绿带分隔、住宅和工业的分布与建筑形式等，甚至土地的集体所有使用制度也十分类似；但田园城市理论家认为这种相似是“表象”的，因为“未来城市”相对较大的规模缺乏反大城市中心化的思想，且其中具有种族主义色彩的观点与田园城市的共生理想相左。在20世纪20—30年代法兰克福的实践中，德国规划师恩斯特·梅（Ernst May）明显受到莱奇沃思的影响，运用了田园城市的概念和思想，事实上在这里拥有了田园牧歌般的氛围：尼达河住区的休闲、体育、服务与户外设施激发了年轻人的活力，形成群众运动，新城规划真正对社会生活产生了正面影响，霍尔称赞法兰克福的实践为“小型杰作”。但由于在实践上需要对政治力量妥协，宽阔绿带演变成狭小绿带公园，就业体系与城市“藕断丝连”，依靠政府建设公共住房等，霍尔认为这不算是田园城市思想的实践，而应对应英国的公共住房运动。除了主观因素外，在霍尔翔实的记叙中不难发现实践中对思想和形式的“稀释”与“变形”更多是不可避免的：一来是不同的时空和经济社会环境的不同需求，二来是作为社会理想的规划思想的无政府主义和反资本投机根源与规划实践对于政府体制和市场机制的密切关联之间的矛盾。在田园城市运动的发展与实践中，空间上的规划形式只是用以表达社会理想的“语言”，但在不同时空与体制土壤中移植的结果往往是留存了“表层”的空间形式，而丢失了“本质”的社会组织模式；正如霍尔在开篇所言：“理想在付诸实践时，往往是由思想家们所憎恶的国家官僚机构来实施的”，而因此只剩下空间形式的“躯壳”。

8.4 小　结

阅读和归纳《明日之城》一书对于20世纪工人住房运动与田园城市运动的记叙后，笔者从“治理工具”和“社会理想”两个根源对城市规划的社会功能进行了分析，论证了城市规划绝不仅是空间美学原则，而具有重要的利益协调属性。无论发起于社会治理还是社会理想，在城市规划中空间形式和社会组织模式都是密不可分、互相呼应的，但显然在《明日之城》中认为规划的本质应是空间为表、社会精神为本。

进一步思考城市规划师的角色：受社会统治者或市场任命的规划师是维护空间美学原则的匠人，跻身统治地位的规划师则运用城市规划作为利益协调的治理工具，规划思想家和实验家则将城市规划作为表达社会理想的语言，如果规划师不具备城市管理者的身份，则往往需要向既有的社会组织体系妥协，在物质形态上不能拥有初衷的社会理念。

参考文献

黄怡，2009. 从田园城市到可持续的明日社会城市：读霍尔 (Peter Hall) 与沃德 (Colin Ward) 的《社会城市》[J]. 城市规划学刊，4：113-116.

霍尔，2009. 明日之城：一部关于 20 世纪城市规划与设计的思想史 [M]. 童明，译 . 上海：同济大学出版社 .

金经元，1996. 再谈霍华德的明日的田园城市 [J]. 国外城市规划，4：31-36.

欧阳萍，2009. 城市：从中心到边缘：英国伦敦郊区化动因研究（1750—1850）[D]. 江苏：南京大学 .

吴志强，1999. 百年现代城市规划中不变的精神和责任 [J]. 城市规划，1：27-32.

9 城市形态学的思想演进与启示

李嫣

城市形态学（urban morphology）是近代西方城市理论中的一个课题，其思想演进流派十分复杂，具体定义也各有侧重。在此引用维托·奥利维拉（Vítor Oliveira, 2016）在《城市形态学》中的基本概括："城市形态学的研究对象是城市形态以及城市形态变迁过程背后的动力机制。其中，城市形态是指构造和塑造城市的基本物质要素，包括城市组织、街道、广场、街区、建筑等。"本文的研究对象是城市形态学的思想演进，而不是某一具体城市的形态演进过程。选择这个切入点是希望回答几个问题：城市形态学如何产生？在什么背景下发展？其思想演进的动因是什么？换言之，本文希望以城市形态学为索引，将出于不同传统的思想发展脉络进行归纳与一定程度的演绎，试图寻找其演变的背后逻辑，加强对近代欧洲城市发展的理解。

本文以城市形态学的思想演进为研究对象，将法国、德国、英国、意大利的城市形态学思想演进过程概括为两条线索：地理学传统与建筑学传统。在梳理思想流变的同时，探究其背后的动因，并最终得出结论：近代欧洲城市的发展是城市形态学思想演进的背后推力。随着城市变得愈加复杂，单一学科基础难以对城市形态进行完整阐释，不同学科的思想必然趋于融合，这也将对未来的城市研究具有一定启示作用。

9.1 城市形态学思想缘于两种传统

19 世纪以来欧洲城市形态学可以纳入两种传统：地理学（geography）和建筑学。以地理学为基础的城市形态学重点从事实中归纳、解释"为什么"；类型学（typology）以建筑学传统为基础，是设计的延伸，入手点在于"该怎么办"。

这两条线索在发展过程中影响了众多欧洲国家，本文主要对法国、德国、意大利和英国进行梳理（图 9-1）。从总体上看，地形学（topography）① 传统源于法国，19 世纪末逐渐引发了对城镇形态的思考，这直接影响了德国人文地理学科的发展，并在康恩泽（Conzen）之后产生了英国城市形态学派。建筑学传统主要在意大利形成和发展，20 世纪下半叶对法国有较大影响。时至今日，两条线索已相互借鉴和融合，城市形态学的思想在全世界广泛传播。

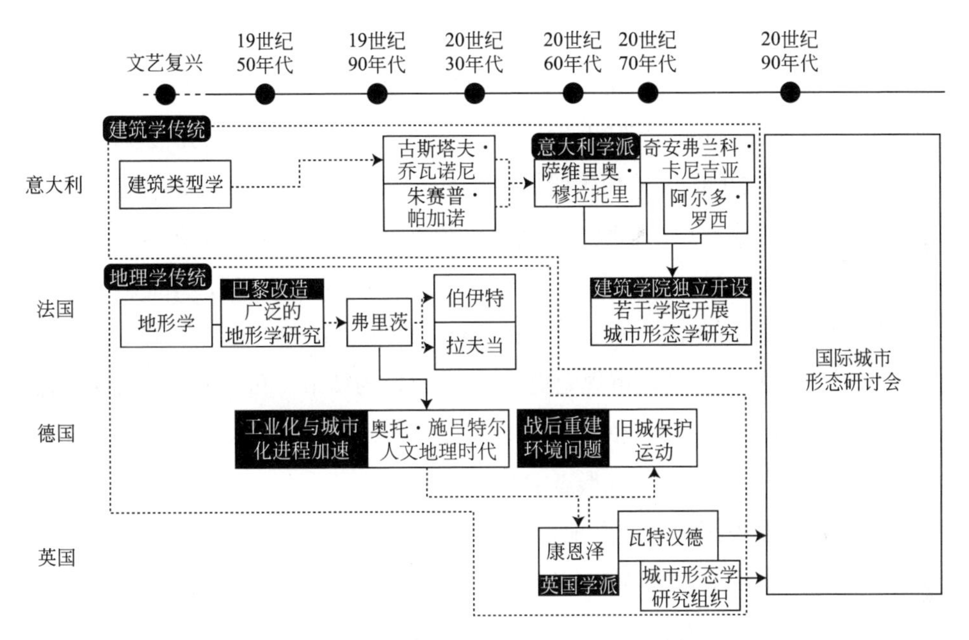

图 9-1　城市形态学思想演进简要图示

9.2　源于地理学传统的城市形态学思想发展时间轴

形态学（morphology）一词源自歌德在生物领域的研究，其内涵为“关于有机体形式、形成和变化的科学”（Steigerwald，2002）。然而，从形态学到城市形态学的思想演进不是一以贯之的，可以说，城市形态学只是借鉴了“形态学”这个词，来

① 地理学与地形学的研究重点不同。地理学的研究对象包含“气候、山脉、海洋、湖泊等的形成过程和系统，以及一定范围内人类或国家组织生活的方式”，而地形学是指“一定范围内自然特征的物理外观，尤其是其表面形态”，可见地理学研究范围广于地形学，故将地形学纳入地理学传统中。

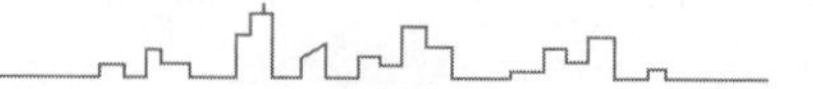

表达学者对城市的理解——城市也是一个不断变化的有机体。这样的认识并非自古有之，而是经历了漫长的历史积淀，至19世纪，欧洲城镇建设至臻成熟，城市形态学的思想才逐渐产生。

9.2.1 地理学在法国与德国的积淀

地形学研究最早可追溯到1550年法国人基尔·克罗泽（Gilles Corrozet）的著作，19世纪中叶奥斯曼（Haussmann）的巴黎改造激发了学界对巴黎地形学与考古学更广泛的探索（Darin，1998）。但几百年来，针对单一城市（巴黎）的浩繁研究始终缺乏类比归纳，直至20世纪20年代伯伊特（Poëte）和拉夫当（Lavedan）里程碑式的工作。伯伊特的工作重点在于整合，他将巴黎丰富的历史资料逐个分类，并按时间顺序将其中的地形学研究整理成册，“连接了巴黎的过去与未来”，并提出城市是一个不断进化的“城市有机体”的思想（Periton，2006）。拉夫当的突出贡献在于类比，他历时50余年著成三部《城市规划史》，对“自发的城市”和“规划的城市”进行分析归纳，成为后续相关研究的“信息之源”（Darin，1998）。然而遗憾的是，两位学者均未能创立明确的地形学或形态学思想流派。

德国的地理学发展深受法国地形学传统的影响。19世纪70年代起德国经济飞速发展，城镇数量激增，但早期的城市研究多囿于法律与历史文学范畴，少有对物理形态的记载。在这一背景下，法国的历史学家弗里茨（Fritz）用地形学的方法对德国的300多个城镇展开正交网格型平面分析，并指出了城镇的出现时间、地理条件与合法化定居的关联，以及德国城镇规划的过程和年代等值得深入研究的问题，最终依据平面类型对城镇进行了分类，于1894年发表了《德国城镇》（*Deutsche Stadtanlagen*）一文（Gauthiez，2004）。

弗里茨的思想对德国众多学者产生了深刻影响，其中包括德国人文地理学科新纪元的开创者奥托·施吕特尔（Otto Schlüter）——提出了“文化地貌形态学”（morphologie der kulturlandschaft）。自此，形态学与地理学在德国开始结合，相关研究的重点包括易北河、萨莱河两岸的城镇及村庄平面布局差异辨析，城墙和市场在城镇平面布局中的作用等（Hofmeister，2004）。但这些研究仅限于城市形态本身的客观叙事，仍然缺乏“对文化地貌实践方法的系统性支撑”，因而这一思潮至20世纪20年代逐渐结束。20世纪30—50年代，德国在城市形态方面的研究更多集中在城市功能与结构上，之后关于城市形态的研究方向更加多元，但缺乏整体框架。

9.2.2　英国城市形态学派的继承

尽管法国与德国并未形成完整的城市形态学派，但英国继承了地理学传统的接力棒。实际上，英国本身有一定的“本土”城市形态研究基础，主要研究对象是城镇地貌（townscape），同样出于地理学思考，但并没有进行概念化分析，仅进行客观记录（Larkham，2006），影响范围较小。

转机来自英国城市形态学派的开创人康恩泽。康恩泽是从德国移居英国的一名地理学家，跟随他一起到英国的还有施吕特尔、盖斯勒（Geisler）等德国地理学家对他思想上的影响。1960 年，康恩泽发表了著名的《诺森伯兰郡安尼克市：一个城镇平面分析研究》，提出城市具有三个层次：城镇平面、建筑组织、土地及建筑用途，这也为他的后续研究提供了基本切入点（Whitehand，2001）。J. 瓦特汉德（J. Whitehand）评价康恩泽在“专业术语运用上十分精准”，包括城市边缘带、城市建设环、形态学区域等概念都是对城市地貌进行提取，叠合时间、交通、功能等多层次信息，将城市建设“过程”图示化、抽象化地表达，清晰又简洁。同时，这些概念也为后继者提供了城市形态学的基本思考方法和整体框架，又与欧洲的地理学传统巧妙结合，启发了城市形态学英国学派。

值得一提的是，康恩泽的思想在 20 世纪 70 年代又从英国出发，回到了他的故国。彼时德国正面对战后 25 年城市大规模重建带来的环境问题，部分学界组织受到英国学派的启发，开启了旧城保护运动，在 20 世纪 80 年代进一步涌现出社会地形学（sozialtopgraphie）（Hofmeister，2004）。与此同时，康恩泽的思想在英国一直由少数形态学家继承，但研究成果较少。直至 20 世纪 90 年代，英国学派逐渐有了较大国际影响力，其内涵日益丰富，研究范围亦蔓延至城市历史、城市规划等学科中（Larkham，2006）。

9.3　源于建筑学传统的城市形态学思想发展时间轴

意大利的城市形态学更多汲取了建筑、历史、艺术等学科的营养。从文艺复兴时帕拉迪奥（Palladian）的《建筑四书》开始，建筑类型学的思想就已在意大利显现。在建筑语境中，每一种不同的建筑类型背后都对应特定的建筑思想，它们都是某一

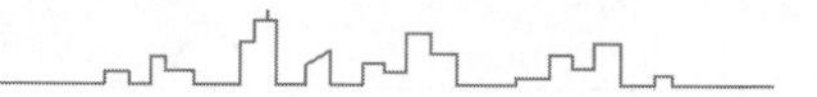

既定问题时的最佳解决方案。然而，不同的“类型”背后存在很大的文脉差异，针对它们的研究长期各行其是，因此，几乎从未在更大的城市尺度上出现关于形态演进的研究（Marzot，2002）。

9.3.1 从建筑走向城市的类型学

20世纪初，古斯塔夫·乔瓦诺尼（Gustavo Giovannoni）和朱赛普·帕加诺（Giuseppe Pagano）为意大利的城市形态学发展打下了基础。其中，乔瓦诺尼是开展城市类型学研究的第一人，他同时有城市工程与艺术史的教育背景，集科学与人文于一身，在没有城市规划学科的意大利不可多得（Zucconi，2014）。由于生长在旧城公共卫生问题严峻的19世纪末，乔瓦诺尼对如何改造旧城的议题具有强烈兴趣。在1913年，乔瓦诺尼对历史建筑、城市中心、城市扩张等问题的探讨可谓意大利城市形态研究的开端。并且，乔瓦诺尼对历史中心城区的态度并不是现代主义的推倒重建，而是认为新城、旧城需要有机地互补，应当用文脉延续既有城市结构，建设卫星区来满足现代城市扩张需求。在实践中，乔瓦诺尼关注到新老城之间的衔接问题以及改造建筑与周边环境的关系问题，并以类似维欧勒·勒·杜克（Viollet-Le-Duc）[①]的处理方式，先研究周边建筑风貌及年代，再改造非同时代的“多余部分”，以达到整体城市肌理的平衡，这一点影响了一代意大利建筑师[②]。

帕加诺同样排斥现代主义，他致力于乡村聚落的研究，希望寻找初始的建筑原型，并思考从原始到现代建筑的变迁过程中，记忆与结构是如何保留和延续的（Marzot，2002）。在此过程中，帕加诺首次将类型学与历史地理融合，探讨原型在时空中的演化过程，为城市形态学后续研究方法论奠定基础。

9.3.2 意大利学派的产生

战后的欧洲受到现代主义的影响，产生了乌托邦式综合规划的思潮，在战后重

---

① 维欧勒·勒·杜克是法国19世纪的建筑师，他曾修复包括巴黎圣母院大教堂在内的众多中世纪古建筑。乔瓦诺尼对旧城的改造思路与之相仿。

② 尽管学界在战后出于政治立场问题对乔瓦诺尼颇有微词，但不可否认的是，他对城市的综合性思考对后世影响甚广。

建中，许多旧城区开展的贫民窟清理运动便出于勒·柯布西耶（Le Corbusier）的“塔楼模式”的理念（Taylor，2006）。然而伴随着新开发项目的实践，空间决定论、漠视社会性等现象愈加受到学界质疑，至20世纪60年代，对于现代主义及乌托邦的批判成为主流。在这样的背景下，意大利的城市形态学派真正应运而生。

1959年，萨维里奥·穆拉托里（Saverio Muratori）出版了《研究威尼斯活跃的城市历史》一书，从建筑和城市形态的变迁历程入手，研究原始简单的形式逐渐演变为复杂格局的过程，探寻“过程的类型”。穆拉托里提出，城市形态的演进往往因地而异，既往的形态起到关键的影响作用，但这种影响并非天然存在，而是根植在当地的文化行为中。同时，穆拉托里十分强调尺度的概念，认为同一尺度层次的建筑之间应该是相互关联的，如果缺乏对所在层次的整体性思考，所有建筑都将是片面的、缺乏深度的。穆拉托里对现代主义的批判也源于此，认为现代主义抛弃了过往的建筑知识，反而将建筑和城市设计简化为单纯的技术问题。穆拉托里对建筑、城市、历史的关系的认识，正如维托·奥利维拉（Oliveira，2016）总结的：

“只有在特定的城市组织中，（建筑）类型才能被确定。只有在城市有机体的语境中，城市组织才能被确定。只有在尊重历史并以史为鉴的情况下，城市有机体在历史的维度中才是真实的，才能够成为时间建构的一部分。”

穆拉托里的后继者包括奇安弗兰科·卡尼吉亚（Gianfranco Caniggia）、保罗·马里托（Paolo Maretto）、亚历山大·吉安尼尼（Alessandro Giannini）等，其思想持续被众多意大利著名建筑师接纳，以阿尔多·罗西（Aldo Rossi）最著名。

9.3.3 没有统一学派的法国“学派”

法国城市形态研究历史悠久，但并无明确的定位和思想体系。转变发生在20世纪70年代，法国的建筑师开始受到意大利学派的深刻影响。同时，对布杂学派（Beaux-Arts）的批判和学生暴动导致众多建筑学院独立。在从艺术转向学术的过程中，包括巴黎贝尔维尔建筑学院（Ecole d’Architecture de ParisBelleville）、凡尔赛建筑学院（Ecole d’Architecture de Versailles）、巴黎国防大学建筑学院（Ecole d’Architecture Parisla-Defense）等院校的青年教师逐渐开展不同方向的城市形态学研究。

在这些研究中，没有统一的主导人物或机构，因而法国事实上并未形成单一的学派——“这正是法国城市形态学研究的弱点和优势所在”（Darin，1998）。其

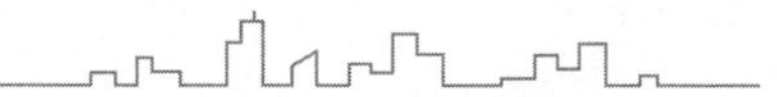

中，最著名的是凡尔赛建筑学院，该院站在反现代主义立场上，以类型形态学（typo-morphology）为重点，梳理凡尔赛在不同历史阶段的城市形态和建筑类型，并且描绘了光明城市理念是如何将这座高贵的城市变得平庸，可谓法国类型形态学最佳研究之一。贝尔维尔建筑学院的研究方向传承自意大利学派，其重点探究城镇空间演变与住宅建筑类型之间的辩证关系。巴黎国防大学建筑学院着力分析城市不同组成部分之间地形、几何和尺度的关系，类似于艺术与地形学的叠加，是一种“纯粹的”形态学研究。至 20 世纪 80 年代，法国的城市形态学研究在更多城市展开，参与学者来自不同学科背景，相关研究蔓延至郊区研究、现代城市构成等更多方向。

9.4　学科融合和新技术中的思想延续

尽管在上述两条时间轴中，城市形态学思想在不同国家之间相互影响，但如何打破多学科和多语言的壁垒、如何建立更系统的城市形态学框架仍然是一个难题。解决这一难题的人是康恩泽的学生瓦特汉德。

1974 年，在伯明翰大学任教的瓦特汉德建立了城市形态学研究组织（Urban Morphology Research Group, UMRG），该组织在 20 世纪 80—90 年代逐渐成为国际上城市形态学历史地理方向的主要中心。在瓦特汉德和城市形态学研究组织的协调下，20 世纪 90 年代先后在欧洲和北美的多个国家举行了城市形态国际会议，并于 1997 年成立国际城市形态研讨会（International Seminar on Urban Form, ISUF），同年推出了由瓦特汉德主编的《城市形态学》期刊（Oliveira，2019）。50 年来，瓦特汉德的研究已不仅限于对景观形态学（Whitehand，1994）、边缘带理论（Whitehand，1967）、城市演变动因等康恩泽思想的延续扩展，他还更广泛地将城市形态学的研究方法应用在实践中，其中也包括北京（Whitehand 等，2007）、广州（Whitehand 等，2010）等旧城更新与研究项目。可以说，瓦特汉德继承了英国城市形态学派的同时，也建立了国际城市形态学的学科架构和基本思想（Whitehand，1992），让原本来自多学科、多国家的城市形态相关研究拥有共同的交流平台，极大地促进了学科融合发展。

城市形态学的新研究方法在 20 世纪 90 年代逐渐成熟，这归功于包括遥感技术、地理信息系统、空间句法和大数据等新技术的应用。时至今日，城市形态学的相关研究与旧城更新和城市规划的实践联系更加紧密，源于地理学或建筑学的传统也在世界范围内得到发扬。

9.5 启示：城市形态学思想演进是近代城市发展的缩影

前文对城市形态学的思想演进过程概括为两条线索，事实上是将法国、德国、英国、意大利的城市形态研究者及其主张简要地提取和串联，勾勒出思想演进的大致轮廓。

9.5.1 两种学科思维的殊途同归

如果将两条线索对比来看，有许多来自不同国度的学者发现了相似的问题，且出现的时间相近，但没有证据证明他们存在交流。然而即使是同样的发现，在不同的学科背景下，他们的思考方式也截然不同。

例如，在 20 世纪 30 年代，意大利的乔瓦诺尼在著作《旧城与新建筑》中提出“缝合理论”（teoria dell’innesto）[①]，其含义是新老城之间的地带在建设中不应存在断层，需要将二者的历史与生活方式整合在一起。同时他发现，缝合的方式在历史上是十分常见的，城市就像“重写本”（palinsesto）一样，不同时期的平面肌理会永久留存、相互交织（Marzot，2002）。德国的路易斯（Louis）[②]同样关注到类似现象，他在 1936 年以大柏林城为研究对象，通过外在形态特征和功能权属来分析城市结构，并将之划分为五个特征区，包括选帝侯城（Kurfürstenstadt）、老郊区及腓特烈城（Friedrichstadt）、威廉大帝时期（Wilhelminian）城市带、工业带和外围区域（Christaller，1937）。对比来看，两位学者都关注到由于建设时期不同，新城与旧城之间存在隔阂，但出于不同的学科思维，二者的研究重心却不同。作为建筑师的乔瓦诺尼更关注实践，思考怎么消除隔阂，探求新城建设时要怎样与旧城和谐过渡；而作为地理学家的路易斯更注重分析，着力于特征的归纳，对被隔开的不同区域进行划分。

另外一个例子是康恩泽与穆拉托里，作为英国学派和意大利学派的代表人物，

---

① 直译为“嫁接理论”，转换到规划语言用“缝合”更恰当。

② 路易斯是康恩泽在德国的导师之一，他对大柏林城市带的研究直接影响了康恩泽的边缘带理论。

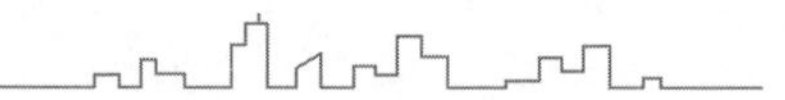

二者同样在20世纪60年代提出自己的学科思想，同样以城市的演变为研究对象，同样关注城市建设的演变过程，也同样进行多尺度、多层次的形态学分析，但仍然各自风格鲜明。穆拉托里在威尼斯圣朱利亚诺岸滩竞赛中，基于对城市形态类型的周期变化分析，将新城市肌理与原有肌理之间叠加交织，从而完成符合“过程的类型”概念的设计。康恩泽则将形态学的概念细化到建筑层次，深入地思考城市“形态变化周期”及变化原因。

事实上，从乔瓦诺尼到穆拉托里，建筑学传统的思考方式本质上没有改变，对城市肌理类型和形态的研究是为了指导设计实践，但视角从微观逐渐走向宏观，从建筑到城市和区域。从路易斯到康恩泽，地理学的研究方法也仍然保持，对城市形态的研究是为了思考城市演变的客观规律和动因，但视角逐渐从宏观走向微观，从区域和城市落到建筑层面。

在笔者看来，两条线索逐渐趋同是必然的——在城市发展日益成熟的近代欧洲，对城市的观察越深入，便有越多的相通之处。同样的，两条线索的融合也是必然的——在如今全球化的信息时代，学科建设的完善、新技术的支持和城市建设的新挑战，必将促使多学科的交流合作，以寻找更综合的解决方案。换言之，城市的复杂属性需要多学科融合，技术革新和时代转变为其融合创造条件。其实，城市形态学仅仅是西方近代城市理论中的沧海一粟，与之相似的思维演进过程，从产生到成熟到殊途同归，在城市研究的方方面面一直存在，并且至今仍在持续发生。

9.5.2 城市发展是思想演进的背后推力

如果将城市形态学思想的演进过程与近代西方城市发展的历史背景加以对比，或许能探寻其背后的演进逻辑。

人们对城市形态的认识是随着19—20世纪欧洲快速城市化进程逐步加深的。伴随着工业革命，1830—1914年大量人口涌入城镇，城市数量也迅速提升（图9-2）。聚焦这一阶段法国、德国、英国、意大利的城市化率变化（图9-3），可以看到意大利的城镇化率增速在四国中最缓，且基本与欧洲平均水平持平；德国的城市化开始较晚，但1850—1910年快速反超，增速最快。

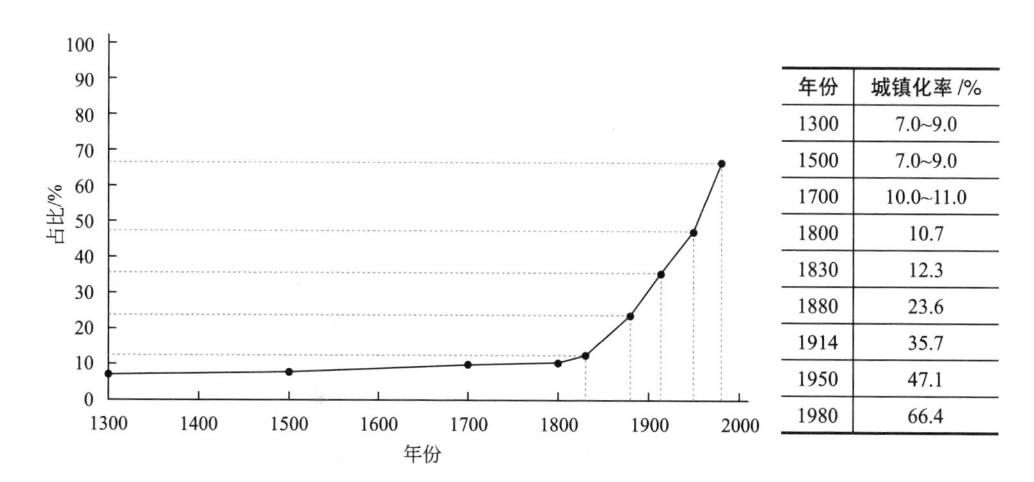

年份	城镇化率 /%
1300	7.0~9.0
1500	7.0~9.0
1700	10.0~11.0
1800	10.7
1830	12.3
1880	23.6
1914	35.7
1950	47.1
1980	66.4

图 9-2　西方发达国家城市化率长期变化图（1300—1980）

数据来源：Bairoch，Goertz，1986

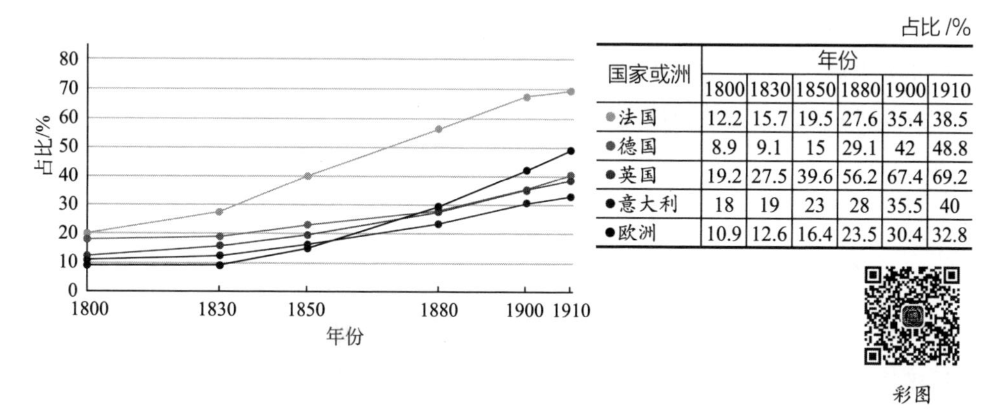

占比 /%

国家或洲	年份					
	1800	1830	1850	1880	1900	1910
法国	12.2	15.7	19.5	27.6	35.4	38.5
德国	8.9	9.1	15	29.1	42	48.8
英国	19.2	27.5	39.6	56.2	67.4	69.2
意大利	18	19	23	28	35.5	40
欧洲	10.9	12.6	16.4	23.5	30.4	32.8

图 9-3　法国、德国、英国、意大利及欧洲平均城市化率变化图（1800—1910）

数据来源：Bairoch，Goertz，1986

对比意大利和德国的城市形态相关研究发展，可以发现与城市化率增速不谋而合：意大利的城市建设进程相对平缓，自 20 世纪 10 年代才出现城市形态的初步研究；相比之下，德国的城市化速度自 19 世纪下半叶陡增，10 万人以上城市的居住人口占比从 1871 年的 4.8% 猛增到 1910 年的 21.3%[①]，面对更大量的城市建设工作，城市形态的研究在 19 世纪 90 年代至 20 世纪 20 年代的德国开展更广泛。类似的，法国在

① 数据来源：数据库“文献和图像中的德国历史”（German History in Documents and Images，GHDI）。

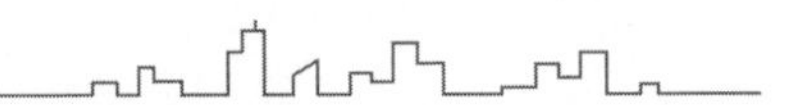

19 世纪中期巴黎改造时，学界对巴黎历史和地形学开始更广泛的研究，但自此之后，法国的城市化率增速至战前仍然平缓，城市形态的研究也并未大规模展开。

意大利、法国、德国的城市形态学在 20 世纪 60—70 年代再次发展，根源在于对战后重建的反思。彼时，现代主义建筑思潮在全世界成为主流，而学院派的建筑师失去话语权。在乌托邦式的城市建设中，建设者过度重视物质空间，而忽略了经济和社会因素，缺乏人文关怀——意大利和法国的城市形态学者正是出于对这些问题的批判开展研究的。德国同样是因战后重建中旧城受到严重破坏、环境恶化，进而在 20 世纪 70 年代开始旧城保护运动，并恢复城市形态学研究。

与这三国相比，英国城市形态学派的产生与其城市发展的关联度不大，反而出于偶然因素——康恩泽的移民。无论战前或战后，英国的城市化率都在欧洲处于领先地位，然而其本土的城市形态相关研究却较稀少。当然，康恩泽学派在 20 世纪下半叶之所以能够产生巨大的国际影响力，也受益于英国成熟的城市发展优势，其研究对象更丰富。因此，与其说该学派的产生过程不能体现英国的近代城市发展历程，不如说其研究成果正是英国近代城市发展的凝练。

参考文献

泰勒，2006. 1945 年后西方城市规划理论的流变 [M]. 李百生，陈贞，译 . 北京：中国建筑工业出版社 .

BAIROCH P, GOERTZ G, 1986. Factors of urbanization in the nineteenth century developed countries: a descriptive and econometric analysis[J].Urban studies, 23(4): 285-305.

CHRISTALLER W, 1937. Reviewed work(s): die geographische gliederung von groß-berlin by herbert Louis[J].GeographisCHE ZEITSChrift, 43(12): 463-464.

DARIN M, 1998. The study of urban form in France[J]. Urban morphology, 2(2): 63-76.

GAUTHIEZ B, 2004. The history of urban morphology[J]. Urban morphology, 8(2): 71-89.

HOFMEISTER B, 2004. The study of urban form in Germany[J]. Urban morphology,

8(1): 3-12.

LARKHAM P, 2006. The study of urban form in Great Britain[J]. Urban morphology, 10(2): 117-141.

MARZOT N, 2002. The study of urban form in Italy[J]. Urban morphology, 6(2): 59-73.

OLIVEIRA V, 2016. Urban morphology[M]. Cham: Springer International Publishing AG Switzerland.

OLIVEIRA V, 2019. Whitehand and the historico-geographical approach to urban morphology[M]. Cham: Springer Nature Switzerland AG.

PERITON D, 2006. Generative history: marcel poëte and the city as urban organism[J]. The Journal of architecture, 11(4): 425-439.

STEIGERWALD J, 2002. Goethe's morphology: urphänomene and aesthetic appraisal[J]. Journal of the history of biology, 35(2): 291-328.

WHITEHAND J, 1967. Fringe belts: a neglected aspect of urban geography[J]. Transactions of the institute of british geographers, 41: 223-233.

WHITEHAND J, 1992. Recent advances in urban morphology[J].Urban studies, 29(3-4): 619-636.

WHITEHAND J, 1994. Development cycles and urban landscapes[J].Geography, 79(1): 3-17.

WHITEHAND J, 2001. British urban morphology: the conzenian tradition[J].Urban morphology, 5(2): 103-109.

WHITEHAND J, GU K, 2007. Urban conservation in China: Historical development, current practice and morphological approach[J]. Town Planning Review, 78(5): 643-671.

WHITEHAND J, GU K, WHITEHAND S, et al, 2010. Urban morphology and conservation in China[J]. Cities, 28(2): 171-185.

ZUCCONI G, 2014. Gustavo Giovannoni: a theory and a practice of urban conservation[J]. Change Over Time, 4(1): 76-91.

10 从《城市意象》到《城市形态》——规划中对数理方法与现象方法的探索

王越

《城市形态》(*Good City form*) 成书于 1981 年，正值新时代与旧时代的交界之处：激增的日本经济代表着“二战”的乌云逐渐消散，两伊战争、英阿马岛战争的爆发则暗示着资本主义又进入了新一轮对世界的瓜分。这一切都预示着《城市形态》不单是一本总结之作，而是一本承上启下之作，是对旧时代思维方法的反思与改进，与对新时代新价值的讨论。因此，对于这本书的讨论不应该局限于那个风云变幻的年代，而应当一路向前追溯至凯文·林奇（Kevin Lynch）的代表对“二战”前后城市建设思考的另一本著作——《城市意向》，甚至是更往前；以及向后延伸至新千年，探寻这本书对于如今的影响与发展潜力在何处。本文将从成书的历史背景出发，探讨《城市意象》与《城市形态》中现象学方法存在的意义与局限性，并通过与追求数理分析的区位论相比较，试分析二者未来发展的思路与可能性。

10.1 《城市意向》：工业化大背景下对区位论的规划方法提出质疑

10.1.1 工业化背景下区位论的崛起

英国工业革命之后，随着工业化与现代科学的发展，追求逻辑实证，讲究数理分析的现代科学观点逐渐深入人心。1826 年，德国经济地理学家约翰·海因里希·冯·杜能（Johan Heinrich von Thunnen）首先发表了《孤立国同农业和国民经济的关系》，开创了以古典经济学为基础的区位论的先河。杜能在该书中，通过分析德国南部聚落的分布模式，提出了以地租为核心的经济地理模型。随后，1933 年 W. 克里斯塔勒（W. Christauer）的“中心地理论”以及 1909 年 A. 韦伯（A. Weber）的《工业区位论》进一步完善了区位论体系，新古典区位论被应用于城市中。

从 20 世纪 20 年代开始，美国总统沃伦提出“回归常态”，预示着美国走出“一战”的阴霾。随着战时高税率的结束，美国进入了经济繁荣与文化发展的“咆哮的 20 年代”。随着“福特制”的发展，汽车业、石油业、公路等行业迅猛发展。对于工业迅猛的发展，新古典区位论得到了很大程度的利用。小城市如雨后春笋纷纷然而起，大城市也开始大量建造商务楼、工厂与住宅，上百万农民迁徙进附近的城市。整个城市像机器般，一切都似乎在按照区位论所预测的那样发展。

10.1.2　美国大城市的衰败与重构

但与此同时，工业化为城市带来的问题也逐渐凸显。拥堵的交通，被污染的环境，拥挤而混乱的市区，千篇一律的城市景象——这一切都让城市变得愈发令人厌恶。有能力的富人或中产阶级纷纷从大城市逃离，而绝大多数的普通人为了生计，只能留在城市中。贫困人口的集中化进一步加深了城市中的恶劣环境，使城市的发展陷入了一个恶性的循环，城市逐渐沦落为生产的机器。

1929 年美国股市的崩盘，使城市连它最后的生产与贸易职能都几乎难以完成。随着美国进入大萧条时期，城市中的工厂纷纷破产，不断增长的失业率使城市彻底沦为贫民窟。城市逐渐失去了在人们眼中的意义，人们只想着尽可能地逃离这里。

经济的失败同时也刺激了美国国内纳粹主义与共产主义的崛起，城市成为了二者的摇篮。破败的街道、空荡荡的工厂、犯罪滋生的社区通过另一种方式被重新利用了起来。工人阶级打着自己的旗帜在街道上抗议、游行；在倒闭的工厂门口搭建演讲台扩张着自己的组织；不同信仰与理念的人在酒吧、街巷、政府门前不断发生着冲突；部分少数族裔聚居区内部也逐渐发展出自给自足的生活状态。这一切都在重构着美国的大城市，使城市向着新古典区位论完全没有谈及的方向发展。

“二战”的全面爆发使美国政府对城市开始了全面而严格的管制，加之战争背景下政府对工厂、基础设施等项目的大量投资与扶持，使城市在一定程度上恢复了之前“有序”的状态。战争同样刺激了美国的经济，在 1945 年轴心国投降之后，美国再次进入了一段和“一战”结束之后相似的经济爆发增长期。经济的繁荣带动城市的发展与复苏，忙碌的街道散播着美国梦，掩盖了城市背后街巷之中的混乱，也似乎让人们忘记了“二战”前城市萧条的阴影。而随着“二战”后现代科学的迅猛发展，

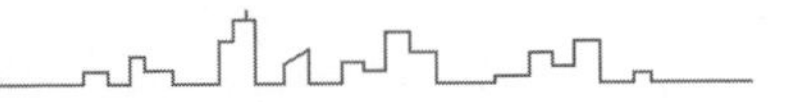

追求逻辑实证、数理分析的城市规划方法也再次受到重视。

可历史又惊人的相似，随着经济发展在进入 20 世纪 60 年代之后逐渐放缓甚至再次陷入停滞，盖在城市上的遮羞布再次被揭开。席卷世界的社会主义浪潮在不断影响着美国，对于民主的追求使工人、贫民、少数族裔等群体纷纷罢工并走上街头，城市又再次进入新的一轮重构。

10.1.3 行为革命的崛起

经过了几轮的反复，从 20 世纪 60 年代开始，人们开始意识到，数理分析建立的理论模型与实际的结果之间相差甚远。另外，当年杜能的研究虽然是结合德国南部聚落的逻辑实证，但是将这种小样本或是有限的地区模型直接运用到其他地区甚至是更大范围的方式需要质疑。更关键的是，许多学者认为量化分析的规划方法被证明是一种不切实际的方法，城市中参与决策的人与群体被机械地抽象为没有情感、绝对理性的符号（汪原,2018）。但人并不是绝对理性的，往往会被文化、接受的教育、动机、偏好、心理状态等种种难以数学量化的因素所影响。因此杜能或克里斯泰勒建立的模型中的中心并不一定是实际的中心。实际的空间模式不仅仅是对象之间相互的位置关系，而更依赖于人的行为与决策，依赖于人对空间的认识。

随着美国城市问题不断加重，20 世纪 60 年代后期，“行为革命”开始崛起。行为学派与逻辑实证主义最主要的区别在于量化分析的方法与行为研究的方法。行为学派否定经验主义，排斥形而上学，而逻辑实证主义则认为这些是理解世界的基础。行为学派注重人类活动背后的思想与信念，强调具体“地点”的重要性，认为只有在特定时间与空间中研究人的心理，才能理解人的行为。行为学派虽然缺少系统化的精确体系，但却可以很好地反映个体体验。

行为学派的风行很大程度上也对注重实证主义的新古典区位论造成了很大影响。行为经济学家和结构主义经济学家在区位论原先的基础上进行了大量修正。从原先的完全理性经济人、完全竞争市场、完全信息等假设前提转变为受需求、成本、偏好、文化影响的非完全理性人、不完全竞争市场与不完全信息。区位选择的结果也从原先的静态最佳变为动态微调的过程。区位论在当时也尝试引进一些有关社会文化的创新性观点，但在 20 世纪 90 年代之前，整体上仍然无法跳出生产、运输与贸易的范畴。

10.1.4 《城市意象》与“行为革命”

《城市意象》便是在“行为革命”大背景下出现的著作。凯文·林奇在《城市意象》中建立了一套人得以识别城市形态的抽象视觉体系，总结为路径、边缘、区域、节点和标志物这五个要素，进而让城市形态更容易被理解、被认同。凯文·林奇认为，个体首先要了解自己与所处位置的关系，将标志物或节点作为空间之中的心理锚；然后进一步了解地点之间的联系，也就是路径；最终是区域等要素，自此建立了对城市环境的整体感知（凯文·林奇，2001a）。

《城市意象》本质上是将人对城市环境的认识简化为一种个体视觉的感知认识。《城市意象》提供了一套简易而可观察的个体经验总结，并将视觉作为认识的起点。但是，人要比动物复杂得多，人的行为与认知不单是个体，背后还有更复杂的社会因素；与此同时，视觉是否能够作为感知的出发点也值得怀疑。

这种对于人类认识环境的过程的研究，日后也逐渐发展为被称为“心智图”的研究方法。当年，凯文·林奇让居住在波士顿、新泽西和洛杉矶等地的居民在白纸上画下自己对于城市物质环境的认识，研究人的认识与地点之间的关系。这种模式在日后被大量效仿，尤其是针对城市中某一片特定的区域研究建筑与街区形态对于人的影响，例如对北京旧城区的心智图研究。

10.2 《城市意象》的局限性与《城市形态》的进一步发展

10.2.1 摩西与雅各布斯的对抗所反映出《城市意象》的局限性

在《城市意象》出版后，还有另一本对规划界影响深远的著作——简·雅各布斯的《美国大城市的死与生》。这本书很大程度上反映了在“二战”之后，以罗伯特·摩西（Robert Moses）为代表的政府、开发商利益集团，与以雅各布斯为代表的中产阶级、劳工、少数族裔联盟，在纽约市的规划中爆发出的一系列冲突。

从 20 世纪 50 年代开始，纽约市为了恢复城市的吸引力，开始了一系列对于城市的改造行动。在当时纽约市总规划师罗伯特·摩西的指挥下，纽约开始了大刀阔斧的现代主义改造，其中包括许多地标性建筑、高速公路的建造。

对于罗伯特·摩西主持的林肯公园，雅各布斯第一次开始了对他的批判。她在

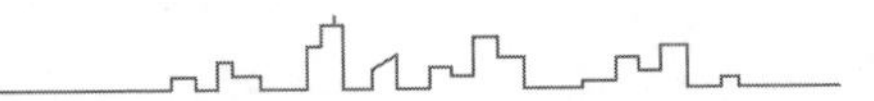

文中写道：“这些项目不会让中心区重生，只会加速它的死亡。尽管那些方案看起来是如此的均衡、有序、整洁、美观和充满纪念性，但最终建造的不过是一个个井井有条的、庄严的墓地而已。”（雅各布斯，2005）

雅各布斯推崇多样、复合、多元的城市结构，鼓励城市与街道中的互动与探索。她崇尚看似混乱而又多样的城市生活，一个由小商铺的老板、年轻的母亲、街头玩耍的儿童、窗头的好事者共同组成的有机统一，认为没有外人干涉的自然选择的街区状态是最合适的。

双方的斗争在联邦政策与资金支持下的大规模纽约贫民窟清理计划执行中进入了白热化阶段。面对摩西背后庞大的政府与资本家的支持，雅各布斯力图团结美国日益增长的中产阶级、劳工、贫民、知识分子以及少数族裔群体，以获得社会舆论支持。1968 年末政府对雅各布斯的逮捕彻底刺激了当时正是风起云涌的美国民权运动。政府迫于社会压力不得不释放了雅各布斯，同时对贫民窟的改造计划被搁置，摩西在不久之后黯然下台。

摩西与雅各布斯的对抗反映出凯文·林奇《城市意象》一书的局限性。从表面来看，无论是摩西所塑造的纽约地表，还是雅各布斯推崇的街道眼，都与林奇提出的“心理锚”有着相通之处。但在实际的运用中，地表与街道眼却收到了公众截然不同的认知与作用方式。

前文提到，凯文·林奇将人对城市环境的理解概括为对物质环境的视觉认识。但在后续的许多研究中显示，人们对于物质环境的认识是整体的，而不会局限于外观的设计。人们对于某一环境的回忆会首先从做什么事开始，然后是地点，最后才是环境的外观（奥罗姆，陈向明，2005）。换言之，人们对于环境的认知很大程度上取决于社会建构。纽约地表与街道眼同样是在城市五要素中扮演标志物这一角色，但由于二者背后截然不同的社会建构，最终导致了人们对于二者的认知截然不同，不同的人之间也相互不同（左金，2016）。

这其实反映出人对城市的认知不单是视觉上的。但人不是生活在“真空”中的个体，而是一种复杂的社会存在，群体与社会在人的环境认知中发挥作用。这也解释了为什么在心智图的应用中，往往只能局限于某一特定群体和特定环境，而无法推广至更广大的区域与城市层次。

10.2.2 《城市形态》的改进

事实上，凯文·林奇自己也很快意识到《城市意象》的缺陷，因此 1981 年他在该书基础上出版了《城市形态》作为改进。在这本书中，在《城市意象》中代表个体感受的城市五要素仅仅是《城市形态》中评判标准中的一个维度，和林奇新提出的活力、适宜性、可及性、控制几个维度结合在一起，更强调城市中群体与社会的组织方式，以及作为群体认知、使用城市的方式。具体来说便是从原先的视觉识别系统，转变为一个“从空间品质上可以识别出特征、一个尺度合适、一个不同群体的人能够达到其各自目标的城市”（凯文·林奇，2001b）。

此外，随着《城市形态》中对于“感觉”的定义逐渐宽泛，实用性与灵活性更强，暴露出了现象学研究方法致命的问题——难以量化评估与操作。在《城市形态》一书的最后，凯文·林奇也十分明确地指出：第一，各指标之间并不是严格的相互独立的，针对它们相互之间如何影响，如何关联的问题，作者并没有给出具体的答案。第二，作者明确指出，在不同的文化与社会背景下对于相同的指标会存在不同的评判方法。凯文·林奇十分谨慎地提出了五个看似“通行”的评价维度，但在具体的评价上，“通行”的维度不代表“通行”的标准。这反映出很关键的问题，看似通用的基础指标背后还有着更深层次的影响因素。那么是什么呢？作者也并没有明确指出。

10.2.3 “形而上”与“形而下”的断层

数理分析追求逻辑实证，由上而下的建构模型最大的问题便在于忽略了事物的多样性与背后关系的复杂性，面对具体情况会出现很多问题；凯文·林奇的现象观察的研究方法则暴露出来截然相反的问题：从《城市意象》到《城市形态》，林奇尝试从具体现象出发，但自下而上的方法会随着归纳的深入变得越发复杂，难以形成统一而清晰的标准。

二者之间最大的断层便出现在城市这一层面。区位论在研究区域经济上展现出适用性，而现象学则在研究具体地点上有着一定的表现。双方纷纷在向城市这个层面的研究推进时出现了问题。那么是否存在着介于二者之间的，针对研究城市这个层级的方法？

或许从当年摩西与雅各布斯对于纽约市的争论中我们可以发现一些端倪——决定纽约城市形式的，是站在摩西与雅各布斯背后不同的阶级。H. 列斐伏尔（H. Lefebvre）在 1974 年的《空间的生产》一书中首次具体提出城市空间可以作为资本主义生产和消费活动的产物，因而城市空间在被剥削生产和消费两大力量下推动着。城市空间既是生产材料、也是产品与消费对象。“当欧洲人南下来到地中海享受自己的假期时，他们便是从生产的空间转移到了消费的空间。”（Lefebvre，1992）

不同的阶级在城市中拥有着不同的诉求，掌握着不同的权利，控制着城市中不同的地区。无论是摩西还是雅各布斯，他们所争论的本质都在于空间的价值。不同的阶级试图用自己的方式来控制城市，以实现自身获得价值的最大化。这既有区位论生产与消费的数理分析的特点，是可以衡量的，例如房价、地价、商铺的消费水平反映了资本家控制与获益的方式；同样也有着现象学中社会、文化影响的因素，例如少数族裔群体通过自治的方式形成独特街区。

阶级的维度是在《城市形态》中社群之上的，在一定程度上回答了决定五个评判标准的背后是“谁”的问题，在区位论新古典经济学之下回答了需求与认知的多样性。这或许暗示着基于阶级的空间价值的分析方法作为断层上桥梁的可能性。

10.3 小　　结

从工业革命后的区位论到“二战”后行为革命的崛起，从局限于视觉认知的《城市意象》到强调唯一“感觉”的《城市形态》，反映出在城市规划方法的探索中，人们由宽泛到具体，再由具体到宽泛的过程。人们一直在试图把握规划过程中统一与多样之间的平衡。这个过程中人们用了不同的分析方法来应对不同层次的问题，但都在进一步延伸进另一层次时碰到了难以解决的困难。逻辑实证居上而难下，行为观察居下而难上。由于在城市这个层次出现了分析方法上的“断层”，二者都想向其延伸，但结果尚不理想，体现出二者各自的局限性。当然在这个过程中，双方也借鉴了对方的方法，例如 20 世纪 90 年代后的现代聚居理论，其实是一个“上下而求索”的过程。

那么在这个“上下而求索”的过程中，是否存在某种方法，能够跨过中间“城市”这个断层？笔者在前文提出了“阶级”的可能性。最终希望借此而建立一个彼此相关又各有针对的方法集合，形成统一而全面覆盖的范式。

参考文献

奥罗姆，陈向明，2005. 城市的世界：对地点的比较分析和历史分析 [M]. 曾茂娟，任远，译 . 上海：上海人民出版社 .

雅各布斯，2005. 美国大城市的死与生 [M]. 金衡山，译 . 南京：译林出版社 .

林奇，2001a. 城市意象 [M]. 方益萍，何晓军，译 . 北京：华夏出版社 .

林奇，2001b. 城市形式 [M]. 方益萍，何晓军，译 . 北京：华夏出版社 .

左金，2016. 全球街市　地方商街：从纽约到上海的日常多样性 [M]. 上海：同济大学出版社 .

LEFEBVRE H, 1992. The production of space[M].New Jersey: Wiley-Blackwell.

参考文献

[illegible]

[illegible] 2008. [illegible][M]. [illegible]

[illegible] 2010. [illegible][M]. [illegible]

[illegible] 2016. [illegible][M]. [illegible]

LEFEBVRE H. 1991. The production of space[M]. New Jersey: Wiley-Blackwell.

第二篇

城市规划的理念和方法

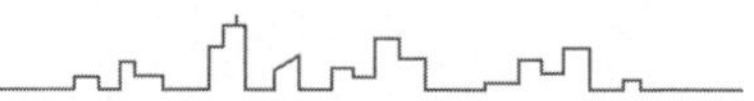

导　言

本部分收集了学生论文作业中，对城市规划的理念和方法的认识的 11 篇论文，主要分为区域的空间组织、城市的空间组织等规划理念，以及过程规划、公众参与、规划权管控和区划等规划方法几个方面。

就区域的空间组织，论文《复苏的美国区域主义传统——评〈区域城市〉》，总结了《区域城市》主张的新区域主义观点，主要为：聚焦于城市及周边地区空间，强调物质规划、城市设计和场所营造，向后现代都市区的区域分散症结宣战，以应对区域环境、平等和经济发展等问题，回归地域整合的区域主义传统。之后，论文依据文献，将路易斯·芒福德、美国区域规划协会等主张的区域主义概括为地域整合范式；纽约规划协会等主张的都市主义概括为功能整合范式，认为两者的差别在于对“区域”的理解和实施目标的不同；并以约翰·弗里德曼和克莱德·韦弗对美国区域规划学说从地域整合到功能整合的四阶段（1925—1935 年，1935—1950 年，1950—1975 年，1975 年至今）划分予以验证。论文认为，尽管约翰·弗里德曼预期 1975 年后将进入区域整合阶段，但实际未能予以证明；美国学界近来期望形成的涵盖区域、社区和场地不同尺度物质规划原则，即便是新区域主义自身，也未能实现，原因或许在于制度本身的缺失。

《城市化新图景：“后郊区时代”》描述了美国学者对 20 世纪中后叶美国郊区出现的购物、居住、艺术等不同功能区散落在不同地点现象的关注，认为它们突破了已有“乡村”“都市”“郊区”的概念，成为不再依附于中心城市、具有一定独立性的“后郊区化”；与“城市蔓延”相比，有低密度和非连续性方面的差别。论文指出，美国学术界对“后郊区化”有两种看法，一种认为是“郊区时代”之后的一个时期，另一种认为是城市化发展的一个阶段，与郊区化没有本质差别。一般认为，后郊区化与郊区化之间有着动态连续性，因此要关注其间产生的、与传统郊区化不同的要素和结果。在概括了边缘城市、科技型郊区、无边城市等不同的后郊区化空间类型后，论文指出，后郊区化研究主要关心空间治理，碎片化的拼贴结构，所受的技术进步、后福特式工业和全球市场的影响，以及逃避城市的郊区想象等几个方面，尤其是重视“后郊区化”之后会是什么，全球通用的“后郊区化”概念和理论解释，以及如何加强治理等问题。

就城市的空间组织，论文《收缩城市视角下的西方城市规划转型》综述了国际上有关收缩城市的定义，指出有观点认为一定时期的人口减少是城市收缩的标准，也有观点认为收缩城市是指人口、经济、社会、环境和文化空间上的全面衰退，还有观点认为收缩城市是城市发展进程中的一个阶段。论文指出，收缩城市有不同的类型，包括建筑空置的穿孔式，中心区衰退，以及郊区人口收缩、内城人口稳定等。论文还指出，收缩城市在历史上一直存在，如前工业化时期受自然灾害破坏的城市，工业化初期失控的城乡迁移造成的农村收缩，工业化时期郊区化造成的内城衰退，以及后工业化时期老工业城市衰退等。对于收缩城市的规划应对，论文指出一般有增长导向和精明收缩两种措施，取决于所处的环境和条件，以及城市发展的自身规律。论文还结合中国情况指出，近年来的人口增速减缓以及一线城市和区域城市的快速发展，部分城市也出现收缩现象，建议要依据城市的实际情况采取适宜的政策策略，要以质谋发展而不只是以量促增长。

《有关紧凑城市的争议及在中国的可能》注意到紧凑城市有利于节约土地，减少对私人汽车使用的依赖，以保护环境、应对全球气候变暖等观点。论文认为，全球化和全球城市的发展推进了紧凑城市概念的扩展。同时指出，对于紧凑城市概念有着多个争议，主要有：应该实现怎样的紧凑，紧凑能否实现减排与品质的平衡，以及是否会间接影响社会，造成城郊贫困圈。对于应该实现怎样的紧凑，论文总结已有研究指出，从多大的区域尺度角度（是区域尺度，还是城市组团尺度）来理解紧凑，本身是个问题。由于亚洲等大城市人口密集程度远超欧美，有学者认为，紧凑的程度没有统一的标准，要因地制宜。鉴于美国城市郊区化和社区隔离，也有学者称紧凑是指社区网络的完整。至于紧凑与生活品质、紧凑与交通节能减排，学者们倾向于认为，尽管两者关联度不大，但实际上也造成了城市中心区与郊区的隔离。具体到紧凑城市概念在中国的实际应用，论文指出，与西方国家不同，中国的土地制度和城乡关系，使紧凑城市在城市中更易于推行，但具体做法也应因地制宜。

就城市空间组织与交通，《20 世纪 60—80 年代交通问题下的英国城市规划转型》则以《布坎南报告》的出台为线索，介绍了英国战后重建后，为应对小汽车拥有量

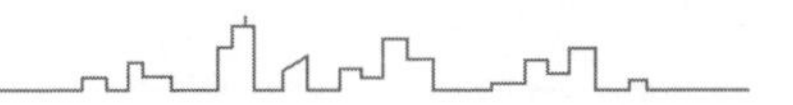

的急剧上升，在城市规划中引进交通分区和数学分析模型，在空间结构中引入快速道路体系，在空间形式上推进现代主义的城市形式的学术和社会背景，概述了由此引发的社会政治的讨论，以及其面对的机动化社会愿望与经济社会成本、环境代价、经济效益、理性方法与现实效果等之间的现实困境。论文指出，《布坎南报告》一定程度上推动了之后的英国综合规划、新城建设布局模式等城市规划方法、方式的转变，但也暴露了政府与市场、公共与个人、理想与现实在不同利益诉求下的深刻矛盾，进而表明，交通与城市规划问题的解决，应该源自于多种不同因素的综合协作，不同利益的协调和适应。

在规划方法方面，《理性过程规划演变——基于理性综合与分离渐进规划的比较》回顾了20世纪60年代以来西方国家城市规划从物质环境的蓝图规划向规划决策和实施的过程规划的转变。论文概述了20世纪60年代“企业型政府”等公共管理学理论进展对规划方法论转变的影响，指出过程规划将规划制定和实施分为目标界定、方案制定和选择、跟踪调整等几个阶段。论文结合对规划决策的综合程度、决策目标期限和规划利益相关者参与范围的不同认识，以完全理性和有限理性两种观点，将过程规划分为理性综合规划和分离渐近规划两类。论文总结现有观点认为，在实际决策过程中这两者并非完全对立，理性综合规划要求规划有迹可循和决策透明，渐进式规划强调实效，两者在规划过程中通常各司其职。论文还指出，通过对理性综合规划和渐进式规划的反思，在规划的实际过程中可以将上述几种规划方法进行整合，例如在保留综合规划整体性的同时，关注影响规划的核心要素；在综合规划的主体目标下，对实施规划的项目决策采用渐进式规划方法，使其具体化；对于变量小的因素，开展长期预测和规划，对于变量大的因素，采用短期决策，以降低规划成本，通过不断修正，适应发展的变化。论文同时指出，过程规划为城市规划实效的科学性认识奠定了基础。

《英国城市规划体系的演变历程研究——基于政府与市场博弈视角》从五个阶段概述了英国城市规划体制的演变过程，包括1940年前为应对公共卫生问题，对住房建筑标准和贫民区治理进行管控；1947年后，为适应战后重建，国家对城市开发建设进行干预，采取开发权征购、补偿和建设许可制度，实施发展规划；20世纪60年代为应对复杂社会问题，采取战略规划和地方规划两层级体系；20世纪70年代为应对经济衰退、转型，放松对地方干预以及之后的发展规划回归；2000年后为应对全球化和欧盟一体化，强化国家战略调控和地方自主、多方参与等；以及背后的政府与市场的关系演进。从论文的五个阶段概述可以看出，城市规划体制的构建和干预的重点受制于面对的城市治理难题。政府干预的出发点主要立足于维护最基本的城市公共利益。对于我国，如何正确把握政府干预的底线和程度，应该是规划体制改革不断探索的主要关键。

《浅析战后西方民主政治发展视角下的规划公众参与》以代议制民主与公共参与的关系为视角，针对英国 20 世纪 70 年代后发展转型面对的社会危机、公众参与运动的兴起，概述了在此期间对综合规划决策的质疑，以及规划体系在协调国家干预与地方放权的思路转变。论文指出，之后的撒切尔政府进一步加大了公共部门的私有化改革，规划重点转向就业、贫困和社会隔离等社区治理，规划决策体系转向公民社会、社区参与的构建等；21 世纪以来，更进一步加强了中央与地方分权和公众参与规划的制度改革。在此背景下，论文以规划公众征询的工具理性，规划者代理、动员，促成共识的倡导规划和沟通规划等价值理性，以及致力于公众参与技术和组织的解放规划、领土规划、自治规划的沟通理性三种范式，概述了公众参与规划的研究进展，论文认为，发展阶段的不同，推动了规划治理理念的转变。

空间的使用权是城市规划干预的主要抓手。《1945 年以来国外土地利用规划治理的演变及启示》概述了 18 世纪工业革命以来欧洲等国为保护农业用地、提高农业生产效率开展的土地调查、整理和农地划定等早期农业土地利用管理工作。19 世纪的城市化快速发展，英美德等国为规范城市开发建设，保护房地产财产权，出现了区划制度，开始对土地的开发权进行规划干预。“二战”后，为应对战后重建的城市快速发展，土地利用规划作为当时推进的福利社会、交通规划、新城规划和城市发展战略的重要政策工具，开始成为城市综合规划的重要内容。20 世纪 70 年代后，西方国家转型发展，市场化和可持续发展成为土地利用规划实施改革的重点，区划等土地利用规划实施措施被用于激励市场积极性和公众参与的重要工具。21 世纪以来，治理现代化和地方化的重视，土地利用规划的底线管控和弹性治理，进一步拓展成为凝聚和整合区域空间发展的重要政策杠杆。

《战后美国区划演进和转变综述》以美国郊区化发展和城市中心区更新改造为线索，对 20 世纪 60 年代前、60 年代以及 80 年代后不同时期区划管控重点和方式的变化，概述了美国区划政策的演进进程，以及在区划实施过程为解决区划僵硬、缺乏整体性和政策引导性等问题，采取的一系列改进措施。论文着重介绍了20世纪80年代后，为平衡社会与市场需求，应对可持续发展呼声，发展的特殊区划、开发权转移以及文脉区划等新的区划管控方法。

《地役权视角反思城市规划》概述了西方国家早期为维护、平衡房地产所有者之间利益出现的地役权，以及地役权保护制度对现代城市规划体系形成的影响。介绍了我国改革开放后《物权法》出台的背景，以及有关学者对《物权法》的地役权客体为土地，未涉及地上附着物，以及建议将地役权扩展到不动产役权，以规范城市规划建设行为重要性的讨论。论文指出，现有城市规划建设管理中的日照权、景观眺望权已经反映了不动产役权的实际诉求，并以地役权能够处理邻避现象，公共地役权能够增强城市规划执行力，以及可以通过自然环境地役权来完善国土空间规划等思考出发，建议进一步完善地役权制度，以促进城市规划实施体系的治理改革。

11 复苏的美国区域主义传统——评《区域城市》

李诗卉

基于对“区域”（region）概念的差异化理解与实施区域规划的不同目的，美国区域主义的百年发展历程中一直存在着两大传统，即地域整合范式与功能整合范式。在经历保守主义盛行的20世纪80年代之后，作为“新城市主义”与“新区域主义”的代表作，《区域城市》一书的出版正标志着美国区域主义的复苏与强调地域整合的价值转向。然而考虑到过往种种失败的区域合作，增强美国公民的区域意识并对社会治理体制予以调整，或许已是势在必行。

11.1 “新瓶旧酒”：作为“新区域主义”的《区域城市》

“如果说田园城市是来自美国的英国货，那么毫无疑问，区域城市便是源于法国而途径苏格兰的美国货”[①]，彼得·霍尔在《明日之城》（*Cities of Tomorrow*）中如是总结近现代区域规划思想传播路径的空间特征（Hall，2014）。的确，对于美国而言，区域规划（regional planning）——或者说是区域主义（regionalism）——绝不能算是什么新鲜词汇：早在20世纪初，帕特里克·盖迪斯（Patrick Geddes）、路易斯·芒福德（Lewis Mumford）等有识之士便率先将区域规划作为一个专业领域而概念化，提出以全面而规范的方式研究包括城市及其腹地在内的特定地理空间；紧随其后，美国区域规划协会（Regional Planning Association of America，RPAA）、纽约区域规划协会（New York Regional Planning Association，RPA）等知识团体就美国大都市区的物

---

① 原文为：“If the Garden City was English out of America, then the Regional City was undoubtedly American out of France via Scotland.”（Hall, 2014）

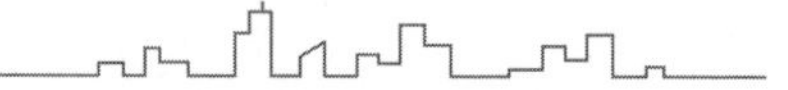

质空间规划做出了相对务实的尝试。若要总结区域规划学科的发展历程，来自美国的案例和经验总是不可或缺的——无论是因其成功还是失败（Wheeler，2002）。

时至今日，当人们继续谈论区域主义视野的必要性时，其中的“区域”一词，不仅被视为全球化背景下介于国家与城市尺度间的重要功能单元（functional units）[①]，并且在普通美国人的生活中也扮演着同样关键的角色：人们越来越多地在城际、州际乃至国际通勤出行；商业活动无论其规模大小，仅仅依赖本地区的供应商、员工与客户群体都是很难持续下去的；而汽车尾气、有害化学物质等大气与水源污染物更不会去理会人为划分的行政边界。由是观之，无论是出于增强国家竞争力还是便利日常生活的考虑，区域问题都始终重要，并且也仍然需要被讨论（Katz，2000）。

出版于2001年的《区域城市》（*The Regional City*）一书正是顺应上述背景而诞生的。20年后再来评判，此书之所以被视为“新城市主义”（new urbanism）的代表作之一，首先与两位作者的学术背景紧密相关：作为新城市主义协会（The Congress For The New Urbanism，CNU）中最强调区域视野的发起人，彼得·卡尔索普（Peter Calthorpe）相继在波特兰、圣迭戈、盐湖城与旧金山湾区等大都市区开展了广泛而长期的区域规划实践，从而为《区域城市》一书提供了丰富的案例储备；作为“精明增长”运动（smart growth movement）的主要倡导者，威廉·富尔顿（William Fulton）则拥有丰富的学术与从政经验[②]，是研究并见证加州数十年城市规划发展历程的专家。两位作者履历互补，各有专长，无怪乎《区域城市》能较好地平衡理论框架搭建与案例选取展示两部分的关系。

虽然《区域城市》一书具备深厚的新城市主义背景，但是相较之下，“新区域主义”（new regionalism）一词似乎更能概括全书的内容主旨，并彰显其在规划学术史中的定位：借助精美的规划图纸、深入的案例研究与遍布全国的成功项目经验，《区域城市》尝试着对“区域规划”这一概念进行全面阐释，并取得了不错的效果；此外，书

① 关注并强调区域的意义在于，想要应对复杂的经济、环境等问题，城市尺度太小；而对一些利益集团所关心的经济与环境利益来说，国家尺度又太大——相应地，区域尺度则拥有许多优势，是协调与综合解决这些问题的关键领域——尽管并非所有问题都是区域层面的，许多政治、自然及经济问题的区域范围也并不一致，但区域规划可以为上述问题的解决提供协调基础。

② 富尔顿曾于2009—2011年担任加州文图拉市（Ventura, California）市长，并于2013—2014年主持圣迭戈市的城市规划工作。

中提出一整套着眼于美国大都市区物质、社会与经济综合发展的区域规划方法，并在此基础上构建起一套“从区域到社区”的完整规划架构，力图通过区域规划将城市（中心区）振兴（urban revitalization）与郊区更新（suburban renewal）统一起来，体现出了鲜明的区域视角与时代特色（Calthorpe，Fulton，2001）。

那么，所谓的“新区域主义”究竟“新”在何处呢？以《区域城市》一书为例，作者表达的主要观点如下。

（1）“区域”再定义：与 20 世纪下半叶视“区域”为边界划定不甚清晰的大片经济地域（economic territory）不同[①]，“新区域主义”将关注点转向范围更加聚焦的城市及其周边区域，以及空间规划工作，典型者即作为规划工具的波特兰都市区城市增长边界（metropolitan portland urban growth boundary）。

（2）积极回应大都市区所面临的新问题，如边缘城市（edge city）、远郊扩张（exurban sprawl）、拼贴城市（collage city）等后现代社会中出现的离散化区域地景。

（3）整体分析：将区域规划与环境问题、平等问题和经济发展目标结合起来，这同样是对盖迪斯、芒福德等区域规划先驱者所提倡理念的一次回归。

（4）强调物质规划、城市设计与场所感营造的重要性：仅仅设立区域增长边界是不够的，良好的城市与场地设计将为边界内部理想的生活与发展模式做出贡献。

（5）区域规划从业人员应持有更积极甚至激进的价值立场。

某种程度上说，以上特点反映的正是当时整个美国区域规划学科的发展趋势：既与前一代区域主义挥手作别，也向后现代都市状况的症结宣战（Wheeler，2002；Calthorpe，Fulton，2001；迪尔，2004）。

更重要的是，对两位作者而言，“新区域主义”不仅意味着思考范围的扩大，而且还意味着如何让区域生活变得更美好（not only thinking bigger but thinking better）——正因如此，《区域城市》一书中虽然介绍了大量基于现实而放眼未来的案例，但其理论却是基于美国社会长期以来对于“区域何为”的思辨传统而衍生出的。“新瓶旧酒”，以学术史视角视之，《区域城市》的出版，正标志着美国区域主义传统中“地域整合范式”的复苏与回归。

① 该观点的主要支持者包括沃尔特·伊萨德（Walter Isard）、威廉·阿隆索（William Alonso）等区域科学（regional science）的核心人物。

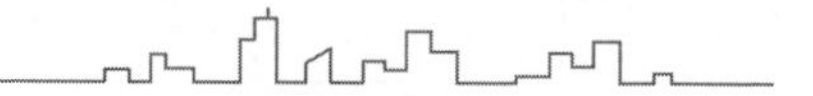

11.2 “地域整合还是功能整合？”：论美国区域主义的传统研究范式

事实上，“区域”的定义从来就非单一：这一概念极具弹性，所指涉的范围也往往差异巨大[①]；因此，区域主义在美国甫一成形，便分流出三大传统 / 派别：首先，视生态区为研究对象，以芒福德、美国区域规划协会等为代表的生态区域主义传统（ecological regionalist tradition）强调在都市区尺度上整合空间、社会与经济发展进程，其最终目的是实现带有一定理想色彩的社会变革；其次，视大都市区为研究对象，以托马斯·亚当（Thomas Adam）、纽约区域规划协会等为代表的都市主义传统（metropolitanist tradition）发展出一条更注重实效的空间规划途径，强调大都市区的交通、住房与土地利用规划，同时也会采用定量研究方法，列表处理大量的住房、交通、基础设施与人口数据；最后，视文化区为研究对象，以霍华德·奥多姆（Howard Odum）为代表的文化区域主义传统（cultural regionalist tradition）致力于帮助大尺度文化区域抵抗工业发展的冲击，但是该传统较少建立相关的规划机构，影响力在三者中较小。

针对其中的区域主义与都市主义两大传统，罗伯特·费什曼（Robert Fishman，2000）曾有如下评论：同样在 20 世纪 20 年代达到巅峰，前者呼吁城市疏散而显得较理想化，后者则因注重实效而在实践中占据优势。看似对立而又相互纠缠渗透的理想主义与实用主义，基于地域与基于功能的社会整合（territory-based and function-based social integration）模式，美国区域规划学说便在这种价值取向的摇摆与转换中走过了百年发展历程。在此基础上，依据学界对于“区域”的差异化理解及其实施区域规划的不同目标，约翰·弗里德曼（John Friedmann）与克莱德·韦弗（Clyde Weaver）于 1979 年共同提出“地域—功能整合范式”，将美国区域规划学说的演变划分为两种类型与四大阶段（表 11-1），进而更清晰地展现出美国区域规划学科范式的交替过程。

---

① 相对全球而言，区域可能是一个国家中享有一定政府权力，至少有一定行政权的地区，可能是一个国家，甚至也可能涉及几个国家；相对国家而言，区域可能是指地方、（跨）省或（跨）州，例如我国的中原、江南、京津冀、长三角地区，美国东北海岸地区、田纳西流域等；在地方层次上，区域通常是指比城市更大的范围，往往包括城市及其周边乡村地区。

表 11-1　美国区域规划学说演变的各个阶段（1925—1975 年）

时间	学说	特点
1925—1935 年	utopian planning: bio-synthesis and a new culture; cultural regionalism 乌托邦规划：生物综合与新文化；文化区域主义	territorial integration 地域整合
1935—1950 年	practical idealism: comprehensive river basin development 实践的理想主义：综合的河流流域开发	functional integration 功能整合
1950—1975 年	spatial systems planning: Spatial development in newly industrializing countries (growth centres); Backward regions in industrially advanced countries 空间系统规划：新近工业化国家的空间开发（增长中心）；工业发达国家的落后区域	functional integration 功能整合
1975 年后	selective regional closure: the new utopianism? Agropolitan development 有选择性的区域性闭合；新的乌托邦主义？乡村都市开发	territorial integration 地域整合

资料来源：Friedmann，Weaver，1979。

在经历了功能整合（functional integration）范式将近半个世纪（1935—1975 年）的价值"统治"之后，二人预测，未来的美国区域规划将会再度转入地域整合（territorial integration）阶段：新的乌托邦主义或许将会诞生，更讲求均衡发展的"乡村都市"（agropolitan）开发也有望得到重视，其中来自中国、孟加拉国等第三世界国家的规划经验[①]则具有相当重要的参考价值（Friedmann，Weaver，1979）。

遗憾的是，保守主义盛行的 20 世纪 80 年代未能印证弗里德曼等人的设想：从北美到欧洲，回应学者们研究热情的是政府当局的兴趣缺失，以及行政单位的日益碎片化。直至 20 世纪 90 年代中后期，越来越多的规划设计才开始主动回应郊区蔓延（suburban sprawl）、交通拥堵、城市不平等与环境质量恶化（environmental degradation）等问题。正如弗里德曼与韦弗所期望的那样，规划学界逐渐就一套涵盖区域、社区与场地尺度的物质规划原则达成新的共识，帮助区域主义走向复苏并重新回归

① 虽然当时中国正处于"文革"末期，国际影响力远不如当下，但是国内城乡之间相对均衡的发展仍然受到了弗里德曼等国外研究者的关注。

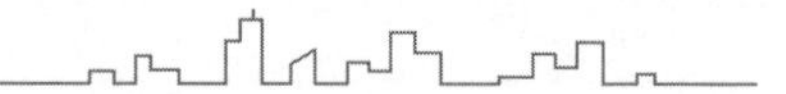

地域整合范式（Wheeler，2002；Katz，2000）。显然，《区域城市》一书便是对这一时期区域规划成果与方法论的总结，是“新区域主义”的典型代表与体现。

11.3 “还能实现区域主义吗？”：一场跨越百年的反思

长期以来，相较于其成熟而成规模的理论体系，美国区域主义的实践结果或许是令人失望且困惑的。从一开始，美国区域主义的两大传统便均未能实现他们的目标：生态区域主义传统的支持者们致力于城市疏解工作的推进，结果却反而助长了前所未有的郊区蔓延问题；都市主义传统指导下的区域规划则导致了灾难性的城市更新与公共住房计划，如果不联系城市经济发展、社会公平、行政制度等要素深入研究，则很难取得实际效果（Fishman，2000）。更讽刺的是，即使是卡尔索普与富尔顿二位作者长期耕耘的美国加利福尼亚州——其中包括被誉为“新区域主义”的产物与试验田的旧金山湾区（The Bay Area）——现在也迎来可能的分裂危机[①]：两位作者所呼吁的区域合作机制尚未成熟，反而要面对进一步的行政边界破碎化——因此，在《区域城市》出版 20 年后，人们不禁要问：美国区域规划的未来会变好吗？我们还能真正实现区域主义吗（Terplan，2018）？

区域主义若想要得以施行，把握并解决好城市个体所难以解决的综合性问题便显得极为重要。《区域城市》雄心勃勃地选择直面蔓延（sprawl）与不平等（inequity）问题，对应的正是效率（efficiency）与公平（equity）这一对规划学科中（当然并不仅限于此）的基本概念（Calthorpe，Fulton，2001；Campbell，D'Anieri，2002）。视发展的非均衡性为前提条件，功能整合范式所建构的区域秩序是分等级的，拥有一套基于地区生产力水平、经济集聚水平等客观要素的衡量标准；相对应地，地域整合范式所建构的区域秩序虽然也承认权力分配的不平等性，但是其差距却能因成员间共享的权利与义务而得到缓解（Friedmann，Weaver，1979；Campbell，D'Anieri，

① 据美国哥伦比亚广播公司（Columbia Broadcasting System，CBS）报道，2018 年 1 月 16 日，由加利福尼亚内陆乡村区域组成的“新加州”（New California）组织正式发表独立宣言，表示将脱离旧金山湾区、洛杉矶等富裕沿海地区，作为第 51 州加入美国联邦；2014 年，来自硅谷的德丰杰投资联合创始人蒂姆·德瑞普（Tim Draper）也曾提议将加州分为六大部分，其中硅谷自成一州。

2002）。在区域层面上提供比各方单打独斗效率更高的公共服务，在城市、郊区与乡村社群间共享经济发展成果和税务负担，这是《区域城市》为何敢于提出前述目标的制度倚仗。

但是，美国区域规划与治理在制度设计上仍然存在根本缺陷。为保护地方独立性，许多区域主义相关的议题或是在过小的地理尺度上孤立地被执行，或是需要通过权能有限的区域组织加以落实——只是缺乏足够的政治权威，此类组织又如何能有效应对老生常谈的公共住房供应、交通运输体系、气候变化危机等复杂的区域治理挑战呢？在美国的政治体制下，区域规划与相关区域组织往往只被赋予了向地方政府的某项决议说“不”的权力，却偏偏缺少了更重要的制定高优先级、高执行力的区域决议的权力，其处境之被动可想而知（Calthorpe，Fulton，2001；Terplan，2018）。

正因如此，“新区域主义”并没能帮助加州变得更好，其内部的贫富差距近年来反而在不断拉大：富裕沿海地区居民的家庭年均收入明显高于内陆地区，包括教育资源、医疗保健等在内的社会福利与基础设施建设水平也随之下降[①]；而尽管经济社会发展水平悬殊，两地居民却要背负同样比例的个人所得税率——高昂的税率与社会福利项目并不能有效缩小地区性贫富差距，反而加深了贫困地区家庭的经济负担——与此同时，湾区内部也表现出了增长的不均衡性（图 11-1）。因此，宣称将通过建立新州以减轻内陆居民赋税压力、谋取更多福利与资源，“新加州”提案能够收获一大批支持者也就不足为奇了。此外，政治倾向上的对立（支持共和党还是民主党）也是此次加州分裂的导火索之一（Campbell，D’Anieri，2002；Liu，2018）。

距离《区域城市》的出版已有 20 年。回顾美国区域主义传统的百年发展历程，或许一个不得不回答的关键问题是：如果正如区域主义者所宣称的那样，区域主义既是一个有说服力的规划理念（a compelling idea），又是一个不可回避的社会现实（an inescapable reality），为什么过去致力于推动区域合作的种种尝试最终都以失败告终呢（Katz，2000）？面对这一苦涩的现状，也许是时候做出改变了：美国社会在区

① 2016 年，硅谷地区居民家庭年均收入约为 5.5 万美元，而位于加州内陆、以农业为主要产业的中央谷地（Central Valley）地区居民家庭年均收入约为 2 万美元；硅谷地区拥有本科及以上学历的人占总人口的 60%，而中央谷地地区拥有本科及以上学历的人仅占 8%，近一半的人甚至未能从高中毕业。

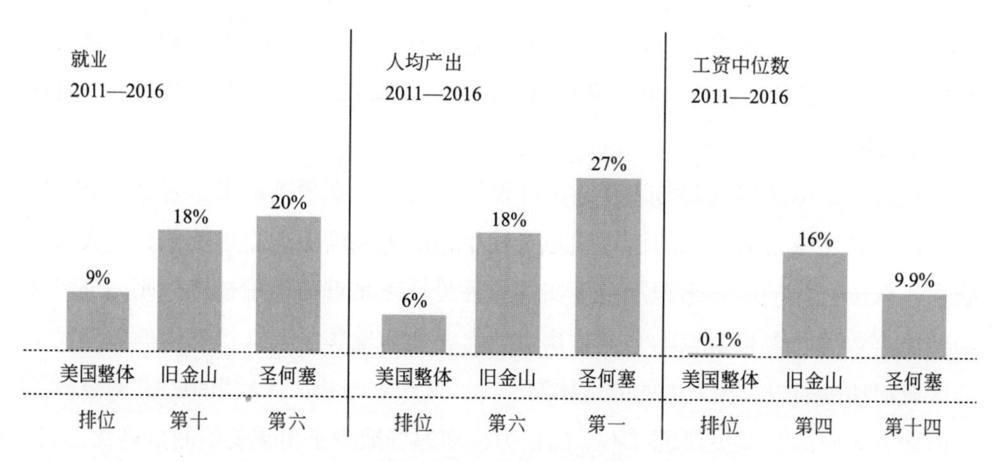

图 11-1　旧金山、圣何塞与美国平均经济发展水平对比（2011—2016）

注：旧金山、圣何塞均属于“新加州”一派

图片来源：Liu，2018

域层面上所面临的种种挑战，使区域性规划组织在地位与职权方面的提升成为必要（Campbell，D’Anieri，2002）。既然区域主义思想的种子已经在这片土地上萌芽，增强公民的区域意识并对社会治理体制予以调整，会是美国区域规划这场僵局的破解之道吗？

参考文献

迪尔，2004. 后现代都市状况 [M]. 上海：上海教育出版社 .

CALTHORPE P, FULTON W, 2001. The regional city: planning for the end of sprawl [M].Washington D. C.: Island Press.

CAMPBELL S, D’ANIERI P, 2002. Unpacking the impetus for regional planning in the U.S.: cooperation, coercion and self-interest [EB/OL]. (2002-08)[2019-01-01]. http://www-personal.umich.edu/~sdcamp/workingpapers/URRC%2002-08.pdf.

FISHMAN R, 2000. The death and life of AMERICAN regional planning [M]// KATZ B. Reflections on regionalism, Washington D. C.: Brookings Institution Press.

FRIEDMANN J, WEAVER C, 1979. Territory and function: the evolution of regional planning [M].Los Angeles: University of California Press.

HALL P, 2014. Cities of tomorrow: an intellectual history of urban planning and design since 1880 (4th edition) [M].Chichester: Wiley-Blackwell.

KATZ B, 2000. Editor's overview [M]//KATZ B. Reflections on regionalism, Washington D. C.: Brookings Institution Press.

LIU A, 2018. The urgency to achieve an inclusive economy in the Bay Area [EB/OL].（2018-06-07）[2019-01-01]. https://www.brookings.edu/research/the-urgency-to-achieve-an-inclusive-economy-in-the-bay-area.

TERPLAN E, 2018. Can we Achieve Regionalism? Learning from past efforts at solving regional issues in the Bay Area [EB/OL].（2018-03-19）[2019-01-01]. https://www.spur.org/publications/urbanist-article/2018-03-19/can-we-achieve-regionalism.

WHEELER S M, 2002. The new regionalism: key characteristics of an emerging movement [J].Journal of the American planning association,68(3):267-278.

12 城市化新图景：“后郊区时代”

刘澜

郊区化是城市发展到一定水平的产物。从20世纪初开始，随着西方发达国家一波又一波郊区化的浪潮，大都市不断向外扩张，郊区成为城市结构的一部分。以美国为例，美国在1920年后开启了现代郊区化，并在“二战”后加速这一进程，1950—1980年，郊区的人口增长速度一直远超于中心城市。与此同时，美国郊区的功能结构也在发生变化，从最初单纯的居住功能到工作、购物、娱乐功能逐步完善，具有了相对独立的城市特性（赵星烁，杨滔，2017；陈雪明，2003）。这一过程被学者们注意到并开始广泛讨论，“边缘城市”“科技型郊区”“无边城市”等概念相应产生，美国城市化进入“后郊区时代”。一方面，“后郊区化”表现为一种多样化、多功能的郊区形式；另一方面，“后郊区化”也意味着对以美国城市郊区化为基础的经典郊区化理论进行重构的可能。郊区化是全球城市空间拓展和城市化的普遍形式，而事实证明不同地区郊区化的形式与过程是丰富多样的，讨论全球郊区化现象亟需一个多元开放的语境和新的理论框架（沈洁，李志刚，2015）。本文对“后郊区化”这一概念的产生、含义、所包含的城市化类型、关注的主要问题和未来关注重点进行梳理，以加深对当今城市化的理解。

12.1 后郊区化的提出与概念辨析

后郊区（post-suburban）一词最早由克林（Kling等，1995）正式提出，克林认为中型景观（middle landscape）、去中心城市（centerless city）等概念对20世纪中后叶美国郊区化的描绘有失偏颇。当时美国的郊区呈现这样一幅景象：商业、购物、艺术、居住、宗教活动等不同功能区散落在不同地点，并通过私人汽车加以联通，虽然略有无序感，但是充满活力。克林以奥兰治县（Orange County）为例展现了这种新的空间形态，他认为该空间形态不能被局限在“乡村”“都市”“郊区”的传统概念下，于是称之为“后郊区”（Kling 等，1995）。

特福德（Teaford，1997）指出，郊区不再依附于中心城市，而获得了经济和社会上一定的独立性，成为城市外围的新中心；传统城市的中心和边缘被模糊，这是一种“后郊区都市”（post-suburban metropolis）。

露西和菲利普斯（Lucy，philips，1997）基于里士满市（Richmond）的案例研究首次给出了“后郊区时代”的定义：内郊区人口减少和相对收入下降的同时，远郊区就业增加，外通勤减少，人口和收入增加，以及伴随着耕地被侵蚀。这一概念与城市蔓延的内核有相通之处，但也有所差别：前者关注内郊区的衰落和外郊区的生长，后者更强调郊区发展的低密度和非连续性。

菲尔普斯和伍德（Phelps，Wood，2011）提出是否可以用城市化进程的参与者来界定后郊区，这是首次从治理的角度定义后郊区。此外作为当今后郊区领域最活跃的学者之一，菲尔普斯和吴（Phelps，Wu，2011）以美国、欧洲、东亚为背景阐释了后郊区的含义（包含结构、政策、形态、社会景观）与治理，将全球各地具有地域特殊性的实证研究统一在“后郊区化”的理论框架下。

自“后郊区”这一概念出现以来，各种相关的讨论非常多，可是直到今天仍然没有一个公允的定义（菲尔普斯，卢婷婷，2018）。笔者通过梳理各学者对“后郊区”的认识，总结出几点共识：第一，后郊区是一种与传统郊区化截然不同的新城市化形态；第二，后郊区具有多元化的特征，“边缘城市”“科技型郊区”“城市蔓延”等诸多概念都可以被纳入“后郊区化”的图景之下；第三，正因为后郊区化的多元化和丰富性，全球范围具有地域特色的郊区化得以在较统一的理论框架下进行对比分析（Wu，Phelps，2008；Essex，Brown，1997；Freestone，1997）；第四，后郊区化的定义和相关理论有待进一步完善，中国、印度等发展中国家的郊区化将贡献独特的经验（沈洁，李志刚，2015）。

12.2　后郊区化：一个新阶段还是一种新范式？

对后郊区化的定义进行梳理后，尚有一个问题需要厘清——后郊区化究竟是长期郊区化进程中的一个阶段，还是一种和过去郊区化完全不同的新范式？（Beaure-

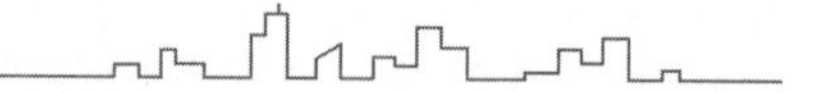

gard，2006）这个问题牵扯对经典郊区化理论进行重构的可能性与必要性。

学者们对此有不同看法。一些学者在使用“后郊区化”这个词时，明确地将它与“郊区化”区分开来：Lucy 和 Philips（1997）用这个词来指“郊区时代”之后的一个新时期，这一时期包含了多种空间形态；Teaford（1997）明确地给这个词加上前缀（post），似乎也表明它打破了过去郊区化的模式和过程；Brenner（2002）在对美国西部“都市区域主义”的回顾中谈到了当代城市化，指出了此类发展与早期福特郊区化进程之间的质的差异。

与此同时，一些学者认为“后郊区化”是城市化发展的一个阶段，与“郊区化”没有本质区别：Hayden（2003）认为“边缘城市”只不过是延续近两个世纪的美国郊区化的最新形态；Walker 和 Lewis（2001）认为离城市中心较近的边缘城市最终会成为多中心结构的大都市的一部分；Mcmanus 和 Ethington（2007）认为应当在大都市的背景下纵向分析郊区的发展，给予一到两代人的观察时间。

前文提到“后郊区化”到现在还没有一个明确的定义，该问题的争论自然也没有答案。Phelps 等（2010）认为研究“后郊区化”与“郊区化”的动态连续性不应当被否认，研究“后郊区化”的价值不在于强化其与“郊区化”的不同，重点应当关注在这个城市化过程中所产生的与传统郊区化不同的要素和结果。事实上，现在的诸多文献在使用“后郊区化”这一概念时并没有刻意对此作出区分，其具体含义应当结合上下文灵活理解。

12.3 后郊区化时代城市发展的主要类型

“后郊区化”的含义具有多元性和丰富性，“边缘城市”“科技型郊区”“无边城市”等概念引起了最早提出“后郊区化”的学者的关注，某种程度上“后郊区”可视为上述城市发展类型的集合。虽然正如 Kling 等（1995）所说，这些概念在解释“后郊区”时都有一定局限性，但是在后郊区化没有公允定义的情况下，不妨了解一下后郊区图景的种种侧面。

12.3.1　边缘城市

特福德认为“边缘城市”是“后郊区化”开启的指示器（Teaford，1997）。

“边缘城市”最早由华盛顿邮报记者加罗（Garreau，1991）在他的著作《边缘城市》中提出。加罗认为边缘城市是美国城市化的新趋势，以华盛顿周边的泰森斯角（Tysons corner）为例，边缘城市具体表现为原先城市外围的郊区逐渐发展成为商业、就业与居住中心，基本具备了典型的城市功能。与中心城市相比，边缘城市建筑密度较低，以第三产业为主，政府界限和权责不明确，此外还加重了人群分异和居住隔离现象。

加罗提出了五条功能性标准来界定边缘城市，包括商业办公面积、就业岗位数、独立认知程度等。后续的学者基本沿用了这些界定标准来展开实证研究，有少数学者对此标准做出了补充，也有人对这些标准提出质疑（刘玉亭，程慧，2013）。比如克林认为加罗没有考虑到后郊区复杂的社会生态，并且对商业化的定义过于狭窄（Kling 等，1995）；斯坦贝等（Stanback 等，1991）认为应当将区位条件纳入边缘城市的考量标准。

12.3.2　科技型郊区（城市）

费什曼（Fishman）在 1987 年观察到“传统的郊区已经走向结束，现在诞生了一种分散化的新城市”，为此他创造了两个新术语来描述这种现象：“科技型郊区”（techno-burb）和“科技型城市”（techno-city）（王伟，吴志强，2007）。

科技型郊区位于城市外围，曾经集聚于城市中心的特殊型商业、商务办公，以及工业、学校、医院等城市功能散布在高速走廊两侧，居民的生活和工作可以在这一片郊区范围内得到满足。被称作“科技型郊区”，一方面是因为这里成为了高科技产业的适宜选择，大量高技术企业将总部设立于此，如加利福尼亚北部的硅谷；另一方面是由于网络通信等高新技术的发展取代了原来必须面对面的交流，奠定了相关产业郊区化的基础。

当科技型郊区发展愈来愈成熟，直到完全摆脱对中心城区的依赖，就成为了“科技型城市”（Fishman，1987）。

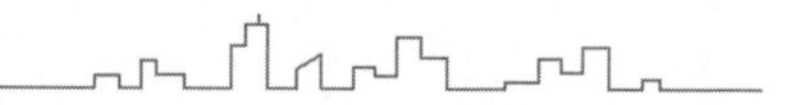

12.3.3 无边城市

美国郊区低密度、分散化、功能以办公为主的发展特征早已开始，却一直没有得到充分关注。朗（Lang，2003）经过对北美 30 个大都市区的考察，发现很多“办公聚集区”集中在高速路两旁，分布在传统郊区之间的空白地带。这些区域并不满足“边缘城市”的标准，几乎消弭于大都市区之中，朗（Lang，2003）认为有必要建立“无边城市”这一概念来描述这些区域。

菲尔普斯和伍德（Phelps，Wood，2011a）等研究美国后郊区化的学者认为“无边城市”和“边缘城市”是两种并存的后郊区化形式，前者是无边界、低密度、四处蔓延的郊区，后者是边界较清晰、规模更大更集中的郊区，二者是后郊区演化的主流。

12.3.4 其他类型

除了上述的三种城市化类型，同期还有中型景观（middle landscape）、外围城市（outer city）、去中心城市（centerless city）、乡村城市（urban villages）、卫星城市（satellite city）等诸多概念来描述后郊区时代的郊区化特征（孙一飞，马润潮，2009）。

罗伯特（Robert，2002）观察了发展中国家的外围郊区发展，并称发展中国家大都市边缘为“全球型郊区”，因为这些区域显示了标志全球经济一体化的经济联系和文化控制。一方面这些郊区的居民大多是各自群体中全球化的最大受益者，渴望获得特权空间；另一方面这些“特权郊区”的商品与服务大多由全球性商业机构来提供。

无论费什曼的观点是否尚存偏颇，可以看到发展中国家的郊区化形式正在丰富和完善有关“后郊区化”的研究和相关理论，从而形成全球范围完整的后郊区时代图景。

12.4 后郊区化关注的主要问题

12.4.1 后郊区治理

加罗（Garreau，1991）在研究“边缘城市”时指出，边缘城市是权力的真空地带，因为它在空间上没有界限，有时在中型城市行政边界之外，有时位于两个及以上的区县结合部，没有一个行政实体和它的空间相对应。边缘城市内部是没有特定的政府管理机构的，参与郊区日常运营的是一个个公司及相关利益团体，相当于一个“私有制政府”。这是后郊区治理的一个片段，后郊区的治理问题历来是学者关注的重点。

克林（Kling 等，1995）认为后郊区化会带来治理的去中心化，政府管理将非常有限，个体的选择将被充分尊重。特福德（Teaford，1997）对由这些大都市边缘的变化所引发的政治和政府创新进行了深入的历史研究，并指出后郊区时代中央集权的县级政府、地方控制的村级政府以及郊区选民之间的结构紧张。菲尔普斯和伍德（Phelps，Wood，2011）在后郊区规划与治理方面深耕多年，他们将不同郊区类型的政治讨论与资本主义的结构变化联系起来，讨论了后郊区化带来的政府的分裂与合并的问题（Phelps 等，2010），还进一步挖掘了后郊区治理中的第二次现代性政治（Phelps，2015）。

可以看到对后郊区治理的讨论是持久而深入的，后郊区化带来了城市空间结构的变化，也对政府的治理结构提出挑战，什么才是治理后郊区最合适的模式仍在探索中。

12.4.2　后郊区的空间形态

后郊区之所以被认定为与传统郊区有很大不同，其空间形态的变化是主要因素之一。

费什曼（Fishman，1991）认为后郊区的典型特征是没有可识别的中心和外围边界，其空间结构由高速公路增长走廊所支撑。朗（Lang，2003）的“无边城市”则在不知不觉中遍布了整个大都市地区，占据了更集中的郊区商业区之间的大部分空间。格雷厄姆和马温（Graham，Marvin，2001）认为后郊区呈现碎片化的特点。

除了本身的空间形态，后郊区还改变了整个大都市区的空间结构，从早期的同心圆径向模式向新的空间模式转变，这种模式有时被称为“拼接结构”（Kraemer，2005）。这与戈特迪纳和凯法特（Gottdiener，Kephart，1995）的观点一致：“一个地块和另一个地块之间的发展关系是一种不相关的关系，因为早期的惯例或城市工业集群已经被一种非相邻的、功能独立的地块的拼接所取代。”另外从结果上看，大都市实现了由单中心结构向多中心结构的演变。

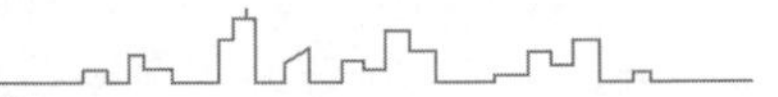

12.4.3 后郊区化的驱动因素

首先是20世纪初开始的技术革命：汽车技术的发展使人们能够轻松远距离移动，电信和计算机技术的进步取代面对面接触，使就业机会分散更有可能，住宅、购物和高科技工业中心等以往大都市核心的独有属性得以逐渐外围化（Muller，1982）。其次是美国产业结构由福特式工业生产向后现代经济转型，产业的信息化、弹性化、分散化丰富了后郊区的功能（孙一飞，马润潮，2009）。此外郊区的发展越来越受到国际行动和全球市场的影响，区域间和国际竞争要求经济活动的地点偏好必须更加灵活。在美国的背景下，外部力量在重塑城市空间中的作用越来越大（Hudalah，Firman，2012）。

在具体执行层面，市场的作用和私人开发商成为后郊区发展的推动者和原动力，但这并不意味着政府丝毫没有发挥作用，实际上，后郊区的最终成型有赖于政府及相关规划的控制与引导（Garreau，1991）。

12.4.4 后郊区时代的观念意识

菲尔普斯指出后郊区化的研究中“政治、规划和观念意识这几个因素很重要”（尼古拉斯·菲尔普斯，卢婷婷，2018）。后郊区时代的思想观念一方面延续了传统郊区发展的保守主义思想，它是对个人自由和经济自由的追求，以及对城市的逃避。对海登（Hayden，2003）来说，郊区是“想象的风景，在那里……对向上流动和经济安全的雄心，对自由和私有财产的理想，以及对社会和谐和精神升华的渴望”都在剧中上演。另一方面随着全球化的影响，后郊区时代世界主义（cosmopolitanism）逐渐取代了狭隘的地方主义（parochialism / localism），后郊区无论从居民的构成还是其他因素都愈发国际化和外向化。此外，后郊区还额外具有文化活力，克林（Kling等，1995）通过实证发现通常规模越大的区域，文化艺术氛围越浓厚。

12.5 后郊区化未来关注重点

关于后郊区化未来关注的重点问题，笔者主要总结归纳了目前相关领域最活跃的学者菲尔普斯的观点（尼古拉斯·菲尔普斯，卢婷婷，2018），主要有三个方向。

第一，菲尔普斯认为学界尚缺乏针对郊区更新的研究，应当提前思考“郊区化之后是什么”。和中心城市一样，后郊区也有自己的“半衰期”（Kling 等，1995），已知美国郊区更新的成本巨大，且有些国家已经出现了重返城市的现象。当衰败的基础设施和棘手的社会问题从今天的市中心到达后郊区，人们该如何应对？

第二，在“后郊区化”研究框架下对比分析全球各地的郊区政策、规划和观念，但是现在亟须建立全球研究通用的概念和理论体系。

第三，后郊区治理仍将是后郊区发展的核心问题，如何确保地方税用于服务公众，如何使后郊区拥有自我供给能力，如何加强郊区的各功能中心的连接性，是郊区政治和治理意识的关键。

12.6　小　　结

“后郊区化”相关概念始于 20 世纪 90 年代中后期，不同学者对其具体内涵有不同的看法，但基本都认同后郊区化与传统郊区有明显差异，且具备多样性和丰富性，后郊区化为全球郊区化的对比研究提供了理论框架。由于“后郊区化”尚无公允定义，在当今的讨论中需结合文章语境分辨该术语的具体含义。

后郊区化可视为一系列概念所描绘的郊区化图景的集合，包括“边缘城市”“科技型郊区”“无边城市”等。除了基于美国特有的郊区化现象所制定的标准，发展中国家的郊区化也将贡献独特的经验。

自后郊区化相关研究展开以来，关注的问题涵盖后郊区的治理、空间形态、驱动因素、观念意识等，未来研究的重点将包括后郊区的更新、全球普适的后郊区化理论的建立，以及对后郊区治理问题的持续关注。

参考文献

陈雪明，2003. 美国城市化和郊区化历史回顾及对中国城市的展望 [J]. 国外城市规划，1：51-56.

刘玉亭，程慧，2013. 国内外边缘城市研究进展与述评 [J]. 国际城市规划，28（3）：52-58，77.

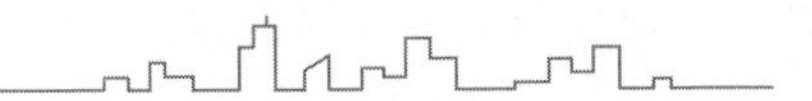

菲尔普斯，卢婷婷，2018. 后郊区化与郊区治理的中国观察：尼古拉斯·菲尔普斯教授专访 [J]. 城市治理研究，3（1）：1-12.

沈洁，李志刚，2015. 全球郊区主义：理论重构与经验研究 [J]. 国际城市规划，30（6）：5-6.

孙一飞，马润潮，2009. 边缘城市：美国城市发展的新趋势 [J]. 国际城市规划，24（S1）：171-176.

王伟，吴志强，2007.Robert Fishman 的郊区化研究述评与启示 [J]. 国际城市规划，2：51-57.

赵倩，邹游，2017. 郊区化时期中国和美国城市发展比较研究 [C]// 中国城市规划学会，东莞市人民政府 . 持续发展 理性规划：2017 中国城市规划年会论文集，47-54.

赵星烁，杨滔，2017. 美国新城新区发展回顾与借鉴 [J]. 国际城市规划，32（2）：10-17.

BEAUREGARD R, 2006. The radical break in late twentieth-century urbanization[J]. Area, 38:218-220.

BRENNER N, 2002. Decoding the newest “metropolitan regionalism” in the USA: a critical overview[J].Cities, 19:3-21.

ESSEX S J, BROWN G P, 1997. The emergence of post-suburban landscapes on the North Coast of New South Wales: a case study of contested[J]. International journal of urban and regional research, 21(2):259-285.

FISHMAN R, 1987. Bourgeois utopias: the rise and fall of suburbia[M]. New York: Basic Books.

FISHMAN R, 1991. The garden city tradition in the post-suburban age[J]. Built Environment, 17:232-241.

FREESTONE R, 1997. New suburb centers: An Australian perspective[J]. Landscape and urban planning, 36(4):247-257.

GARREAU J, 1991. Edge City: Life on the New Frontier. American Demographics [M]. New York: Anchor Books.

GOTTDIENER M, KEPHART G, 1995. The multinucleated region: a comparative analysis[M]// KLING R, OLIN S, POSTER M. Post-suburban California: the transformation of orange county since world war two[M]. Berkeley: University of California Press.

GRAHAM S, MARVIN S, 2001. Splintering urbanism[M]. London: Routledge.

HAYDEN D, 2003. Building suburbia: green fields and urban growth, 1820—2000[M]. New York: Pantheon.

HUDALAH D, FIRMAN T, 2012. Beyond property: Industrial estates and post-suburban transformation in Jakarta Metropolitan Region[J].Cities, 29: 40-48.

KLING R, OLIN S, POSTER M, 1995. Post-suburban California: the transformation of orange county since world war two[M]. Berkeley: University of California Press.

KRAEMER C. 2005. Commuter belt turbulence in a dynamic region: the case of the Munich city-region[M]//HOGGART K. The City's Hinterland: Dynamism and Divergence in Europe's Periurban Territories, Aldershot: Ashgate.

LANG E, 2003. Edgeless cities: exploring the elusive metropolis[M]. Washington: Brookings Institution Press.

LUCY W H, PHILIPS D L, 1997. The post-suburban era comes to Richmond: city decline, suburban transition and exurban growth[J]. Landscape and Urban Planning, 36:259-275.

MCMANUS R, ETHINGTON P J, 2007. Suburbs in transition: new approaches to suburban history[J]. Urban History, 34: 317- 337.

MULLER, P O, 1982. Everyday life in suburbia: a review of changing social and economic forces that shape daily rhythms within the outer city[J]. American Quarterly, 34(3), 262–277.

PHELPS N A, WOOD A M, VALLER D C, 2010. A post-suburban world? An outline of a research agenda[J]. Environment and planning A, 42(2): 366–383.

PHELPS N A, WOOD A M, 2011. The new post-suburban politics[J]. Urban studies, 48(12): 2591-2610.

PHELPS N A, WU F, 2011. International perspectives on suburbanization: a post-suburban world[M]. Basingstoke:Palgrave Macmillan.

PHELPS N A, 2015. Sequel to suburbia: glimpses of America'S post-suburban future [M]. Cambridge and London: MIT Press.

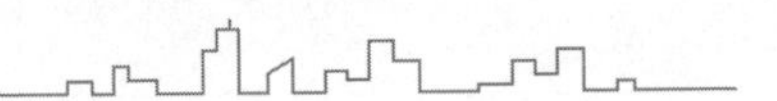

ROBERT F, 1996. Bourgeois utopias: visions of suburbia. readings in urban theory [M]. New Jersey: Blackwell Publishers Inc.

ROBERT F, 2002. Global Suburbs[R/OL].(2002-09-01)[2020-07-01] www.caup.umich.edu/workingpapers.

STANBACK, T M. 1991. The New Suburbanization: Challenge to the Central City [M]. Boulder: Westview Press.

TEAFORD J, 1997. Post-suburbia: government and politics in the edge cities [M]. Baltimore: Johns Hopkins University Press.

WALKER R, LEWIS R D, 2001. Beyond the crabgrass frontier: industry and the spread of North American cities, 1850—1950[J]. Journal of historical geography, 27: 3-19.

WU F, PHELPS N A, 2008. From suburbia to post-suburbia in China? Aspects of the transformation of the Beijing and Shanghai global city region[J]. Built environment, 2008(34): 464-481.

13 收缩城市视角下的西方城市规划转型

张鹤琳

收缩城市（shrinking city）是世界城市共同面临的现象之一。为更好地了解收缩城市现象及其应对措施，本文研究了西方城市规划研究中收缩城市的定义、发展演进、应对措施及发展转型。收缩城市不同于城市衰败，是城市发展中的正常现象，自前工业化时期即存在，去工业化和信息全球化加剧了这一现象。西方城市针对此现象做出了较多尝试，其规划理念经历从增长主义向精简主义的转变。城市规划工作者应正确认识城市收缩现象，依据城市的自身状况采取扭转型或适应型策略，完善规划机制，合理应对城市发展进程中的城市收缩现象。

13.1 收缩城市现象及界定

13.1.1 背景：世界共同面对的收缩城市现象

城市的发展伴随着繁荣与衰退交错的过程。20 世纪中期，欧美的许多国家在经济转型、产业变迁的背景下，出现了人口减少、经济萎缩、失业率上升的现象。20 世纪 70 年代，美国去工业化导致经济衰退与人口减少到达顶峰；80 年代，世界政治格局的剧烈变动使东德也出现了严重的人口减少、少子化、老龄化现象；90 年代，德国、英国、美国等地推行系列经济复苏、城市复兴的措施，探讨应对城市收缩现象的新措施（黄鹤，2017）；90 年代至今，增长主义、存续主义等多种应对措施得以实施，带来众多不同的发展结果。收缩城市现象具有普遍性，在过去的 50 年中，全球范围内 400 余个城市地区人口收缩了十分之一（龙瀛，文爱平，2019）。因此，有必要研究全球收缩城市现象出现的原因与应对措施，更好地了解城市发展规律，推进城市规划工作。

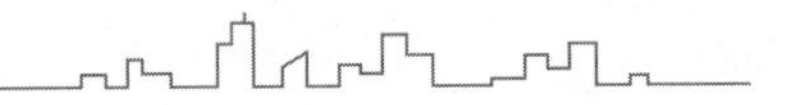

13.1.2 收缩城市的界定：狭义与广义

在西方国家，收缩城市是一个新概念，却不是一种新现象。“收缩城市”一词于1998年在德国被正式提出，指德国城市去工业化进程中伴随而来的人口减少与经济衰退现象（龙瀛等，2015），自此被用于形容人口流失严重的城市空间。

当前，国际上对收缩城市的定义尚不一致，概念界定存在广义与狭义的区分。部分学者以人口作为衡量收缩城市的标准：奥斯瓦特（Oswalt）认为收缩城市是人口流失数量占总人口10%的城市（Oswalt，Rieniets，2006）；维克曼（Wiechmann）认为收缩城市是人口持续流失超过两年的城市（Wiechmann，Pallagst，2012）；席林（Schilling）认为，收缩城市是人口流失超过25%，同时城市废弃建筑物不断增加的城市（National Vacant Properties Campaign，2005）。此外，部分学者以经济人口社会空间等多方面的指标作为衡量一个城市是否为收缩城市的标准：徐博（2015）认为，城市收缩现象为人口、经济、社会、环境和文化等要素在空间上的全面衰退；霍兰德（Hollander等，2009）认为，城市收缩是城市发展进程中无法避免的进程，以及由此带来的包含城市空间与城市经济在内的相关问题。

13.1.3 收缩城市的类型：“穿孔型”与“圈饼型”

世界范围内的收缩城市现象存在普遍性与异质化的特征，但大体可以依据人口在空间上分布的不同划分为“穿孔型”（perforated）与“圈饼型”（doughnut）两种类型。典型的“穿孔型”收缩城市以东德地区为代表，城市空间内以穿孔的形式出现建筑空置、人口流失的现象；“圈饼型”收缩城市以美东地区为代表，城市中心区人口大量迁入城市外围，带来的城市空心化现象（科特金，2011）。此外，还有部分城市出现其他的收缩表现，如法国巴黎地区的城市郊区人口收缩，内城人口保持稳定。

城市收缩是城市人口、经济在发展瓶颈的情况下动能流失的综合表现（高舒琦，2015）。社会经济方面，人口减少是其最重要的标志之一；空间上的表现为“穿孔型”或“圈饼型”等方式的城市空间衰败。然而，城市收缩并不等同于城市衰落。城市收缩现象是城市发展到一定阶段必然出现的正常现象，应遵循城市发展的一般规律，正视城市收缩在城市发展进程中的作用。

13.2　收缩城市的发展历程及背后机制探究

纵观历史，城市的发展具有兴起、发展、繁荣、衰退的周期性发展规律（Friedman，2000）。人口流失、空间衰退等与收缩城市相关的城市现象，绝不仅起源于 20 世纪的德国。

13.2.1　前工业化时期：自然灾害决定的城市衰败

前工业化时期，灾害、战争等成为影响一座城市发展轨迹的关键因素。城市战争、十字军东征等战争因素促成了古罗马城市的兴起和衰败；庞贝火山喷发、里斯本大地震等自然灾害也直接导致庞贝古城、里斯本走向衰败。

前工业化时期的城市收缩现象主要与自然灾害、流行疾病等不可抗力相关，自然因素直接影响着城市的发展轨迹。

13.2.2　工业化初期：失控的城乡迁移为后期收缩埋下隐患

工业革命带动了众多工业城市的兴起。农业社会向工业社会的转变也带动了城市结构的转变，建立了崭新的城市形态。机器生产代替手工劳作，冶金、棉纺等制造业取代家庭手工作坊，为了追求就业机会，大量农村人口向城市快速涌入，农村地区出现了收缩的现象（科特金，2011）。

工业化与城市化的出现对社会空间带来了巨大冲击；城市地区大量向外扩张，农村人口疯狂涌入城市。这样的现象不仅促使农村地区产生收缩现象，也为工业化时期众多的城乡问题埋下祸根。

13.2.3　工业化时期：多种原因促成城市郊区化发展进程，内城区面临收缩

工业化的飞速发展带动了城市问题的滋生。城市污染、交通拥挤、住房紧张等问题影响着内城居民的生活质量，城市人口向郊区涌动的“郊区化”现象反映出部分城市内城地区的收缩现象。这一时期的收缩城市主要出现在典型的西方工业化国家中，至 20 世纪 80 年代，出现收缩现象的城市达到 250 座（科特金，2011），反映

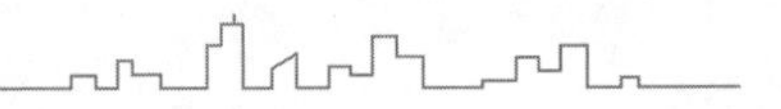

出郊区化给工业化城市带来的重大影响。

13.2.4　后工业化时期：第三产业的崛起促使早期工业化城市剧烈收缩

20世纪末，西方工业化的浪潮逐渐褪去，科技革命与第三产业的发展开始对城市形态产生新的影响。去工业化浪潮促使部分早期工业化城市出现了剧烈收缩的现象。铂浪高（Blanco）指出，部分老工业城市难以实现制造业向服务业的转型导致人口外流；部分由第二产业向第三产业转型的科技城市出现了城市居民难以适应的现象，从而出现了人口收缩的问题（Wiechmann，Pallagst，2012）。与此同时，后社会主义国家的剧烈动荡也严重冲击着原先的城市组织：例如东德地区的社会主义城市大量迁往西德地区，带来了城市人口流失和空间衰败的现象（科特金，2011）。

去工业化的浪潮迫使传统工业城市转型，无法良好适应的城市出现了社会和空间层面的城市收缩；同一时期的世界政治格局变动也引发城际人口流动并间接导致城市空间的变化。

13.2.5　全球信息化时期：全球化导致世界城市社会空间秩序重建，城市成为增长和收缩博弈结果

弗里德曼（Friedman，2000）认为，全球化是世界市场、国家、技术一体化的变迁过程。资本的自由流动、交通通信业的巨大进步、跨国公司的发展都影响着原先的城市组织模式。全球化的趋势带来经济、资本、生产的巨大变化，部分传统工业城市无法适应新的国际竞争，从而出现城市收缩现象。新的城市快速增长，被淘汰的城市逐渐走向衰败，与城市郊区化现象并行发生。同一时期，人口老龄化趋势愈发明显，城市内年轻群体流出，也带来了人口学的城市收缩现象。

全球信息化的浪潮迫使世界城市自我更新与转型。在这样的浪潮下，过于依赖单一产业与经济的城市易受影响（Friedman，2000）。

13.3　转型中的收缩城市应对机制：价值观差异下的认识转型

为应对城市收缩现象带来的影响，诸多城市进行了不同应对方法和策略的尝试。

13.3.1　收缩城市视角下的西方城市规划应对：多类型，多方面

早期的多数城市进行了以增长主义为导向的尝试，通过政策调整等方式扭转城市的衰退趋势。在北美，罗伯津斯基（Rybczynski）提出将收缩城市与其他繁荣的区域相关联，通过二者之间的财政互补缓和人口问题；此外，他还为美国收缩城市中的空置用地提出新功能规划，通过企业进行日常维护，补充老城区基础设施等（Rybczynski，Linneman，1999）；Schilling（2008）提出应对收缩城市中废弃建筑的四种策略，以适应的方式应对收缩城市带来的问题。在亚洲，加藤（Kato 等，2003）提出以社会资本化调和房地产市场，改革区划法规带动城市去郊区化发展，并指出城市发展应逐渐实现由精明增长向精明收缩转变。在欧洲，英国学者穆里根（Mulligan，2007）提出通过环境改革带动城市面貌变迁，以带动城市中的投资再生；德国学者科齐奥尔（Koziol，2004）提出通过展望预期、缩减规模、重新确定发展维度等低成本更新策略维系城市的平稳运作；欧洲住房委员会出台适应老龄化的住房政策，增加城市信息共享，促进社区交流，提升生活质量（Eurocities，2008）。

从各个国家城市的应对经验来看，不同的城市在面对城市收缩现象时进行了不同侧重的尝试，主要表现为城市经济复苏、城市发展定位调整、城市住房政策调整、老城空间更新、城市基础设施提升等，涉及增长主义导向和精明主义导向两个方面。总的来说，在当前收缩城市数目越来越多的国际背景下，众多研究者虽进行了各方面的尝试，但方向分散并且收效甚微，仍然难以找到成熟的理论参考（西尔维娅·索萨等，2020）。

13.3.2　终止阶段：增长主义价值观下的应对机制——以日本函馆转型对策为例

早期西方城市面对收缩的措施主要为增长主义导向，直接促成扭转型对策的应用。这种对策以城市增长作为城市发展的主要目标，通过规划干预带动已出现收缩的城市二次增长，以扭转城市收缩的局面。日本函馆市是成功应用扭转型对策并带

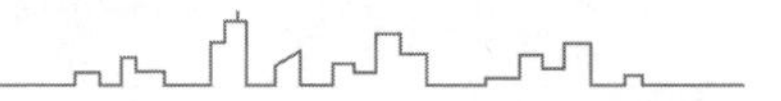

动城市转型升级的典型代表。

函馆市位于日本北海道地区，面积680平方千米，是日本最重要的港口城市之一。函馆市曾经受益于战争红利，工业、渔业、航运业等得到了极大发展，并于20世纪60年代达到发展顶峰。1970年后，在去工业化的背景下，函馆市无法适应经济发展变迁，城市收缩的现象逐渐产生。

函馆市的城市收缩现象是去工业化背景下产生的突发式的城市收缩，产生大量亟须解决的失业人口。函馆市丰富的自然、历史、文化资源为其城市转型提供了潜在的可能，因此函馆市采取了扭转型政策应对城市收缩现象。

城市经济上，函馆市改变城市定位与经济聚焦点。将城市主导产业发展定位为海洋研究与旅游观光，整合城市港口资源、五稜郭、函馆山等资源。函馆市通过产业转型，吸引投资建设，带动经济发展，解决城市居民的就业问题。在这一措施的引导下，函馆市成功完成从传统工业城市向旅游城市的转型。

城市空间上，函馆市从城市分区、城市基础设施、城市交通等方面进行了提升。城市分区方面，保留了城市旧工业区作为历史街区，并根据不同功能划分为景观区、商业区、住宅区，继承文脉的同时采取低容积率开发的形式，以点带面，激活旧城工业区，优化城市衰败空间的同时推动了城市旅游业的发展。基础设施方面，为提升旅游景观品质，优化本地居民生活，函馆市将绿色基础设施建设作为城市复兴的策略之一，涉及改造函馆山、保护森林用地、旧城工业区道路绿化改造、城市公园改造、开放空间景观营造激活城市活力。城市交通方面，函馆市进行了内外交通体系的改革，以市内6个枢纽站点为核心，建设内循环交通系统与外循环交通系统；建设的市内公交、高速公路、新干线列车、电车、远郊铁路等，为城市居民与城市游客提供便利的城市交通服务（杨丽婧，2017）。

函馆市的应对措施是成功的，但具有不可复制性。面对突发式的产业型收缩，函馆市借助城市良好的自然文化资源与政府的正确政策，共同推动了扭转型城市对策的实施。深入挖掘城市特殊优势，精准的城市定位是函馆市扭转城市收缩现象成功的重要原因。

13.3.3　模糊阶段：精简主义目标下的生活改善——以美国扬斯顿适应性对策为例

增长究竟是否是城市的必然归宿，收缩是否是城市发展的自然规律？在这样的背景下，适应性的对策越来越多地提出和采用。适用性对策认为城市的停滞或收缩是城市发展阶段的必经过程，为此应优化现有的城市收缩过程，而不是寻找新动力。适应性对策要求收缩型城市正视增速放缓的事实，通过精明收缩的方式，以更有效的方式使用城市资源。美国扬斯顿市即是精明收缩城市的典型代表。

扬斯顿市位于美国俄亥俄州的美国工业带。20 世纪 50 年代，扬斯顿是凭矿业与工业发迹的传统工业城市；60 年代后，受到全球去工业化的影响，扬斯顿市出现了人口持续减少、城市衰退的收缩现象，但以增长与扩展为导向的规划实践被证实无效。如何在人口减少的情况下促进城市的后续发展成为“2010 扬斯顿规划”的重要目标。“2010 扬斯顿规划”正视了城市收缩的现实，正式承认扬斯顿市将会成为更小的城市，并提出在新的地区经济中寻找扬斯顿的新角色。

一方面，政府采取了缩减用地的城市开发政策。此轮规划摒弃了传统的城市扩张观点，城市住宅用地减少 30%，城市荒废土地转化为城市绿色空间。另一方面，新的增长动力被置入城市之中，城市中心区的孵化项目被投入使用，与外部城市的经济发展走廊被建立，3750 个新的工作岗位被投入市场。同时，为了推动城市更新工作的顺利开展，政府采用“土地银行”的措施，推动公众参与，改善土地权属，高效地促进了荒废土地的再利用（黄鹤，2017）。

扬斯顿市的精明收缩是城市在面对不可避免的城市衰退现象时，由被动衰退向主动收缩的一次转型尝试。在人口减少的情况下，规划合理的城市规模，关注城市潜在的发展动力，以城市更新工作盘活现有存量土地，带动城市衰败空间的品质提升。通过适应性政策，新的就业岗位被创造，城市的空间活力得到大幅提升。此后，该规划理念被更多的城市付诸实践。

扬斯顿市适应性对策的成功应用是精明收缩理论的重要尝试，表明了西方城市规划由增长主义向精简主义的转型。适应性对策本质上是处理城市不同发展阶段问题的另一种途径，尊重城市发展的自身规律而不是盲目推动市场的无序扩张。

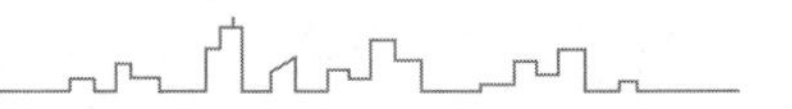

13.4 小　　结

城市的发展有其自身的规律。在不同的历史时期，不同的原因致使城市出现收缩现象，对此城市的应对措施也在发生着转变。面对收缩城市现象，尚无绝对正确的解决方法，众多西方城市通过自身的实践探索着这一议题，城市对待收缩城市的态度也在发生着转变。根据城市生命周期理论，城市有着兴起、繁荣、顶峰、衰落、重生或没落的过程，衰落是部分城市不可回避的归宿。但“收缩城市”不同于“城市衰败”，是城市发展中会出现的城市现象而非城市问题（龙瀛，文爱平，2019）。城市收缩不一定是一件全然负面的事项，关键在于如何摆正心态，积极应对这一现象。

收缩城市视角下的西方城市规划也在发生着转型。田园城市、明日之城、双城模式等探索，既是部分收缩城市产生的背后原因，也是部分城市面临早期城市收缩现象进行的探索。步入 20 世纪，去工业化和全球化的大趋势加剧了城市收缩的现象，并剧烈冲击着城市居民的生活。增长主义价值观下的城市政策对于某些资源禀赋较好的城市有扭转性的作用，但随着时代的发展不再具有普世性。近年来出现的精简主义价值观导向下的适应性政策在部分城市起到了良好的反响和效果，人们开始思考，面对收缩城市的现象，到底应该采取什么样的态度和方法。

当前，城市收缩的现象同样出现在了中国，部分大城市、特大城市出现局部收缩的现象；二三线城市青壮年人口外流严重；空心镇、空心村问题严重。虽然中国与欧美城市化进程不同，经济政治背景相异，然而可以预见，收缩城市正在成为或将要成为中国城市规划中值得关注的重要现象。在中国传统的城市规划视角中，人口增长与经济增长、城市发展之间存在着直接的因果关系（毛其智等，2011）。乐观的城市人口预测往往成为绝大多数城市规划的判断基础，但事实上，虽有一系列刺激人口增长的政策出台，人口自然增长率的下降依然是无法避免的趋势。同时，伴随着区域城市化的发展和一线大城市发展水平的提升，人口在区域之间的流动也成为发展的必然趋势（吴康等，2015）。在这一背景下，传统的乐观型人口预测观点已不再适应当前阶段城市发展的状况，应当建立客观的人口观。

西方应对收缩城市现象的转型实践应成为我们及时预判和优化问题的有力抓手。当今，面对中国部分城市的城市收缩现象，中国的城市规划工作者们应当正确认识这一现象，尊重并顺应这一城市的发展规律，依据城市的实际情况采取适宜的城市发展政策，以质谋发展而不是以量促增长。

参考文献

高舒琦，2015. 收缩城市研究综述 [J]. 城市规划学刊，3：44-49.

黄鹤，2017. 精明收缩：应对城市衰退的规划策略及其在美国的实践 [J]. 城市与区域规划研究，9（2）：164-175.

龙瀛，文爱平，2019. 收缩城市，应多些顺势而为，少些逆势而上 [J]. 北京规划建设，3：186-190.

龙瀛，吴康，王江浩，2015. 中国收缩城市及其研究框架 [J]. 现代城市研究，9：14-19.

科特金，2011. 全球城市史 [M]. 北京：社会科学文献出版社 .

毛其智，龙瀛，吴康，2011. 中国人口密度的时空演变与城镇化空间格局初探 [J]. 城市与区域规划研究，2：38-43.

吴康，龙瀛，杨宇，2015. 京津冀与长江三角洲的局部收缩：格局、类型与影响因素识别 [J]. 现代城市研究，9：26-35.

索萨，皮诺，雷链，等，2020. 为收缩而规划：一种悖论还是新范式 ?[J]. 国际城市规划，35（2）：1-11.

徐博，2015. 莱比锡和利物浦城市收缩问题研究 [D]. 长春：吉林大学 .

杨丽婧，2017. 日本小城市（镇）收缩现象研究及启示 [D]. 重庆：重庆大学 .

NATIONAL VACANT PROPERTIES CAMPAIGN, 2005.Vacant properties the true costs to communities[R].Washington: Nations Vacant Properties Campaign.

CUNNINGHAM-SABOT E, SYLVIE F, 2007. Schrumpfende stad̈te in westeuropa: fallstudien aus frankreich und grossbritannien[J].Berliner debatte initial, 18:22-35.

EUROCITIES, 2008. Demographic change and its impact on housing[R].Report prerelease version, Leipzig: Helmholtz Centre for Environmental Research.

FRIEDMAN T L, 2000. The lexus and the olive tree[M].New York:Anchor Books.

HOLLANDER J B, PALLAGST K, SCHWARZ T, et al, 2009. Planning shrinking cities[J].

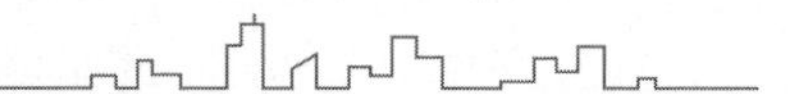

Progress in planning, 72(4):223-232.

KATO H, YU M, HAYASHI Y, 2003. Proposing social capitalization indices of street blocks for evaluation of urban space quality[J].Built environment, 29(1):25-35.

KOZIOL M, 2004. The consequences of demographic change for municipal infrastructure[J].German journal of urban studies, 44(1):1-13.

MULLIGAN H, 2007. Environmental policy action: comparative importance in differing categories of shrinking city[C]//The future of shrinking cities symposium: problems, patterns and strategies of urban transformation in a global context, Institute of Urban and Regional Development, Berkeley.

OSWALT P, RIENIETS T, 2006. Atlas of shrinking cities[M].Ostfildern:Hatje Cant.

RYBCZYNSKI W, LINNEMAN P D. 1999. How to save our shrinking cities[J].Public Interest, 30-44.

SCHILLING J, 2008. Buffalo as the nation’s first living laboratory for reclaiming vacant properties[M]. Kent: Kent State University.

WIECHMANN T, PALLAGST K, 2012, Urban shrinkage in Germany and the USA: a comparison of transformation, patterns and local strategies[J].International journal of urban and regional research, 36(2): 261-280.

14 有关紧凑城市的争议及在中国的可能

刘杨凡奇

城市作为巨大的有机体，在各个时期总是由于不同的自然与社会环境面临着不同的问题。城市理论因此植根于当时当地，在借鉴过程中对此时此地与彼时彼地差异的研究自然也就更加重要。“紧凑城市”这一概念同样如此。尽管紧凑城市的理念已经在欧美、日本等发达国家和地区得到推广，但不同国家和地区差异巨大，实现紧凑城市的途径也不尽相同。本文分析了我国与欧美国家在基本情况与市场环境的差别，尽管拥有相同的目标，紧凑这一理念在我国仍然需要进一步探索。

14.1 提出背景：气候与土地的双重困局

提出紧凑城市有两个核心原因：一是全球气候变暖受到人们的日益重视，二是欧美各国郊区化导致土地资源不断减少。学者们对全球城市的研究也起到了助推作用。

当《寂静的春天》一书出版掀起巨大的环境保护的忧虑后，全球气候变暖开始成为一个广受关注的议题，对于私家车的声讨也接踵而至。甚至有欧美学者认为全球气候变暖为城市规划提供了一个新的全球性议题，城市规划从 20 世纪 50—60 年代的各种争论中解放出来。

与全球气候变暖相比，郊区化导致的土地资源减少似乎更能引起国家政府的注意。由于小汽车的普及，几乎所有欧美国家在战后都经历了郊区化浪潮。城市建成区面积不断扩大成为这一时期欧美几乎所有城市的共同现象，一方面耕地不断减少，另一方面已建成的郊区密度很低，城市基础设施的规模化供应成为难题。

对紧凑城市理念扩展发挥了推动作用的还包括学者对全球城市体系的研究。20 世纪 70 年代之后，以全球化为基础的全球城市网络研究愈发受到学者们的关注，城市中心区在竞争中处于重要位置，城市中心区复兴的意愿成为推动紧凑城市理念提

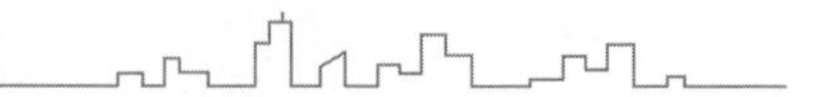

出的一个重要原因。

14.2 紧凑城市：以提高建成区密度为核心的城市政策

紧凑城市概念最核心的是通过规划管控来提高建成区密度，这不单指提高空间密度，也要实现当地社会网络的紧凑。为了实现这一目标，欧盟在2000年前后开始推广这一概念，同时在大洋彼岸的美国开始推广“精明增长”理论，两者名称不同但基本目标与手段类似。具体来说，被普遍接受的塑造紧凑城市的手段包含以下三个方面。

一是高密度开发。如前文所述，高密度开发不是要塑造功能单一的片区，而是功能综合的场所。首先主要目的是提高现有建筑的建筑密度以阻止城市蔓延；其次是缩短交通距离，以减少对于小汽车的依赖，鼓励步行与自行车，降低能源消耗；最后是提高建筑密度以便在有限的城市范围内容纳下更多的活动，提高公共服务设施效率，减少基建投入。

二是土地混合利用。紧凑城市理念认为将居住用地与工作、休闲、公共服务用地混合布局，可以避免单一功能区出现社会网络隔离的状况。

三是公共交通优先。紧凑城市理念有利于创建快捷且方便的城市公交系统，降低出行对于小汽车的依赖。

现如今，紧凑城市几乎成为欧盟城市发展的主导理念。但如果回顾欧洲学者对紧凑城市的讨论，就可以发现看似美好的每个目标与手段都是存在争议的。也许并非紧凑城市理念成就了欧洲大城市繁华的市中心，而是欧洲大城市本身经久不衰的中心成就了紧凑城市这一概念。以下梳理几个关于紧凑城市的主要争论以及主流观点，以此对紧凑城市的概念做进一步的思辨。

14.2.1 争论一：何种紧凑

紧凑城市最大的争议在于：究竟采取哪种紧凑的模式，以及紧凑所指代的密度究竟如何？

对紧凑模式的争议事实上涉及不同学者对于紧凑这一概念尺度的不同理解，即将紧凑理解为区域尺度上的紧凑，还是城市尺度的紧凑，抑或是区域尺度上葡萄串式的“去中心化”与城市尺度上“中心化”相结合的紧凑。“去中心化”是指在区域层面多个不同的城市建成区彼此联系但界限清晰，其间不存在明显的强中心，以至于造成剧烈的潮汐交通。“中心化”指在每个建成区内土地开发都以一种适当的强度进行，用以提高公共服务设施效率并减少对小汽车的依赖。

对紧凑所指代的密度究竟是多少，学者们更是众说纷纭，或者说由于各个城市面临情况的不同，本身就不可能存在一个科学且适用于所有城市的标准密度。举例来说，欧美国家推行紧凑城市是以郊区化为基础的，在多数城市，目前认为合理的城市中心区人口密度大约为每平方千米 1 万多人，这一标准的物质空间形态大约表现为窄街道两侧配以五六层的建筑。但这样的密度放在中国或者印度就不太适合。我国东部地区城市建成区的平均密度已经达到每平方千米 1 万人，这意味着以欧美标准，我国城市早已在数值上达到了紧凑城市的标准；而在印度贫民窟内，不到 2 平方千米的贫民窟内可能至少居住着 50 万人，但这并非普遍意义上的紧凑城市。可见，紧凑城市指代的密度很难有统一标准。

不同学者对紧凑的模式与标准在讨论中也存在着差异，但也有共识。尽管各个城市条件不同，但学者们对“因地制宜”和“有机社会”这两个重要的大方向上基本达成了共识。

“因地制宜”指紧凑城市需要有一定的密度，但密度的提高程度应取决于地区具体的性质以及所处的环境。一方面地区的性质决定了功能层级以及对于人才的吸引力，另一方面所处的环境限制也会对城市密度造成影响。对此，应该分清各种不同情况，例如平原地区城市中心、平原的边缘组团、平原的县城、山区的城市中心、山区的边缘组团以及山区的县城与乡村都应该有各自适宜的密度标准。

“有机社会”是指紧凑不应只限于简单提高建成区密度数值，还要以构成完整城市社会网络为目标。这个方面与 20 世纪 50—60 年代雅各布斯在其著名的《美国大城市的死与生》中所要表达的社区邻里感有相似之处（尽管也有学者认为雅各布斯在著作中刻意夸大了其所在社区街道美好的一面）。

14.2.2　争论二：能否实现减排与品质的平衡

紧凑城市如何取得密度与品质之间的平衡？密度提高是否真的有助于节能减排、抑制全球气候变暖？

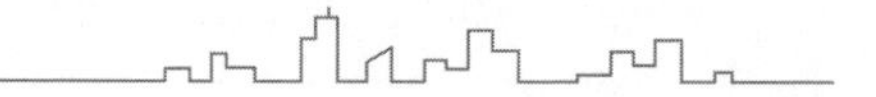

在欧美居民心目中，郊区的独栋住宅是理想选择，而市中心的棕地以及现有绿地的再开发，很有可能导致密度过高，影响居住环境。在这一点上开发商同样认为，城市内棕地开发十分困难，由于成本的影响需要更高的密度平衡投资。因此在密度与品质间寻找平衡是学界一直在讨论的问题。

关于提高密度与节能减排关系的讨论主要是在一些交通专家中间展开的。紧凑城市的本意在于通过缩短人们出行距离，减少使用小汽车，但不少交通专家的研究发现，在更紧凑的城市中，拥堵事件也会增加；同样，汽车低速行驶也会使燃油效率降低。因此，紧凑能否最终真正实现节能减排值得商榷。另外一些学者则从更加宏观的角度指出，减少小汽车尾气排放，对于今天世界来说只是杯水车薪：尽管发达国家人均碳排放指标是发展中国家的数倍，但从碳排放总量来看，今天贡献最多碳排放国家主要是如中国及印度这类人口数量多且处于高速发展的国家。电动汽车在全世界不断推广，普通汽车的能源利用效率也在不断提高，少开小汽车能带来多大实际影响确实值得研究。

14.2.3 争论三：可能会间接影响社会，造成城郊贫困圈出现

紧凑城市可能造成怎样的社会与经济影响？

在紧凑城市的间接社会影响的相关讨论中，最著名的是在紧凑城市中可能形成城市“面包圈”式的结构。假设如紧凑城市所倡导的，在区域中呈现葡萄串式的结构，在每个节点呈现适宜强度的情况，那么首先这些地区土地开发的总量一定会被限制。以经济学供需的角度来讲，被限制开发地区的土地成为稀缺品，地价自然上升，紧凑的市中心肯定会面临绅士化，其他通过轨道交通与中心城市有着很好连接的地区也将成为房产升值的集中区域。在这种情况下城市贫民将面临尴尬的处境：由于市中心提供最多的就业机会，城市贫民需要能够尽快地到达中心，但由于没有足够的支付能力承担每日通勤费用而只能选择居住在中心城市外围环状区域，导致在城市结构中形成了环绕中心的外围城市贫困带。

尽管这紧凑城市已经在欧盟普遍推广，但其中的科学性仍然没有得到一致的认可。而在真实的实践中情况又如何？又有哪些是与中国城市相似的地方？下面从市场角度分析在紧凑城市实践中，参与方的诉求与博弈过程。

14.3 运行实施：市场中的紧凑城市

在欧美国家市场经济的情况下，政府推行紧凑城市需要市场上的买方（居民）与卖方（开发商）配合，同时达到两方的诉求，既能够为居民在市中心提供足够好的居住环境，也要让开发商有利可图、愿意从事这样的再开发项目。但实际上要同时实现这两点并不容易。

居民作为买方，对于郊区独栋具有一种根深蒂固的执念，同时对高层住宅楼有所抗拒。例如在德国，有不少城市居民每周都需要驱车前往城市边缘的小花园从事农业劳动，这被认为是人们需要时常接触自然与土地。当市场满足这种城乡型生活愿景时，城市中心的多层住宅需要更高的标准、更好的周边环境、更便捷的公共交通，但这些都将使紧凑的成本进一步上升。

开发商作为卖方，主要关注再开发项目是否有利可图。依据英国的调查数据，大多数开发商认为紧凑城市是有必要的，但也都坦言由于成本更高，除非能够得到政府补助，他们不会在城区从事再开发活动。事实上即使在欧洲，增量土地开发的成本仍然低于存量土地的再开发成本，上升一般源自产权、棕地、基础设施三个方面——产权的复杂程度，直接影响了协商成本以及项目能否实施；棕地治理由于缺少相关的标准，认证需要付出额外成本；旧区基础设施维护比铺设全新的基础设施更加昂贵。因此在欧盟，即使如德国这样的发达国家也出现了小城中心不断衰落，郊区化不断蔓延的情况，以至于德国已经成立了受到政府资助的第三方机构，专门从事存量再开发的咨询与指导。

在市场经济下，欧洲推行紧凑城市的过程也是一个典型的博弈过程，尽管长远目标受到普遍认可，但具体实施时仍然需要在所有参与方之间进行博弈和协调。

14.4 借鉴："紧凑城市"在中国

中国与西方基本情况以及市场环境不同，实现紧凑城市也需要应用不同的方式。

基本情况的差异在于中国巨大的人口基数。与西方严重的郊区化问题不同，中国的城乡土地分为国有和集体所有，管控程度远高于西方国家。与西方城市相比，许多城市建成区的人口密度指标并不低，但"卧城""睡城"的情况仍然存在。因此在中

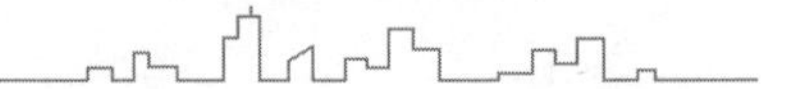

国最重要的问题是如何使这种紧凑不仅仅是体现在数值上，而是在城市服务网络、社区联系的效率上，至少是否还需要进一步提高城市人口密度反而是一个值得探讨的问题。

市场环境的差异，也受到人口基数不同的影响。开发商都希望营利，各国人民对于理想居住环境期待却有所不同。中国具有严格的城乡土地控制措施，城乡差距巨大，中国人民对乡村生活的期待并不如欧美国家那样强烈，同时由于大城市市场供给有限，造成了中国“是房就能卖”的局面。

因此就城乡关系来说，相较欧美国家，今天的中国更容易推广实现紧凑城市，但至于采取何种方式推动城市紧凑发展，还需要各地因地制宜，就具体问题分别考量。

参考文献

BREHENY M, 1996. Centrists, decentrists and compromisers: views on the future of urban form[J].The compact city: A sustainable urban form, 13-35.

BURGESS R, 2002. The compact city debate: a global perspective[M]//Compact cities. London: Routledge, 21-36.

BURTON E, 2000. The compact city: just or just compact? A preliminary analysis[J]. Urban studies, 37(11):1969-2006.

BURTON E, 2000. The potential of the compact city for promoting social equity[J]. Achieving sustainable urban form, 19-29.

DIELEMAN F, WEGENER M, 2004. Compact city and urban sprawl[J].Built Environment, 30(4):308-323.

FULFORD C, 1996. The compact city and the market: the case of residential development[J]. The compact city: A Sustainable urban form, 122-133.

HILLMAN M, 1996. In favour of the compact city [J]. The compact city: A Sustainable urban form, 36-44.

NEUMAN M, 2005. The compact city city fallacy[J].Journal of planning education and research, 25(1):11-26.

NIJKAMP P, RIENSTRA S A, 1996. Sustainable transport in a compact city[J]. The compact city: A Sustainable urban form, 190-199.

SCOFFHAM E, VALE B, 1996. How compact is sustainable—how sustainable is compact[J]. The compact city: A Sustainable urban form, 66-73.

SMYTH H, 1996. Running the gauntlet: a compact city within a doughnut of decay[J]. The compact city: A Sustainable urban form, 101-113.

STRETTON H, 1996. Density, efficiency and equality in Australian cities[J]. The compact city: A Sustainable urban form, 45-52.

THOMAS L, COUSINS W, 1996. The compact city city: a successful, desirable and achievable urban form[J]. The compact city: A Sustainable urban form, 53-65.

WILLIAMS K, BURTON E, JENKS M, 1996. Achieving the compact city through intensification: An acceptable option[J]. The compact city: A Sustainable urban form, 83-96.

15 20世纪60—80年代交通问题下的英国城市规划转型

钱乾

交通运输系统的规划在城市规划中具有较特殊的地位。自从城市功能分区随《雅典宪章》成为城市规划者的共识，交通系统便被视作城市组织的一个独立的部分，接收来自其他部分的需求，同时又面对以拥堵为代表的“交通问题”。交通具有派生性，这是由其联系各功能所占有区域的功能所决定的，因而交通问题除了因其自身产生，还受其他功能区的特性所影响。“交通问题”并非完全来自交通，但表现为交通的状态不佳。由于交通的这种派生性，交通问题一般难以在交通系统内部得到解决，尽管如此，交通问题却很少能够单独反推城市规划（特别是其他功能分区如居住区）的转型。交通规划者面临着一个重要问题：交通问题究竟能否、在何种程度上、与哪些因素一同推动城市规划向积极应对交通问题的方向发展？本文试图通过对特定一段历史进程的回顾，围绕这个重要问题寻找有用的线索。

本文选择英国20世纪60—80年代交通问题的理由如下：第一，1963年，以交通问题为导向进行调查与撰写的《布坎南报告》发布，该事件毫无疑问是英国城市规划史的一项重要事件；第二，20世纪60—80年代的英国依次经历了从战争恢复后的经济繁荣以及经济衰退，与我国在之前20年依次经历的以房地产为首的城市经济快速增长以及“新常态”较相似。

15.1 背景：战后复苏与机动化

15.1.1 社会经济背景

“二战”之后，英国的城市中心普遍面临轰炸废墟与城市衰败问题，两类问题都指向房屋及住宅的重建（Bianconi，Tewdwr-Jones，2013）。为解决这些问题，政府指定城建公司进行城市更新及新城建设，并且批准建设并供给了大批公共住房，这样的政策在欧洲大陆上也是普遍的，被认为是国家义务之一（Hall，1997）。然而在1953—1954年取消战时建筑许可证，从而引发了战后第一次房地产热潮，私营地产及相关企业在这次热潮中腾飞（Davies，1998）。

战后集中精力进行生产建设的结果是社会结构优化与经济全面复苏。20世纪50年代初，英国已经是地球上人口最稠密的国家之一。同时，经济的复苏也体现在汽车市场的膨胀式发展。20世纪50—60年代，英国的机动车数量翻了一番，从近450万辆增加到900多万辆，到了20世纪60年代初，人们普遍将英国称为“拥车的民主”（Ortolano，2011）。

然而，交通基础设施的建设落后于住房与汽车的增长。尽管战后开放了第一批主要高速公路，以至于交通部长欧内斯特·马普斯（Ernest Marples）宣布“5年后城市之间的交通将不再是问题”（Hall，2004），然而公路建设计划没有按时完成甚至延期5年以上，城市道路的状况只是更糟，交通拥堵愈演愈烈，民众抱怨国家“没有采取任何措施来改善道路系统”（Bianconi，Tewdwr-Jones，2013）。

15.1.2　规划体系与实践背景

“二战”后，英国在1932年的《城乡规划法》基础上制定了1947年《城乡规划法》，在地方政府负有编制规划义务的前提下赋予规划项目审批的权力，“任何开发项目必须获得地方规划当局的规划许可”，但同时保留规划许可申请人上诉的权利（Davies，1998）。在房地产热潮中，申请人上诉的权利被体现得淋漓尽致。根据1947年《城乡规划法》，每个城市制定的规划主要涉及土地使用控制和开发，但也包含了短期和中长期道路改善计划的建议（Grant，1975）。布坎南认为，这版法案“带来了革命性的变化，即它将土地所有者对其财产的固有权利限制在现有土地用途的延续”（Bianconi，Tewdwr-Jones，2013）。

在规划法之外，战后十数年的规划实践是相当有野心的。1946年颁布的新城镇法案对新城建设提出了要求，并且格外注重大伦敦地区的人口疏解，开启了伦敦外围大规模的新城建设。20世纪60年代巴西首都巴西利亚规划中，高速公路与城市连接的模式受到欧洲国家重视，引起英国一些新城规划的效仿（Ortolano，2011）。道路规划问题开始得到重视，交通部开始半额资助交通研究（Solesbury，Townsend，

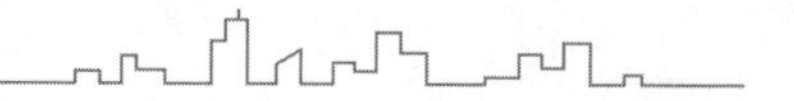

1970）。

尽管如此，最初的交通对策仅有“拓宽或新建街道”一种（Buchanan，1983）。受新建道路工程需求的影响，英国开始引进美国20世纪50年代建立的交通模型。这类模型将城市经济系统（包含拥车量）作为输入，但输出的方案没有迭代，得到受新建道路刺激的拥车量增加（Batty，1976）。吉丁斯和霍普伍德（Giddings，Hopwood，2006）批评这种模型没有合理应对经济力量，也缺乏对环境后果的考察；另一方面，大洋彼岸在20世纪60年代开始出现的城市历史保护思潮并没有及时传入英国。

15.2 交通问题观察先驱：《布坎南报告》

意识到随着预期收入的增长，汽车拥有量和道路交通将大幅增加（Haywood，1998），时任英国交通部长马普斯决定组建调查小组帮助制定处理城市内部交通的策略。这一时期有关交通解决方案的调查小组有科林·布坎南（Colin Buchanan）与劳德·克劳瑟（Lord Crowther）爵士的调查小组，进行大伦敦地区交通调查的英美联合顾问团队，以及研究道路收费可行性的小组等（Thomson，1998）。本文以布坎南小组所完成的报告为中心，对报告的整体脉络进行梳理。

15.2.1 报告内容

《布坎南报告》基于“文明社会中汽车是必不可少的，所有市民的私家车需求最终都将得到满足”这一假设，研究满足汽车需求的城市基础设施改扩建规模、成本和设计策略，以满足公众在限制机动车政策出台之前了解限制政策的替代方案，即满足机动车需求的城市建设方案（Proudlove，1964）。

布坎南认为，在满足机动车需求（以可达性进行量化）过程中公众财富将有可能受损。布坎南提出了被称作“布坎南定律”的规律：“在任何城市地区现状下，环境标准的建立决定了特定地区能够实现的可达性；但可达性可以通过物理改造的资金投入而增加，同时不降低或违背环境标准。”（Proudlove，1964）为优化环境，布坎南基于阿尔克·特里普（Alker Tripp）于21年前提出的隔离分区概念（Hall，1964），提出“环境区”（environmental area）概念，对特定地区设立环境区的想法，环境区之间由大容量的交通干道进行连接。环境区内部保持低交通量，杜绝过境交通，居民步行前往生活与服务社区（Ward，1964）。环境区产生了“严格限制车辆通行”与“完全改建以满足交通需求”两种解决方案，布坎南不提倡两者折中。

《布坎南报告》将以上思路应用于四个条件各异的案例（Proudlove，1964）：①小城镇纽伯里，分析得出的结论是在合理投入范围内可以满足将来近 50 年的交通需求；②中等城市利兹，若想满足未来交通需求则需要大规模改建；③历史城市诺里奇，为保护历史遗产需要严格交通限制政策；④伦敦大都市区，布坎南提到了伦敦都市区的巨量改造，包含一张著名的未来主义“交通建筑”图景（图 15-1）。

图 15-1　《布坎南报告》的著名插图

图片来源：Parsons，Vigar，2017

《布坎南报告》讨论了外国做法并提出意见。布坎南认为美国的蔓延趋势不可效仿，但又大加赞扬交通规划手段（Ward，2007）；报告赞扬了西德的电车系统（Ward，2010），但又没有就公共交通以及“重塑铁路”提出建议（Haywood，1998）。这些区别决定了报告“学美国，修道路”的基调。

在这种基调下，《布坎南报告》提醒，实现机动化社会愿望需要改变城镇可能比社会能够接受的更多，因而需要对愿望进行妥协，这个妥协程度决定了城市需要为

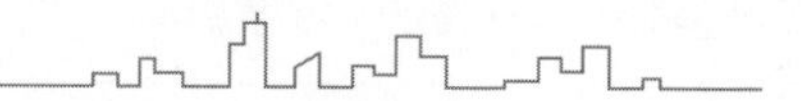

交通多付出多少成本，而这些成本是现有城市没有付出甚至未曾考虑的。

报告最终给出的建议包括：①城市道路与末端枝杈应根据功能进行明确分类；②划定环境区并在区域内按环境要求进行管理；③法定规划中应包含运输规划的内容，为此提出新增“运输规划”和“规划实施”（Delafons，1998）；④推荐采取一定的交通管理措施，如停车收费、公共交通补贴以及拥挤收费的政策等（Beesley，Kain，1964）。

报告随附《克劳瑟报告》作为报告的解读与公共政策指导。《克劳瑟报告》要求建立新部门，完成新规划的制定，并具有监督实施的职能（Official Architecture and Planning，1964a）。

15.2.2 对《布坎南报告》的学术批评

《布坎南报告》整体在学术界引起了很大反响，当年的一些学术会议甚至将“布坎南主义”作为主题或主要议题（Beesley，Kain，1964）。但由于《布坎南报告》存在一些技术上的问题，所表述的思想也造成了诸多争议。

规划学者与经济学家都对《布坎南报告》采取的假设与方法提出批评。霍尔（Hall，1964）和迈克尔·比斯利（Michael Beesley，1964）分别指出报告有以下几个主要问题（大部分是两人不约而同提到的，在此合并）。

（1）由于时间仓促，报告用假定的交通流数据代替必要的调查结果，使提出的方法缺失实践验证。

（2）没有为关键的“环境”指标提出货币化甚至量化方法，使得成本效益分析成为空谈。

（3）报告将城市空间分配视为静态，仅考虑了人口及拥车量的增长，没有按人口密度对拥车量进行分配。

这些问题导致《布坎南报告》不能直接指导具体的实施方案，而只是将交通不断增长的问题暴露在公众的视野里。但是，报告的出现本身就足以启发今后的规划。

《布坎南报告》所流露的思想无法通过理论反驳，因此激起更多的是各执己见的争议。迈克尔·比斯利（Michael Beesley，1964）认为报告提倡的紧凑发展比蔓延更不利于交通，许多关注公共交通的学者也对报告给予公共交通的可怜笔墨表示不满（Proudlove，1964；Harris，1966）。布坎南对于环境问题的异常执着也导致他与经济学家的意见相左——布坎南认为环境应当是无价的，拒绝将其货币化（Buchanan，2004）。表面上的技术问题实际上来自于布坎南对成本效益分析思想的不认同。另外，布坎南也不同意道路收费这种“激进政策”，霍尔（Hall，2004）认为布坎南可能是认为道路收费是对公民使用私家车的自由的强硬侵犯。

尽管《布坎南报告》受到了这些批评与争议，但其历史意义仍不可磨灭。迈克尔·巴蒂（Michael Batty，1976）认为《布坎南报告》标志着英国在作为技艺的规划和作为社会科学的规划之间的分野——规划不再仅仅包含设计，规划者从关注舒适环境的圈子中走出，与经济学、社会学等领域专家进行合作，或者可能是交锋。

15.2.3　对《布坎南报告》的公众讨论

与学术界意见不合不同，公众对《布坎南报告》几乎一边倒支持，这首先归功于居民对交通问题的切身体会。大家甚至认为，对《布坎南报告》的态度将成为来年大选中候选人无法避开的诘问（Official Architecture and Planning，1964b）。霍尔（Hall，1964）后来如此描述《布坎南报告》公开后的情景：“新闻工作者从中熟练地提取（报告的）句子和插图，专栏作家不吝赞美之词，电视播音员为布坎南教授安排了数十次采访，汽车组织对它的某些段落表示谴责，部长们和其他重要公众人物匆忙地浏览了它并给予支持和意见。”霍尔将布坎南称作“英国有史以来最火的规划师”（Hall，2004）。

布坎南本人对这种热烈讨论十分满意，认为自己有效地将交通与环境的冲突摆在了世人面前（Buchanan，1974）。布鲁顿（Bruton，1983）认为报告将“令规划者和街头巷尾的人意识到安全舒适的购物、工作或生活环境的重要性”。但是事与愿违，这种重要性似乎被普遍的热爱经济发展与私家车生活的情绪淹没了。

首先，《布坎南报告》并没有被按照强调环境的方向解读。布坎南之子认为，报告如此受欢迎，应当归功于其为每个立场的人都提供了有利说辞，“他们各取所需：公路工程师认为报告预示着道路建设的新纪元，环保人士认为这将结束交通在城市的主导地位，公共交通倡导者认为实现报告的愿景需要新的更好的公交车和铁路服务”（Buchanan，2004）。私人投机开发商运用“布坎南哲学”来推动他们所需的“零碎开发”（Bruton，1983），并通过解读报告攻击现有规划制度，为了让他们的项目能够更容易通过（Ling，1964），文中插图被拿去作为新伦敦的范本，作为鼓吹伦敦完

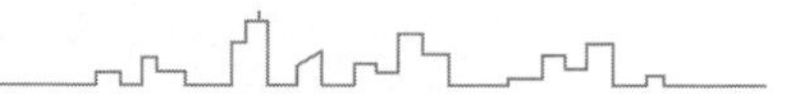

全重建的证据材料（Hall，1997）。也有一部分人不久后发觉城市并未向他们期望的方向发展，而这时他们的矛头又对准了《布坎南报告》：自行车出行俱乐部（Cyclists Touring Club，CTC）对著名的插图（图 15-1）进行批判，指责“布坎南方案”中没有自行车的位置（Parsons，Vigar，2017）。

同时，在实际操作中规划者不断发现，环境问题并没有如想象中的那样被民众重视。布坎南在 20 年后意识到了这点：“报告中提到的环境问题并没有得到广泛的接受，更不用说被广大公众理解。人们似乎不像我们认为的那样对交通感到愤怒；所有的迹象都表明，人们准备牺牲他们的环境，以换取机动化的可达性。使用汽车的自由似乎被视为一种资产，与家里有卫生间一样重要。”（Buchanan，1983）布坎南认为环境应当是无价的，但现实是环境简直一文不值。20 世纪 70 年代初，当城市高速公路委员会顾问询问受访者，在一条新高速公路沿线放弃他们的房子需要多少钱时，相当一部分人表示，任何价格都不会说服他们离开（Hall，2004）。

以上的公众态度最终体现在了规划实践上，英国的城市向着顺应车辆的现代主义模式进化，直到客观条件迫使他们放慢脚步。《布坎南报告》反倒成为推动城市向着忽略环境的“廉价”道路系统发展的第一推动力。下面将具体介绍这些规划实践，但也不会忽略报告对规划制度的更新完善所做的贡献。

15.3 “后布坎南时代”的规划：制度与实践

15.3.1 20 世纪 60—70 年代初：繁荣与建设

《布坎南报告》发布后，并未立刻得到政府同意采取措施以应对报告中提出的问题的承诺，民众认为，这种暧昧的态度可能是由于大选年在即，两党都不想采取激进态度，造成地方政府的反对（Ward，1964）。政府部门在 1964 年初的《交通部、住房部和地方政府的联合通告 1/64》中仅仅笼统地表示，接受《布坎南报告》的意见，建议地方进行综合土地利用和交通的研究（Solesbury，Townsend，1970）；此后为两个研究小组——联合城镇规划小组（Joint Urban Planning Group）及规划咨询小组（Planning Advisory Group，PAG）下达研究《布坎南报告》提出的问题的任务（Westergaard，1964；Delafons，1998）。第一次全国性出行调查也在 1963—1965 年开展试点工作（Smethurst，1967）。

规划咨询小组对《布坎南报告》的研究最终促成了1968年《城乡规划法》中的结构性规划。结构性规划类似战略规划，对城市的发展提出综合性要求。规划咨询小组认为，结构性规划能够“促进土地利用和交通规划的综合方法，以及布坎南概念（主要道路网络和环境区域）的应用”（Delafons，1998）。巴蒂（Batty，1976）认为，“结构性规划”体现了明确的理性规划过程，即规划程序的理性。1970年运输和规划相关的职能合并，《克劳瑟报告》提到的“建立新部门”在某种程度上得以实现（Pharoah，1996）。

但是这种“理性规划”与交通规划的手段联合起来之后，却造就了一种“道路权威”：“到20世纪60年代中期，几乎每个城市都在雇佣一种新的交通规划师，通常是美国人，他们操纵数学模型来证明他们需要巨大的公路网来应对交通的增长。没有人能与这些模型争辩，因为它们耗资巨大，而且非常深奥。”（Hall，1997）与此同时，客观条件也为以上想法的实现准备好了：国库资金增加，城市交通规划、公路设计和施工技术（主要来自北美经验）的改善，以及合格公路工程师数量的增加——“未来主义”图景正等着繁荣的英国城市去实现（Grant，1975）。在以柯布西耶为精神源头的现代主义热潮下，霍华德提出的花园城市概念被边缘化。美式交通规划与现代主义指向一种新的城市形式，这种形式包括大规模主干路建设、城市外缘的居住区开发，以及城市中心的“布坎南式”（即图15-1描绘的风格）重建，而这一切都需要大量的成本投入。

一个典型的案例是泰恩河畔纽卡斯尔重建规划，由当地城市规划官威尔弗雷德·彭斯（Wilfred Burns）主持。规划包括对拥有大型室内购物中心的市中心的大拆大建，“三纵三横”的大规模高速公路建设，以及包围市中心的多层停车场和离地人行道（Giddings，Hopwood，2006）。另一个例子是土木工程师出身的斯坦利·沃德利（Stanley Wardley）主持的布拉德福德的城镇改造，包括35米的超宽环路，以及拓宽的主干道，它们共同组成了纵横交错的城市快速路网络；行人通过地铁网络在中心区的分块之间移动，使中心区成为“布坎南风格”的多层环境；同样，停车场也被设计成城市组织的一个部分，包括新建办公楼的屋顶和地下室，以及专门建造的“多层楼”（Gunn，2010）。著名的米尔顿·凯恩斯城也是围绕汽车而设计的，铺设道路来拥抱汽车交通，同时也追求“交通建筑”的构想。它没有一个密集的城市中心，

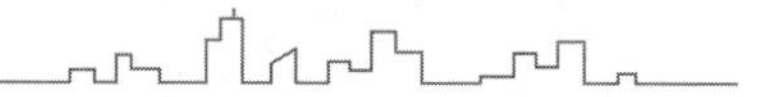

而是采用了彻底分散的分区化原则（Ortolano，2011）。

也有一小部分人“超越时代”地对这种铺张建设提出反对意见，但很少受到重视。米尔顿·凯恩斯的前身（由另一个团队设计）仔细考虑了不乘坐私家车的人的需求：城内旅行强调单轨交通，资金来自地方税收，因此不收车费。每个家庭都离车站很近，所有车站都在市中心15分钟的车程内。然而，规划的核心“单轨电车”被以资金安排不合理为由拖延，直至米尔顿·凯恩斯公司接手后将其删去（Ortolano，2011）。布坎南在伦敦第三机场的选址过程中对研究小组给出的报告提出了“感性的批评”，主要理由是当地自然与居住环境的破坏。他成功驳回了报告，但他提出的替代方案同样未被采纳（Hall，2004）。

引用约翰·彭德伯里（John Pendlebury，2011）的话总结20世纪60年代：“与20世纪40年代一样，人们经常记得60年代是一个‘大刀阔斧’的规划时期。”在这样的环境下，与经济和汽车生活相比，环境反而是社会最愿意牺牲掉的一个。

15.3.2　20世纪70年代：停滞与抗议

好景不长，欧洲的经济增长并未一直持续下去。经济增长放缓，大伦敦地区城市萎缩，再加上石油危机，公共财政捉襟见肘。1975年5月，英国政府开始了对地方当局开支日益严格的长期控制，并限制了它们强推规划实施的能力（Davies，1998）。《布坎南报告》所设想的道路等级划分制度也由于成本问题迟迟未能启动（Bruton，1983）。1977年的“运输政策白皮书”终于开始反思顺应汽车生活的做法是否毋庸置疑：“为未来……我们应致力减少对交通的绝对依赖，以及减少一些行程的长度和次数。”然而白皮书的结论也仅限于反思，没有给出现有或崭新的政策作为建议（Gunn，2010）。相应地，政府没有采取像样的控制汽车交通量的政策，甚至仍然在乐观地扶持汽车产业（Buchanan，1983）。大卫·贝里斯（David Bayliss，1983）指出，20世纪70年代的伦敦地区公共交通管理与公路、交通规划和战略发展规划分离。

在庙堂之外，一股新的力量正在升起。英国居民和抗议者在亲身体会到美国式大都会道路网的弊端后，开始产生诉求，向美国反高速公路公民运动学习，形成社团，掀起“先有家，后有路”（homes before roads）的运动。斯凯芬顿（Skeffington）的报告就是由公众对规划决策参与程度的不满发起并鼓励的，其中许多规划决策与交通设施有关（Grant，1975）。环境问题终于得到了重视，但与邻避主义伴生。结果是讽刺的：布坎南勾画的环境区边缘的主干道被周围居民抗议，而抗议的理由是破坏环境。被抗议的与其说是愈加泛滥的汽车交通，不如说是规划本身。福利国家的幻影被打破，民众开始“夺回对自己生活环境的决定权”，而“理性规划”成为了这自由生活的敌人。

由此，英国全国的各个城市纷纷出现叫停旧有规划的声音。以朴次茅斯、南安普顿和诺丁汉为例：它们分别按《交通部、住房部和地方政府的联合通告 1/64》的要求制作报告，这些报告都按照布坎南建议的方式推荐了内环和放射状干路的模式。这些计划在地方和国家两级畅通无阻地获得了批准。然而几年后，它们无一例外地受到了阻力，政府在试图实施方案时遭到了地方运动团体的反对。结果各有差异：在诺丁汉，该市申请强制购买两条主干道沿线房产遭到失败；南安普敦对波茨伍德连接和与 M27 公路的连接处进行了漫长而复杂的调查，其结果迟迟未公布；朴次茅斯政府在两次公开调查中“胜利”，保住了规划的实施权利。三地的公民团体都不遗余力，“造成结果差异的原因”，格兰特（Grant，1975）认为，“是三地议员的个人利益差别，包括住在市中心或郊区、年轻或年长、工商业主或技术雇员等，以及议员所代表选区（因在城市中的位置）的群体民意。”20 世纪 70 年代初，许多其他城市也停止了推进高速公路计划，既有经济原因，也“归功于”地方反对团体的阻碍。

20 世纪 70 年代席卷英国的环境运动，其“环境”概念与布坎南所提的概念貌合神离。环境运动“反路”而不“反车”，虽然有自行车出行团体与公交倡导者加入，但面对民众的拥车需求如杯水车薪。布坎南认为，必须为车配备足够的路，否则就应当限制车的使用；但现实是，既没有足够的钱修路（包括对被“侵占”的路两旁居民房屋的赔偿），也没有足够的动力控车。结果就是每位居民（包括议员）为门前（或者说后院）的利益高呼反对，而同时有意无意地忽视掉自己对别人的环境的损害——现在我们用“负外部性”来称呼这种损害。邻避主义者间注定无法团结，因为每个人有自己的后院。正如大卫·贝里斯（David Bayliss，1983）所言，“措施的有限进展源于城市交通规划中的两个基本现象或‘诅咒’：首先是个人和政府不愿接受和处理外部性问题，除非是以粗暴和明显的方式；其次是对积极措施的天真信仰，只要能种出‘正确的’胡萝卜，就不需要‘大棒’。”

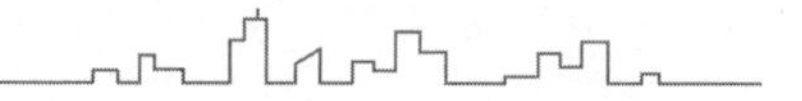

15.4 小　结

20 世纪 80 年代起，英国重复了发展与反思的循环——20 世纪 80 年代，撒切尔政府推崇自由市场，并将私家车作为一面旗帜；20 世纪 90 年代，政策又进行了反弹，交通管理工具在争议中成形；21 世纪初，全球变暖问题最终将布坎南的“环境”二字吞并，汽车交通（或者至少是它的尾气）开始被放在全人类福祉的对立面，伦敦开始了拥堵收费。

从 20 世纪 80 年代开始，布坎南关于环境区的思想最终在英国产生了重大影响，然而这些思想是从欧洲大陆上重新进口而来，如交通稳静化（traffic calming）、住宅区（home zones，区域内限制机动车速度），以及更有意识的设计和更大规模的步行化城市空间（Harris，1966）。21 世纪以来，交通管理措施终于能与对“自由生活”的追求抗衡，但与其说是 20 世纪 60—70 年代的“预言”或“启示”，不如说是最终落到公民头上的国际责任。

《布坎南报告》是成功的报告，但也是失败的呼吁。毫无疑问，《布坎南报告》获得了前所未有的关注度，报告将汽车与道路放在了天平的同一端，而另一端则是安居乐业的环境；报告更是通过来年的政府通告，将调查与预测的袜子加到规划设计的靴子之前，允许经济学家与社会科学家进入规划的领地。然而，几乎无人理睬布坎南的“环境无价”主张，直至碳排放最终为“环境”的一部分赋予价格。至于“环境”的其他部分，例如噪声和视觉妨害，则继续独立于货币的成本效益分析，一同交由政策决定者——如果政治决定了环境能被舍弃，那么就舍弃它。

20 世纪 60—80 年代，英国的城市规划经历了一项重要制度转变与一项重要实践转变：制度转变，即调查进入规划程序，能够归功于《布坎南报告》为首的一系列调查工作，而《布坎南报告》则标志着公路规划师坐进了城市规划的圆桌中——一时间炙手可热。实践转变，即现代主义的道路建设受挫，尽管提到了《布坎南报告》中的“环境”一词，含义却不再相同。交通问题只提醒了人们考虑它，却不能逼迫人们重视它。

《布坎南报告》的命运，以及 20 年的修路、倒路运动，揭露了一个令人痛苦的现实：交通量增长并未给居民带来无法接受的损害。对文化遗产的破坏更多地产生于道路之外的土地上，尽管它们都是大刀阔斧的城市更新的表现；噪声与视觉妨害靠着

“后院”坚固的篱笆（隔音玻璃、居住区郊区化）被忍受；“拥堵”甚至看起来不像个问题：当斯定律（Downs law）隐含着一个对经济学语境下“理性人”的基本假设，即在减少拥堵与增加出行次数之间，市民总是选择后者。“雅典宪章的胜利”似乎决定了交通作为派生活动的命运。“既然我的目的地就在前方，路上经历一些痛苦又何妨呢？这些都是值得的。”

交通问题未曾成为燃眉之急，它终究是一个派生活动。交通问题往往被抛给交通部门独自解决，然而，20 世纪 60 年代曾出现的综合土地利用与交通规划的呼吁暗示事情本不该如此。在完全自由市场的状态下，地区的总出行量由土地利用的形态，包括各种用途的设施的总容量与密度控制，同时随人的流入而增长，两者共同决定了出行量的上限；出行手段的每一次扩大供给都使得实际交通量更加靠近这一上限，而试图通过单方面扩大供给来实现“供过于求”的行动将面临边际效益锐减的窘境。因此，交通基础设施建设虽然“自由地”却实际上被动地顺应出行需求。另一方面，土地用途的空间分布又决定了市民将选择何种交通方式满足出行需求，从而导致多种交通方式相互竞争：短途出行可以通过慢行实现，长途出行则只能依靠各类机动车及轨道交通。佩里的邻里单元理论即是对这种竞争的回应：如果能将非通勤出行短途化，就可以避免机动车过度侵入居住领域。但是，市场相对倾向于大型的单一用途开发项目。这不仅仅发生于英国等发达国家（Pharoah，1996），在北京回龙观社区的开发上也遇到了这样的问题，生活“配套”设施招商难以推进，住房数量却长年如雨后春笋般增长。各个泾渭分明的“居住区”“产业园地”“商业街”仅仅是自身范围就轻易超过 15 分钟步行距离，公共交通面对单一土地利用方式显得捉襟见肘，因为“最后一公里”的需求难以填补。正是在自由市场的“规制”下，如此的土地利用模式形成了汽车社会的源头。

而对于其中每一个环节的行政限制，都将被“自由市场”的触手敏锐地捕捉到。私家车已经成为了“13 平方米的移动后院”：当我们试图触碰驾驶汽车的权利的时候，总是遭受汽车买卖双方的反对，而如果一个人被豁免于限制汽车使用，他又会反过来支持限车措施。而开发商会刻意避开甚至公开反对混合用地与高密度住房的规划，除非它是迫切的增量规划，能保证任何开发方式都得到可观利润。20 世纪末，英国终于重提土地用途改变与重建对交通的作用，但为时已晚，自由市场的利益已经圈出各自的领地，并且在领地上积极防御。

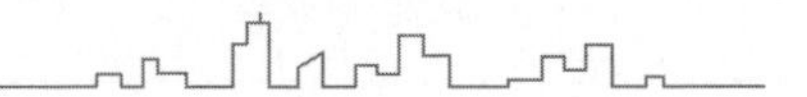

在当下重提英国一步步走向“为时已晚”的过程，是因为中国尚未走完这一过程——我们还有机会。交通问题似乎同样不被我们的市民所重视，拥堵仅仅是几个不断变动的数据，仍然可以忍受；汽车不仅仅是移动的后院，更是移动的不动产。从已有的汽车出行上动刀，前路必然充满荆棘。但我们的增量规划在广大的非一线城市尚未结束；我们的传统更加倾向于行政干预，甚至是“保姆国家”；我们也有更强的动机和手段，进行对“自由 = 拥车”的价值观的扭转。让交通与土地利用同步交织进行规划必然困难重重，因为这涉及两个庞大团体的利益统一。但是将土地混合利用的紧迫性从交通角度提请土地管理部门注意，避免开发商长驱直入，可以让其他交通方式至少能够望到私家车的项背。对“狗、小孩、绿草地、SUV”的价值观及时提出反对意见，对双脚和地铁能够通向的步行街世界给予渲染，将帮助我们更加适应高密度的城市环境。如果这样做，对于经济活力的批评必定不绝于耳，然而在新常态、“双碳”以及同时的回归绿水青山的导向下，我们也面临着几十年来最佳的机会。

不过如同布坎南所做的一样，我们不应断定前文提供的图景是唯一的未来。我们仅仅意识到鱼和熊掌不能兼得即可：如果我们认为邻避主义是正确的，市场和生活方式的自由是神圣不可侵犯的，那么我们可能就需要放弃一些虚无缥缈的事物，例如畅通无阻的道路，以及不会看到汽车一刻不断地呼啸而过的前庭后院。

参考文献

BATTY M, 1976. Models, methods and rationality in urban and regional planning: developments since 1960[J]. Area, 8(2): 93-97.

BAYLISS D, 1983. Traffic in towns twenty years on: the london perspective[J]. Built environment, 9(2): 122-126.

BEESLEY M E, KAIN J F, 1964. Urban form, car ownership and public policy: an appraisal of traffic in towns[J]. Urban studies, 1(2): 174-203.

BIANCONI M, TEWDWR-JONES M, 2013. The form and organisation of urban areas: Colin Buchanan and traffic in towns 50 years on[J]. The town planning review, 84(3): 313-336.

BRUTON M J, 1983. The "traffic in towns" philosophy: current relevance[J]. Built environment, 9(2): 99-103.

BUCHANAN C, 1974. Traffic in towns: 10 years after[J]. Built environment, 3(7): 336-337.

BUCHANAN C, 1983. Traffic in towns: an assessment after twenty years[J]. Built environment, 9(2): 93-98.

BUCHANAN M, 2004. More or less traffic in towns?[J]. Transport, 157(1): 27-41.

DAVIES H, 1998. Continuity and change: the evolution of the British planning system, 1947—97[J]. The town planning review, 69(2): 135-152.

DELAFONS J, 1998. Reforming the British planning system 1964—5: the planning advisory group and the genesis of the Planning Act of 1968[J]. Planning perspectives, 13(4): 373-387.

GIDDINGS B, HOPWOOD B, 2006. From evangelistic bureaucrat to visionary developer: the changing character of the master plan in Britain[J]. Planning practice and research, 21(3): 337-348.

GRANT J, 1975. Urban transportation and decision making - a comparison of three case studies in Britain[J]. Transportation, 123-142.

GUNN S, 2010. The rise and fall of British urban modernism: Planning Bradford, circa 1945—1970[J]. Journal of british studies, 49(4): 849-869.

HALL P, 1964. The Buchanan report: review[J]. The geographical journal, 130(1): 125-128.

HALL P, 1997. Reflections past and future on planning cities[J]. Australian planner, 34(2): 83-89.

HALL P, 2004. The Buchanan Report: 40 years on[J]. Transport, 157(1): 7-14.

HARRIS D, 1966. Regional planning: towards a policy for urban form[J]. Official architecture and planning, 29(10): 1559-1562.

HAYWOOD R, 1998. Mind the gap: town planning and Manchester's local railway network: 1947—1996[J]. European planning studies, 6(2): 187-210.

LING A, 1964. The principles of future urban planning[J]. Official architecture and

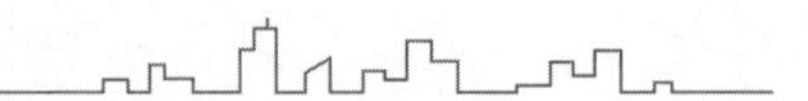

planning, 27(12): 1557-1559.

OFFICIAL ARCHITECTURE AND PLANNING COMMENT, 1964a. Comment: within the context of balanced planning[J]. 27(12): 1489-1489.

OFFICIAL ARCHITECTURE AND PLANNING COMMENT, 1964b. The prospects before us[J]. 27(1): 43-43.

ORTOLANO G, 2011. Planning the urban future in 1960s Britain[J]. The historical journal, 54(2): 477-507.

PARSONS R, VIGAR G, 2017. Resistance was futile! Cycling's discourses of resistance to UK automobile modernism 1950—1970[J]. Planning perspectives, 33(2): 163-183.

PENDLEBURY J, STRANGE I, 2011. Centenary paper: Urban conservation and the shaping of the English city[J]. Town planning review, 82(4): 361-392.

PHAROAH T, 1996. Reducing the need to travel-A new planning objective in the UK?[J]. Land use policy, 13: 23-36.

PROUDLOVE J A, 1964. Traffic in towns: a review of the Buchanan and crowther reports[J]. The town planning review, 34(4): 253-268.

SMETHURST P R, 1967. The national travel surveys: a source of data for planners[J]. The town planning review, 38(1): 43-63.

SOLESBURY W, TOWNSEND A, 1970. Transportation studies and British planning practice[J]. The town planning review, 41(1): 63-79.

THOMSON J M, 1998. Reflections on the economics of traffic congestion[J]. Journal of transport economics and policy, 32(1): 93-112.

WARD B, 1964. Notes on the urban problem[J]. Ekistics, 18(107): 198-202.

WARD S V, 2007. Cross-national learning in the formation of British planning policies 1940-99: A comparison of the Barlow, Buchanan and Rogers Reports[J]. The town planning review, 78(3): 369-400.

WARD S V, 2010. What did the Germans ever do for us? A century of British learning about and imagining modern town planning[J]. Planning perspectives, 25(2): 117-140.

WESTERGAARD J H, 1964. Land use planning since 1951: the legislative and administrative framework in England and Wales[J]. The town planning review, 35(3): 219-237.

16 理性过程规划演变——基于理性综合与分离渐进规划的比较

李梦晗

理性思想是贯穿城市规划理论和实践的根本基础；面向对象的规划受到系统论理性思想的影响，面向过程的规划则受到管理学中决策理性的影响。随着 20 世纪 60 年代以来城市规划的转型和规划理论的不断发展，面向过程的学说成为规划理论研究的主流，而理性综合规划和分离渐进规划则是理性过程规划最突出的两大派别。以往对于理性过程规划的研究可以分为三类：第一类从政治学和哲学角度专门研究其理性思想基础，第二类单独研究某一类规划方法，第三类将理性综合规划和渐进式规划方法对比研究。但是，少有文献在对比研究理性综合规划与分离渐进规划两种规划方法的同时，研究它们的思想基础和在理论发展中的作用。因此，本文结合哲学和政治学视角，综合梳理理性综合规划和分离渐进式规划的思想来源、具体内容及其后续规划理论和实践的影响，以其为规划理论的研究提供参考。

16.1 理性过程规划的产生

在 20 世纪 60 年代，规划理论分化为两大阵营，一个是面向对象的系统规划论，另一个是面向过程的理性过程规划论。理性过程规划产生的前提是将城市规划视为公共政策，在技术乐观主义和企业家政府思潮下，管理学方法被引入规划过程理论，形成了理性过程规划的“理性”基础。

16.1.1 对象、过程的二分：城市规划作为公共政策

20 世纪中期，梅尔文·韦伯（Melvin Webber）首先将城市规划的对象按规划过程进行了区别，并特别指出，规划过程不是目标本身，而是选择目标和实现目标的

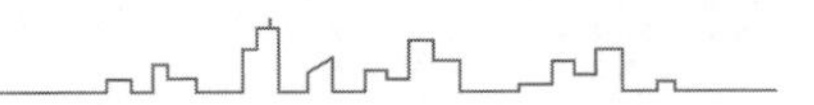

规划进程（尼格尔·泰勒等，2013）。类似地，安德鲁斯·法卢迪（Andreas Faludi）也将规划理论区分为“实质性（substantive）规划理论”和“程序性（procedural）规划理论”，前者面向规划的具体对象，后者面向规划的过程（泰勒，2006）。

对规划对象、过程的区分，为城市规划任务的转变提供了基础。早期的城市规划理论一直是面向对象（即物质空间）的规划理论，经过不断的发展，形成了较成熟的“系统规划”理论。但无论怎样完善，其物质空间规划的本质决定了面向对象的规划任务只能是一种技术工具。然而，面向过程的规划作为一个独立门类的出现，意味着城市规划不仅仅是一种技术工具，还可以成为一种决策手段，这就为城市规划的任务从技术工具转向公共政策提供了可能。20 世纪 60 年代以后，面向过程的理论成为城市规划理论的主流（梁鹤年，2004），城市规划任务开始向公共政策转型。在此转变中，理性思想的引入起到了关键作用。

16.1.2　社会思潮的转变：管理学理论的引入

文艺复兴、宗教改革运动先后瓦解了笼罩整个中世纪欧洲的宗教思想和封建体制（斯塔夫利·阿诺斯，2013），后继的启蒙运动以理性思想为旗帜，从思想、社会制度上进一步解放了欧洲，在思想冰消雪融和社会百废待兴的背景下，技术乐观主义思潮逐渐走向高潮。人们乐观地信任科技的力量，认为科技可以解决世界上几乎所有难题，给人类带来幸福。从圣西门（Comte de Saint-Simon）描绘的技术理想国（徐奉臻，2000）到丹尼尔·贝尔（Daniel Bell）的科技治国论（杨华，2008），科学技术的方法论和政治联系到了一起。

在更具体的层面，出于对官僚制政府缺乏效率等问题的批判，“企业家政府”的思潮在 20 世纪 60 年代逐渐兴起（侯保疆，2004）。该思潮主张将企业管理的方法运用到国家的管理中，政府不再事无巨细地负责所有事务，而是专注于战略目标的把控，把如何实现目标的问题交给技术专家（丁煌，1999）。同时，丹尼尔·贝尔的“意识形态终结论”也指出，由于社会整体的趋同，知识分子不再投身于追求阶级斗争的社会运动中，转而充当价值中立、为政府提供经济及福利等管理建议的技术官僚（梁建新，2007）。在此背景下，管理学方法论，特别是其中政策研究（policy studies）相关理论被作为一项科学方法引入政策制定过程中（梁鹤年，2004）。城市规划作为一种公共政策，其理论自然也受到了管理学方法的影响。理性过程规划论就是将决策科学的方法运用到规划全过程而产生的。

16.1.3　理性过程规划的特点

理性过程规划的“理性”主要体现在两个方面，即程序的理性和决策的理性。

程序的理性指规划政策的制定遵循科学的框架和步骤。美国学者杜威（Dewey）开创性地提出，政策制定的本质是解决问题（树立目标），因而制定政策一般会包含以下几个过程：目标的鉴别、目标主次的决定、解决方案的制定、解决方案的评估和选择（王国恩，2006）。尼格尔·泰勒（2013）则强调了政策制定过程的反复性，他将规划过程划分为界定目标、制定解决方案、评估解决方案、实施方案和效果跟踪等五个阶段，并指出，每一个阶段的结果都会反馈、影响到之前任何一阶段的行动。概括来说，规划政策的制定过程基本包含目标界定、方案制定、方案选择、跟踪调整这四个关键要素。

决策的理性指规划政策在进行目标界定和方案比选时要遵循一定的科学标准。但是，在决策的综合性应达到什么样的限度？这就引发了一系列更具体的讨论：确定规划目标时需要考虑较长时间跨度，还是只需要考虑当下？规划的目标是否需要获得所有利益相关者的同意？规划方案比选是否要综合分析所有相关要素？基于对这些问题的不同看法，导致了规划过程理论的分化为“理性综合规划”和“分离渐进规划”。

16.2　理性综合规划和分离渐进规划比较研究

方法论的形成以认识论为基础。理性综合规划和分离渐进规划之间的差别，归根结底是认识论的区别。想要对这两类规划方法论进行比较研究，首先需要从认识论的源头上进行梳理。

16.2.1　认识论的分化：从完全理性到有限理性

完全理性决策最早来自古典经济学的“经济人”假设。“经济人”的概念最初由著名经济学家维尔弗雷多·帕累托（Vilfredo Pareto）提出，后来成为古典经济学的根本假设（丘海雄，张应祥，1998）。亚当·斯密（Adam Smith）认为，经济人的“理性”体现为个体始终在追求自身利益的最大化，在此基础上，新古典经济学发展并完善了“经济人”的内涵（张良桥，冯从文，2001），提出了理性人的三个特点：一是决策者完全了解环境或局势中的所有相关信息；二是决策者自身行为合乎理性，即有衡量取舍的原则；三是决策者能基于完全的信息和取舍原则，对可能路径进行分析比选，选择最佳方案，以获得最大效用（丘海雄，张应祥，1998）。这三点分别构成了完全理性决策论的三大预设：完全信息、行动理性、最大效用。

完全理性决策论在随后的发展中招致了多方的批判和修正，其中批判的集大成者就是西蒙（Simon）的有限理性决策论（邓汉慧，2002）。西蒙首先对“经济人”的完全信息和行动理性假设提出了质疑，西蒙认为环境一直处于变动中，不确定性随着交易的增多不断增大，有关环境的信息不可能完全可知；人的认知和计算能力是有限的，所以人在衡量取舍时不可能考虑到所有情况，自然也不能做到完全理性（方齐云，1994）。西蒙认为，人在环境不完全可知、自身不能完全理性的前提下比选得出最佳解决方案，因而很难实现“最大效用”的假设。对此，西蒙认为人在决策过程中最终选择的方案只能是一个让大多数人“满意”的方案，而不是最佳的方案，所以，决策的前提应当是“管理人”而非“经济人”（方齐云，1994）。

“完全理性”和“有限理性”共同构成了城市规划决策的根基，共同深刻地影响了规划方法的发展。此后规划方法的发展，都离不开这两大核心思想。

16.2.2 方法论的演变：从理性综合规划到分离渐进规划

完全理性决策论和有限理性决策论更多的是一种认识论的探讨；在方法论层面，基于这两种决策论，在规划领域形成了以“理性综合规划”和“分离渐进式规划”两大方法论。

学界对于“分离渐进式规划”是否属于理性规划，存在不同的观点。一种观点是将“理性综合规划”划归为“理性派”，将“分离渐进式规划”划归为“实践派”，暗含的意思为“分离渐进式规划”是非理性的，代表学者有梁鹤年（2004）、彭恺和周均清（2010）。另一种观点则将“理性综合规划”和“分离渐进式规划”都归为理性过程规划，暗含的意思为二者都是理性的，只是对决策的“综合性”程度看法不同，代表学者有尼格尔·泰勒（2013）、孙施文（2007）、王国恩（2006）。

理性综合规划是一种全盘综合的规划方法，思想基础是完全理性决策思想。首先，理性综合规划方法要求规划的决策遵循严格的流程，即目标确立、目标权重排序、解决方案制定、解决方案比选、方案实施、效果评估。其次，该方法要求政策制定者在决策时考虑所有可能涉及的因素，并将其量化、综合分析，最后得出一个最优解（李强等，2003）。不难看出，这些特点是基于完全理性决策论的三大假设：完全信息（考虑所有可能因素）、行动理性（量化综合分析）和效用最大（最优解）原则。理性过程规划以严密的流程和科学的论证，树立起了城市规划在政策体系中的合法性地位，成为城市规划的主流方法论，至今仍然在各类规划编制中有所体现。但是，因为它过于理想化，存在实施上的困难，所以遭到了批判（王国恩，2006），随后出现了另一个面向实践的规划方法论，即分离渐进式规划方法。

分离渐进式规划是林德布罗姆在充分考虑实践过程中政治家的心理后提出的方法论，其基础是西蒙的有限理性决策论（侯波，2008）。与有限理性决策论类似，分离渐进式规划同样主张环境信息是有限的、有限认知、追求满意而非最佳。不同的是，完全理性和有限理性的区分更多是一种静态的区分，而渐进理性则更强调动态性（张超，2009）。C.E. 林德布洛姆（C.E. Lindblom）认为，决策不需要遵循严格的流程框架，不需要树立长远的目标，也并不需要对所有方案进行综合比选分析，而是着眼于近期，只对过去的政策做边际性的改动，以适应环境的变化。政策在持续不断的修改中得以推进，林德布洛姆将其决策思想称为“分离渐进主义”（disjointed incrementalism，也译作“非连贯渐进主义”）（于泓，吴志强，2000）。分离渐进式规划虽然相比理性综合规划更加易于实施，但是也受到了缺乏创新、过于保守的批评（尼格尔·泰勒等，2013）。

理性综合规划和分离渐进式规划方法源自相互对立的理性基础：一个基于完全理性，另一个基于有限理性。分离渐进式规划本身就是在对理性综合规划批判的基础上产生的。看上去，这两种规划方法似乎走向了两个对立的极端，但其实在实践中两者并不是非此即彼的。泰勒指出，A. 法卢迪（A. Faludi）对理性综合规划和分离渐进规划的二分法是一个伪二分法（尼格尔·泰勒等，2013）。梁鹤年（2004）则进一步指出，渐进式规划对理性综合规划“综合”的反对，是“二战”后西方社会从一元走向民主多元的背景下，为了宣告对过去一元社会价值观反叛而发起的攻击；二者之间的对立并不天然存在，而是人为树立的。事实上，理性综合规划只是强调

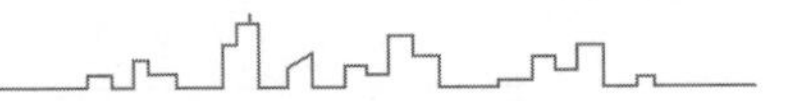

规划要有迹可循、政治过程要公开透明，面向的是实用的技术，而渐进式规划则强调实践和协调，面向的是保守型政治（梁鹤年,2004）。在实践中，二者应当各司其职，因此，后来的“混合扫描规划”和“连续性规划”方法论都不约而同地将二者结合在了一起。

16.2.3 面向实践的统一：混合扫描规划和连续性规划

基于对理性综合规划和渐进式规划的反思，埃米泰·爱采尼（Amitai Etzioni）在 1967 年提出了混合扫描规划方法（刘文婧，2014）。爱采尼保留了综合规划从整体上对规划对象进行重构的革新性特点，但不再要求面面俱到，只要求分析核心的因素；同时，他保留了混合扫描规划方法逐步拆解、便于实施的特点，但将其置于由综合规划确定的总体目标框架下，改进了混合扫描规划方法过于保守的弊端。混合扫描规划方法的核心在于层次性，它将规划的决策分为“基本决策”和“项目决策”两个主要层次，在“基本决策”层次运用简化的“综合规划”，确定城市发展战略，在“项目决策”层面，在战略目标确定的框架之下，运用“渐进式规划方法”将基本决策具体化（王国恩，2006）。

梅尔维尔·伯兰奇（Melville Branch）于 1973 年提出的连续性城市规划同样是理性过程规划方法和分离渐进式规划两者的结合——伯兰奇方法论主要是利用分离渐进的思想对总体规划过于注重长期性和综合性的状况进行了改进，而总体规划主要源自理性综合规划方法。他认为，传统的总体规划考虑的时限过于长期，且面面俱到。在较长时间跨度中，许多变量是不可控的，而系统一旦出现变化，整个规划策略就会变得非常被动；此外，面面俱到的考虑耗费了大量不必要成本，也降低了某些需要深究问题的研究深度和精确性（Melville，朱介鸣，1988）。基于这样的考虑，伯兰奇提出了增加近期规划和专项规划的建议，且应当根据要素的具体情况分别对待。对于一些可变性非常小的要素，如基础设施等，应当在较长时间跨度上对未来进行预测，并且将其作为相对独立的系统、综合考虑各种要素研究决策；对于一些变量较多、牵一发而动全身的要素，如关系到城市财政、空间等多个领域的城市土地，应当更多关注近期的小目标，并且在发展中不断修正目标和策略，体现该方法的“连续性”（Melville，朱介鸣，1988）。

理性综合规划和分离渐进规划的方法更像是两种理想的原型。在实践过程中，通常是结合实际的规划条件，对这两种方法进行选择性运用。由此，这两个走向不同极端的规划方法在实践中实现了统一。

16.3　后续影响：理论与实践的转向

从规划对象到规划过程的区分，为城市规划任务从一门纯技术工具转变为一项公共政策提供了基础；理性综合规划以其严谨的论证，又确立了城市规划作为一门政策工具的合法性基础；而分离渐进式规划则是城市规划转变为政治决策工具的关键标志，并将一个关键的原则，即满意原则引入了规划。正是从分离渐进式规划开始，城市规划政策探索不再追求一个最优解，转而追求一个令大部分人满意的规划；也因为这个转变，规划开始注重多元利益群体的协调，这就是城市规划作为一项政治决策工具的根本立足点。倡导式规划主张规划师应当成为一个为不同利益群体，尤其是弱势群体争取利益的倡导者（彭恺，周均清，2010），规划中的公众参与强调公众、政府共同参与规划决策。规划的评估以满意度作为最基本的衡量指标，这一切的根基都在于：城市规划政策不再执着于追求最优解，而是在追求一个令利益相关群体满意的决策。

参考文献

MELVILLE C，朱介鸣，1988. 连续性城市规划 [J]. 国际城市规划，4：24-28.

曹康，王晖，2009. 从工具理性到交往理性：现代城市规划思想内核与理论的变迁 [J]. 城市规划，33（9）：44-51.

陈锋，2007. 城市规划理想主义和理性主义之辨 [J]. 城市规划，2：9-18，23.

邓汉慧，2002. 西蒙的有限理性研究综述 [J]. 国土资源高等职业教育研究，4（4）：37-41.

丁煌，1999. 西方企业家政府理论评述 [J]. 国外社会科学，6：46-50.

方齐云，1994. 完全理性还是有限理性：N.A. 西蒙满意决策论介评 [J]. 经济评论，4：39-43.

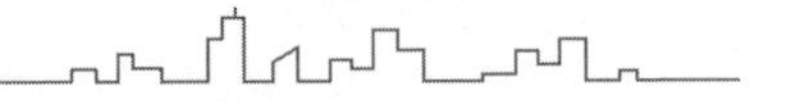

侯保疆，2004. 西方企业家政府理论及其启示 [J]. 新视野，2：72-74.

侯波，2008. 城市规划的渐进决策模式探析 [D]. 长春：吉林大学 .

李强，张鲸，杨开忠，2003. 理性的综合城市规划模式在西方的百年历程 [J]. 城市规划学刊，6：76-80.

梁鹤年，2004. 政策分析 [J]. 城市规划，11：78-85.

梁建新，2007. 国内外关于“意识形态终结”的争论及研究现状述评 [J]. 求索，2：128-131.

刘文婧，2014. 混合扫描决策模型：理论与方法 [J]. 理论界，1：176-179.

泰勒，2006.1945 年后西方城市规划理论的流变 [M]. 李白玉，陈贞，译，北京：中国建筑工业出版社 .

彭恺，周均清，2010. 理性与实践之辩：理性综合与渐进主义的规划决策理论比较研究 [J]. 规划师，26（S2）：29-31.

丘海雄，张应祥，1998. 理性选择理论述评 [J]. 中山大学学报（社会科学版），1：118-125.

童明，1998. 现代城市规划中的理性主义 [J]. 城市规划汇刊，1：3-7，65.

阿诺斯，2013. 全球通史：从史前史到 21 世纪 [M]. 吴象婴，等译 . 北京：北京大学出版社 .

孙施文，1992. 城市规划方法论的思想基础 [J]. 城市规划，3：14-18.

孙施文，2007. 中国城市规划的理性思维的困境 [J]. 城市规划学刊，2：1-8.

王国恩，2006. 城市规划社会选择论 [D]. 上海：同济大学 .

徐奉臻，2000. 梳理与反思：技术乐观主义思潮 [J]. 学术交流，6：14-18.

杨华，2008. 丹尼尔・贝尔的科技治国论思想 [J]. 理论探讨，5：62-65.

于泓，吴志强，2000.Lindblom 与渐进决策理论 [J]. 国外城市规划，2：39-41.

张超，2009. 渐近理性：比较制度分析的认识论基础 [J]. 经济研究导刊，9：214-215.

张良桥，冯从文，2001. 理性与有限理性：论经典博弈理论与进化博弈理论之关系 [J]. 世界经济，8：74-78.

17 英国城市规划体系的演变历程研究——基于政府与市场博弈视角

林晓云

英国的城市规划是近代城市规划的开端，其规划理论的流变、规划体系的发展和历部法律的颁布实施都象征和反映了当时英国城市面对的问题和治理思路。英国土地私有制决定了土地利用管制取决于市场经济原则和能够干预的范围，因此自第二次工业革命以来，英国规划体系的演变始终围绕政府干预和市场自由之间长期和动态博弈而展开。我国从新中国成立初期学习苏联的计划经济体制，国家对市场进行严格管控；到改革开放后市场化改革的探索，放松对地方的管制；再到“国家治理现代化”背景下创新管理方式，探寻多元主体协同治理、多股力量制约平衡的模式，在这一转变过程中，也在探索政府干预的程度，以达到最佳效果。本文通过梳理英国规划体系的演变过程，从政府和市场博弈的角度分析演变的原因和实施效果，总结期间对规划本质和价值理念的迭代认识，以期对新时期我国空间规划的改革有所启发。

17.1 20 世纪 40 年代之前：应对市场负外部性政府干预加强

英国的城市规划起源于第二次工业革命后，机器化大生产带来城市人口快速聚集和城市规模急剧膨胀。同时由于土地财产私有制，城市开发变得更加混乱无序，各类建筑功能在城市中混杂布局，出现了公共空间环境低质、城市卫生条件恶劣等私人土地使用的“负外部性”。基于此，政府开始企图扭转市场失灵带来的恶果，而干预范围也从公共卫生扩展到住宅群，再到整个城市功能区的协调。

1837 年，英国建立起一个有效能的政府机构——注册总局（General Register Office），城市公共卫生的恶劣状况开始为政府和公众所关注。1848 年英国颁布了《公

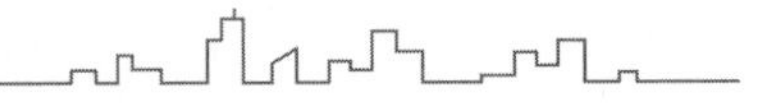

共卫生法》，授权设立卫生部，且准许地方建立卫生局，对不符合卫生标准的街道和建筑进行整改。之后颁布的一系列法案，如1855年的《消除污害法》(*Nuisance Removal Acts*)和1866年的《环境卫生法》(*Sanitary Act*)等(彼得·霍尔，马克·图德-琼斯，2014)，标志着政府从公共卫生管理开始，对私人权益的干预。

然而，公共卫生的相关法案显然无力处理城市用地布局混杂等问题(唐子来，2000)。从19世纪60年代开始，政府干预开始拓展到住房问题，以期加强对建筑标准的管理和贫民区的改善。如1868年《托伦斯法》(*Torrens Acts*)，给予地方政府干预私人住房一定权力，以强制房主修缮或拆除不符合卫生标准的住房；以及1875年《克罗斯法》(*Cross Acts*)，准许地方政府自行制订改善贫民区计划(彼得·霍尔，2002)。1890年《工人阶级住房法》(*Housing of Working Classes Act*)，进一步延伸和扩展了地方政府权力，有权治理任何卫生状况不合标准的建筑和贫民区，且可以征购适宜开发新住宅的土地以安置贫民窟的迁出居民(唐子来，2000)。

尽管颁布的一系列与住宅相关的法案，使公共干预触角能够延伸至贫民区的拆除，为劳工提供住房保障，但仍无从解决城市功能区混杂和公共产品缺失等问题。因此，对更大区域的城市土地开发利用进行公共管制的城市规划被提上立法议程(唐子来,2000)。1909年，英国颁布第一部城市规划法《住宅与城市规划诸法》(*Housing, Town Planning, etc, Act*)，授权地方政府可以对城市的开发地区编制规划方案，保障其功能布局合理，且建筑物和街道符合卫生标准(苏腾，曹珊，2008)。之后城市规划法经历数次修订。虽然城市规划是地方政府的非法定义务，但也越来越被地方政府所接受，规划范围也越来越大，逐步从城市扩展到周边乡村地区。

从应对私有土地开发带来的“负外部性”公共卫生和住房问题的管理开始，政府干预手段逐渐加强，规划体系趋于完善，但此时的城市规划仍然是一种地方当局被动应对城市问题的开发管制措施，难以主观能动地引导城市发展。此外，尽管1882年《城市自治机构法》和1894年《地方政府法》确立了城市、郡和郡属区的新政府结构，但在国家层面仍没有管理地方规划的政府部门，也缺乏区域统筹(彼得·霍尔，马克·图德-琼斯，2014)。

17.2　20世纪40—90年代：政府干预和市场自由博弈下曲折向前

17.2.1　1947年《城乡规划法》：规划管控体系的建立

1930年之后，区域问题开始出现，英国各个区域的发展差异日益加剧，对此任命巴罗爵士研究调查此问题，并成立巴罗委员会（Barlow Commission）。《巴罗报告》及其他委员会提交的一系列官方报告构成了第二次世界大战后英国城市和区域规划体系的基础。其中，巴罗委员会认为应对新工业的布局加以控制，并建议建立一个更有效的规划体系以控制城市集聚区的增长；农村地区土地利用委员会（Committee on Land Utilization in Rural Areas）的报告提出建立一个以保护农用地为首要职责且包含市郊在内的规划体制；而补偿金和改善金专家委员会（Expert Committee on Compensation and Betterment）则提出若干问题：政府征购土地时应该向土地所有者支付多少补偿金？当公共品投入使私人土地增值时应收取多少改善金？该委员会同时也给出了解答：把全英国的农村土地国有化，当需要进行城市建设时，无须通过土地市场，由国家直接进行购买（彼得·霍尔，马克·图德-琼斯，2014）。

上述三个委员会的报告促成了战后英国城乡规划体系的改革。在关注城市物质环境空间改善、加强土地利用和新城开发的有效控制呼声下，1947年英国颁布实施《城乡规划法》（*Town and Country Planning Act*）。1947年《城乡规划法》有两大重要特征：其一，土地开发权国有化，这为施行公共管控、以使土地开发符合规划提供了前提条件，但国有化并不彻底，国家不是唯一买方，私人土地所有者可以向私人开发者出售土地。其二，通过立法增设了地方城市规划机构，即地方规划局，地方规划局兼有编制发展规划和实施开发管控两种职能，其中开发规划（development plan）应反映城市整体的布局安排，表明今后20年内城市土地利用的重大开发和变化意图，每5年修订一次。任何改变土地利用状况的“开发”行为都必须经过地方规划局的许可，发展规划成为地方当局颁发许可的依据。1947年《城乡规划法》反映了战后英国工党执政的共识，采取了自由主义和社会主义并存的折中路线（泰勒，2006）；通过强化政府对城市规划的干预，约束土地开发权以应对市场变化，表达了通过土地利用和建设模式的物质空间蓝图规划，反映社会共识的美好愿望。

1947年《城乡规划法》还规定，土地所有者在被征购土地时已得到补偿金，若土地所有者获得开发许可，则不再享有因开发而带来的土地增值收益，应向国家交付 100% 的土地增值费（改善金）。这样一来，所谓的保留私人土地市场显得没有意义，因为开发者不仅要支付补偿金给土地所有者，还需支付增值费给国家，土地市场的积极性被严重挫伤。此后，在工党和保守党交替执政过程中，围绕开发费（改善金）的收取出现了一段曲折的变化：1953 年保守党上台，废除了 1947 年《城乡规划法》规定的开发费；1959 年保守党重新恢复开发费的收取；1967 年工党政府通过了《土地委员会法》(*Land Commission Act*)，规定土地交易时，不论是否增值，均向卖主征收 40%~50% 的改善税，这在一定程度上激励了市场；1979 年保守党政府又废除了开发费；最终在 1991 年的《规划和补偿法》确立了开发者和规划当局的规划协定，通过资金或其他补偿方式（规划义务）以获取规划许可（图 17-1）。由此可见，开发费变更的过程实际上是政府和市场博弈的过程，是政府干预的不断尝试与被推翻。

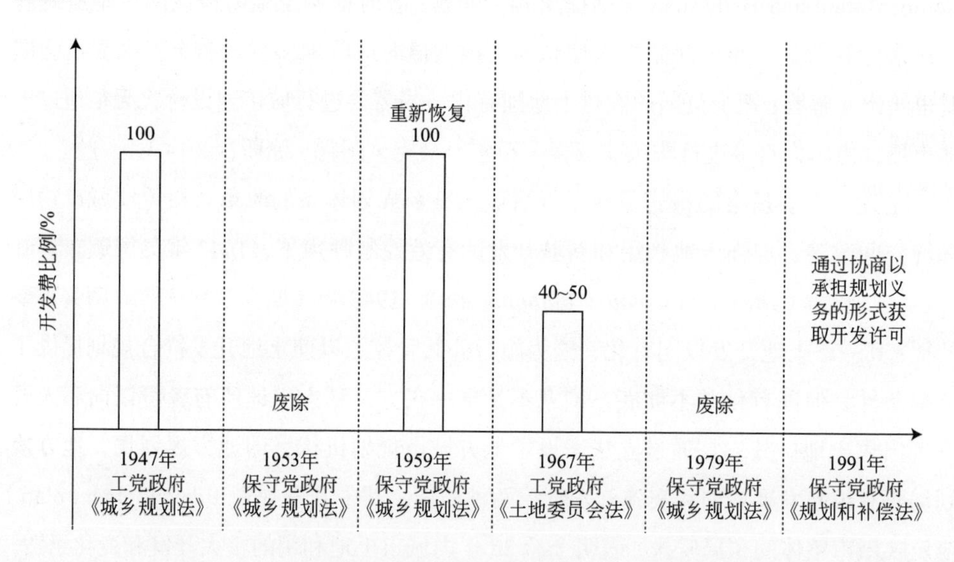

图 17-1　1947 年后英国土地开发费（改善金）的变化

图片来源：根据彼得·霍尔、马克·图德 - 琼斯（2014），汪越、谭纵波（2019）改绘

17.2.2　1968 年《城乡规划法》：弹性的规划体系和消极的规划权力

1947 年确立的城市规划构想在当时复杂的社会条件下并没有实现，面临了一系列矛盾和困境，主要有三点：一是发展规划缺乏弹性，内容上过于具体，难以适应开

发过程中影响因素的不可预期变化，且规划审批时间过长，使规划较易过时，规划实施期缩短，容易产生规划贻误；二是将城市规划等同于建筑等物质形态设计，规划仅关注物质形态的最终结果，缺乏对社会经济、人口增长等市场变化的考虑，使发展规划落后于不断涌现的社会问题；三是发展规划“两头空”，既不能适应战略规划的长远可持续，其细致度也不足以支撑高质量地块规划和城市设计，即 1947 年规划体系下的发展规划在战略层面和实施层面都不能发挥应有的作用（泰勒，2006）。

到了 20 世纪 60 年代，尽管采取了严格控制城市发展的政策，城市人口仍然呈现集聚增长的态势，而要将人口疏散到城市周边公共设施完善的邻里社区中去，必须在广大的城市区域内安排一个适合未来交通量增长的长远交通运输规划，而这一层次却没有相对应的政府管理机构，因此规划体制的改革被提上日程。基于对 1947 年《城乡规划法》确立的规划体系的检讨和应对城市快速变化的需要，1965 年规划咨询委员会（Planning Advisory Group，PAG）出版了一份报告，建议实施两层级的规划编制方法。这一观点被纳入 1968 年颁布的《城乡规划法》中。两层级的规划体系包含较大区域的结构规划（structure plan）和较小地区的地方规划（local plan）。结构规划是对一个广大地域提出的纲要性战略规划，地方规划是在结构规划指导下针对更小地区的行动规划。新规划体系使城市规划更具有弹性，把国家控制与市场调节有效地结合在一起。结构规划需要报中央部门审查，而地方规划则无须审查，给予地方政府更多的自由裁量权。相比于 1947 年的规划体制，两层级规划体系更强调区域协调的重要性。

但是，针对 1968 年修订后的两层级规划体系，有学者指出，地方当局虽然拥有更多的自由裁量权力，但这些权力仍然是“消极”的。原因有两个：一是，地方当局多为行使拒绝批准不符合地方规划的开发项目的权力；二是，地方当局负责的开发项目，可以使用强制购买权征购土地，然而在多数情况下政府的开发活动受公共财政能力的制约，因此在实际操作中地方当局通常会制定一个顺应开发商意愿的规划（开发商只有在符合自己利益的情况下才会进行开发），这使地方政府对空间的引导效果与有无政府项目干预差别甚微，地方规划的效果受到质疑，其存在的必要性也被广泛讨论。

17.2.3　20 世纪 70—90 年代：市场化挑战下规划体系的迂回

20 世纪 70 年代，英国经济开始出现衰退，尤其是内城衰败的问题凸显。1979

年撒切尔政府上台，古典自由主义复兴，不主张中央政府的规划干预，规划权力逐渐从郡（counties）下放给区（districts）。政府的一份白皮书表明，英国不再需要这些负责战略规划的政府机构，于是在1986年废弃了大伦敦委员会及6个省级大城市地区委员会，而这些地区的规划体系也从1968年的二级体系转变成单一发展规划（unitary development plan），规划权力下放到地方政府。在反干涉主义的影响下，撒切尔政府提出了企业区政策和城市开发公司政策。企业区内的公司不受标准化规划控制，可享受十年的财产税减免；城市开发公司可以汇集各类用地，并在国家财政的支持下行使土地开发的权利。这些举措减少了政府干预，使土地开发更加适应市场运作机制。

随着环境问题和城市贫困现象日益严重，撒切尔主义让人们意识到，城市的运转仍然需要政府和规划发挥作用。因此1991年《城乡规划法》提出规划主导系统（plan-led system），发展规划的重要地位被再次被提及，体现在被拒开发申请者上诉时，发展规划成为首要考虑的依据（principle material consideration）。地方当局不再以市场导向的项目开发为主，而把创造就业、解决城市问题和开展城市更新作为重点。

17.3　2000年之后：政府再造，多方力量参与协作规划

在1979年保守党政府执政时期，区域政策的激励措施减少，区域政策的主动权被移交至欧盟委员会。欧盟的基金支持使英国平衡区域发展的资金得到补充（特别是失业率远高于欧盟平均水平的地区），经济增长获得新的动力。然而在2004—2007年，欧盟成员国从原来的15个激增至27个，基金分配的标准有所提高，英国很多区域因而失去被资助的资格，而国家政策对地区差异重视不够也引起地方不满。从20世纪90年代开始，英国规划体系开始做出努力以纳入区域政策，各地陆续开始机构的结构性改革，如设立区域发展代理机构（Regional Development Agencies）、整合现有地方当局以成立区域议会或代表大会等。

2001年12月，英国政府公布了一份规划绿皮书，指出1991年之后的英国规划体系笨拙而动作缓慢，因此应该对规划体系进行根本改变（fundamental change）和彻底改革（radical overhaul），着重关注速度和效率。2004年颁布的《规划与强制性收购法》彻底革新了国家、区域、地方等层面的规划职能和架构（图17-2）。新规划

体系具有两方面的特点：首先，力图使地方规划更具弹性、更有效率，以加快规划许可审批速度；利用“地方发展框架”以减少政策制定的总量，给予地方更多自由权，充分发挥执政效能；其次，规划体系“前置”，使规划成为“规划的规划”，以便在规划政策制定过程中纳入更多公共协商的成果。“地方发展框架”中要求必须含有一个“社区参与申明”文件，以表明公众参与（孙施文，2005）。2004 年新规划体系可以看作一个政府的再造过程结果，规划成为一种协调合作机制，在加强公众参与和推动各利益团体协调合作下，促进政府内部、政府与公众、政府与市场之间的充分信息交流。

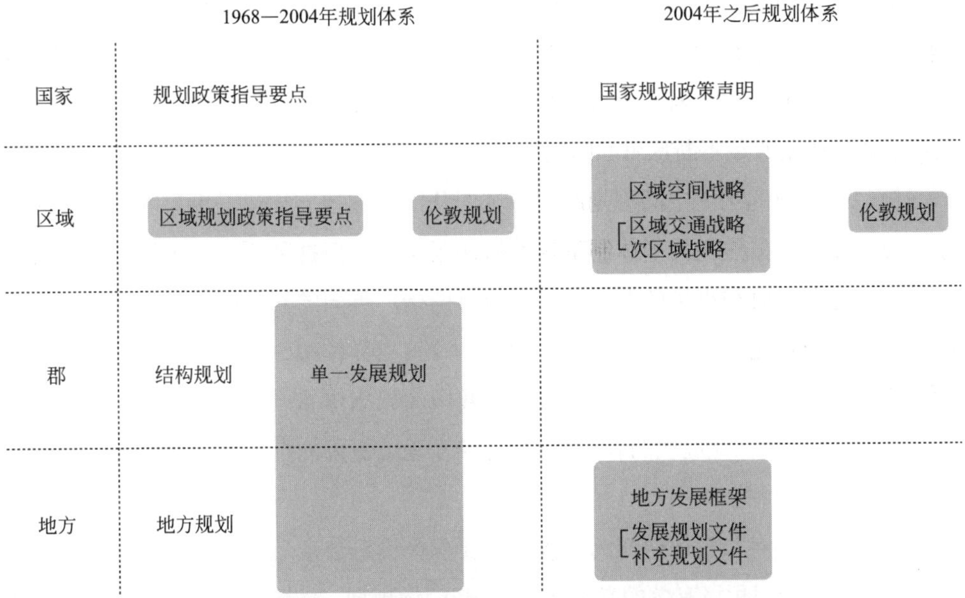

	1968—2004年规划体系		2004年之后规划体系	
国家	规划政策指导要点		国家规划政策声明	
区域	区域规划政策指导要点	伦敦规划	区域空间战略 区域交通战略 次区域战略	伦敦规划
郡	结构规划	单一发展规划		
地方	地方规划	单一发展规划	地方发展框架 发展规划文件 补充规划文件	

图 17-2　英国 1968 年与 2004 年的规划体系

图片来源：根据彼得·霍尔，马克·图德-琼斯（2014）；汪越，谭纵波（2019）；张杰（2010）原始资料整理绘制

17.4　结论与思考

从英国城市规划体系的演变历程可以看到，历次改革和演变的核心是政府干预和市场自由孰轻孰重的问题。简而言之，就是从工业革命之后应对私人土地开发带

来的负外部性问题而不断加强的政府干预手段；到“二战”后将土地开发权国有化以对城市发展实施更有力的干预和管控；到1968年施行两层级规划体系，在规划干预和市场自由之间寻找平衡；再到撒切尔政府执政时期从前期的自由放任到后期的发展规划重新回归；最后到多方力量融入规划过程以平衡国家干预和市场力量，以使规划体系更能发挥效能。

针对我国正在进行的国土空间规划改革，英国一个多世纪的规划演变历程可以为我国提供如下经验借鉴。

第一，无论是在英国这种资本主义国家，还是在我国实行的社会主义市场经济体制下，政府和市场之间的博弈是永恒的争论焦点（刘祖云，2006）。从英国的博弈历程来看，政府干预的出发点必须是维护城市最基本的公共利益，过多的干预和过分的放任都可能导致政府失灵或市场失灵，因此，如何正确把握政府干预底线应该是我国规划体制改革不断反思的问题。

第二，当前的国土空间规划改革，试图从国家到地方构建一个自上而下纵向传导的规划体系，虽然在我国体制下这类做法很常见，但这种体系是否符合规划的科学规律，适合政府与市场的调控关系，值得商榷。英国的规划体系屡经变革，但总的趋势是不断强化国家层面的宏观和战略、政策指导作用，努力调动地方层面落实国家战略政策、应对实际诉求的积极性。我国的规划体系改革更应该找到与市场对接的接口，在保障区域底线的管控基础上，给予地方更大的自由度，以维护公共利益，发挥市场经济的活力。

第三，在政府和市场博弈的过程中，要积极推进公众参与，社区民众等多方力量参与是保障规划积极有效的必要条件，“开门做规划”的包容性态度是规划成功的重要基础。

参考文献

霍尔，2002. 城市和区域规划 [M]. 邹德慈，陈熳莎，李浩，译 . 北京：中国建筑工业出版社 .

刘祖云，2006. 政府与市场的关系：双重博弈与伙伴相依 [J]. 江海学刊，2：106-111，239.

苏腾，曹珊，2008. 英国城乡规划法的历史演变 [J]. 北京规划建设，2：86-90.

孙施文，2005. 英国城市规划近年来的发展动态 [J]. 国外城市规划，6：11-15.

泰勒，2006.1945 年后西方城市规划理论的流变 [M]. 北京：中国建筑工业出版社.

唐子来，2000. 英国城市规划核心法的历史演进过程 [J]. 国外城市规划，1：10-12，43.

汪越，谭纵波，2019. 英国近现代规划体系发展历程回顾及启示：基于土地开发权视角 [J]. 国际城市规划，34（2）：94-100，135.

于立，1995. 英国发展规划体系及其特点 [J]. 国外城市规划，1：27-33.

张京祥，陈浩，2014. 空间治理：中国城乡规划转型的政治经济学 [J]. 城市规划，38（11）：9-15.

张杰，2010. 英国 2004 年新体系下发展规划研究 [D]. 北京：清华大学.

18 浅析战后西方民主政治发展视角下的规划公众参与

李俊波

战后西方经济的快速恢复，城市得以复兴，城市规划作为指导城市经济社会发展的必要工具，重要性日益提升，而城市规划本身也随着社会经济发展和政治理念变化而进行着快速的迭代。作为现代城市规划的发源地和西方国家的典型代表，英国可以被视作整个西方世界国家的缩影，其战后社会经济的快速发展和政党的频繁更迭为城市规划的理论探索创造了极佳的环境，也为当代城市规划学术研究提供了很好的材料。

战后初期英国城市规划偏重物质空间结构规划，1947 年前的《城乡规划法》内容均以“规划方案”（planning schemes）为主，随后被“发展规划”（development plan）取代（曲凌雁，2011）。偏重物质空间的传统规划对英国前工业化时期遗留的贫民窟等城市结构问题进行了有效的解决，同时通过新建卫星城对国家城市体系做了大刀阔斧的改革。然而随着城市人口剧增、城市“扫荡式开发”，旧城结构遭到破坏，城市生活质量越发下降。理论界对城市发展的反思却仍集中在物质空间结构，忽视规划的社会性，漠视人的需求，居民对城市未来发展的负面声浪越来越大（孙书妍，2009），一系列的改变促使规划由偏重空间结构向非空间规划方向发展（曲凌雁，2011）。在这样的背景下，作为非空间规划手段的城市规划公众参与开始作为规划的重要组成部分发挥越来越大的作用，也成为了学术界研究的焦点。

“二战”结束至今近 80 年的历史中，英国执政党发生了多次轮替，其执政纲领和政府政策也自然出现了重大改变。从“二战”后凯恩斯主义盛行到 20 世纪 70 年代撒切尔政府推行的新自由主义浪潮，以及 21 世纪以来英国针对城市规划体系的重大变革。伴随着民主政治的发展与变化，城市规划中的公众参与理论与方式进入了快速发展时期。本文将从英国战后城市建设与政治发展的视角出发，梳理其“二战”

后主要的民主政治发展阶段及其对城市发展的影响，结合西方规划公众参与理论研究的演进，探讨两者的内在联系，以期获得对规划参与社会发展的机制更深入的了解，对我国当前面临的城市发展难题提出可能的解决方向。

18.1　民主政治体制的发展与公众参与

18.1.1　直接民主与间接民主

从古至今，不管民主政治体制的机制设计有多复杂，大多可以归纳为直接民主与间接民主两大类。直接民主主要存在于古代社会中，其典型代表是奴隶制时期的雅典城邦（孙书妍，2009）。直接民主能最大限度地保障公民参与政治决策的过程，理论上可以实现民主的最大化。但直接民主决策效率低下，民众容易受到政治家的影响，难以做出客观合理的判断，同时随着现代社会人口的急剧增长，社会组织随着城市规模的增加而愈加复杂，客观上不再具备大规模实行直接民主制的条件，其在现代社会中主要应用于一些小规模组织的民主议程中。

现代民主的主要形式是代议制民主，由全体公民投票选举产生代表，由代表代为履行公民对全国事务的决策权。代议制民主是现代社会复杂性现实下民主理念与社会效率相互妥协的产物。

代议制民主在很长一段时间内成为西方政治的核心，但其繁荣建立在民众对政府无限信任的基础上。这种信任在“二战”结束后至 20 世纪 60 年代发展到了顶峰，战争使民众对政府的依赖感大幅提升，政府推行的城市重建也实实在在地促进了全体民众生活质量的改善。

18.1.2　参与式民主与公众参与的兴起

从 20 世纪 60 年代开始，由于一系列潜在社会问题的集中爆发，民众对政治领导人乃至政府的不信任感开始增加，对权威的怀疑充斥着整个社会（卡林沃思，纳丁，2009）。这种不信任感除了导致政党轮替、国家治理政策发生天翻地覆的变化外，还使民众直接参与政策的愿望空前高涨，参与式民主进入了快速发展期。

代议制民主存在的核心问题是政治代表乃至各大政党在与民众有着共同利益的

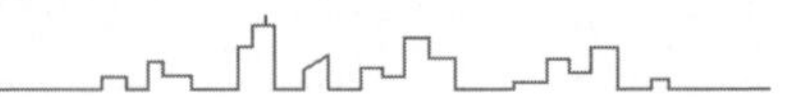

同时也拥有自己的核心利益，这两项利益时常是不一致的，当两者发生冲突时，政府代表可能会放弃公众利益而维护自身利益（孙书妍，2009）。而参与式民主核心在于对传统自上而下发展的反思和否定，强调参与性（李芳晟，2012）。参与式民主并不以取代代议制民主为目标，而是要在进一步健全、完善代议制民主的前提下扩大公民对政府事务的直接参与，以参与式民主补充代议制民主（孙书妍，2009）。在城市规划领域，公众参与是参与式民主的重要形式，其核心在于将部分权利从被选举者转移到选民群体（卡林沃思，纳丁，2009）。

代议制民主危机促使了公众参与的兴起，公众参与与代议制民主互为补充，一定程度上增强了民众对政府的信任感，提升了政府政策的合法性，同时也为利益相关者参与城市发展决策提供了渠道，可以说是民主政治发展以来又一个新的成果。

18.2 战后英国民主政治与规划公众参与机制变革

18.2.1 1945—1968 年：战后物质建设鼎盛时期

“二战”结束后英国面临着各大主要城市在战争中损失惨重、亟须重建的现实需求，同时战争胜利增强了民众对政府以及专业部门的信任感，在政府中的各个党派间形成了相对合作的气氛，为工业国家化、创建福利国家和发展权的国有化提供了条件（塔隆，2016），另一方面社会对规划师的认可日益加深，民众倾向于相信专业人士会捍卫全体公众的利益，而并不认为缺少政治辩论和公众参与是一个重要问题（卡林沃思，纳丁，2009）。

在这一阶段，英国面临的最主要需求是住房短缺、现存住房质量低下、城市无序蔓延等问题，政府面对严峻的现实问题选择以物质规划手段予以应对，相继出台了新市镇、绿带、住房建设和城市中心区再开发政策（塔隆，2016），英国城市进入了高速发展期。

18.2.2 1968—1979 年：规划中立性受到挑战，公众参与开始萌芽

经过了十余年的物质建设，英国最主要的城市问题由普遍性的住房短缺转变为贫富差距的日益扩大。贫困地区开始被孤立，内城大片的低收入地区与郊区的富足

地区共存，社会问题开始凸显（塔隆，2016）。同时战后全球移民浪潮悄然地改变着英国的社会空间结构，社会冲突、社会犯罪问题越发棘手（曲凌雁，2011）。在此背景下，单纯依靠物质手段显然难以带领政府走出治理困局，民众对规划的中立性产生怀疑，规划更多地被视为资源分配的工具而非指导城市未来发展的蓝图。政治观点开始呈现多元化，人们普遍对公众没有渠道介入政府内部决策和利益分配产生不满（卡林沃思，纳丁，2009）。

1969 年《斯凯芬顿报告》被视作社会舆论对公众参与态度的转折点，报告中明确提出在整个规划编制阶段需要保持信息公开，并邀请公众针对规划发表意见（安德鲁·塔隆，2016）。在政府层面，1968 年《城乡规划法》的出台标志着中央与地方事权的划分，同时也将公众参与的要求在法定文档中予以落实，这源于政府对社会诉求的回应，同时也因为中央政府意图摆脱其承担的大量规划编制工作与责任（瞿佳欢，2012）。

在政策导向方面，英国政府大力推广地区策略，以社区为主体，提出了城市计划（urban programme）、社区发展计划（community development projects）和内城地区研究（inner area studies）等发展策略。然而这些以消除内城紧张局势、缓解贫富差距、消除贫困地区疏离感的策略并未取得良好效果，随之而来是社会民众对于凯恩斯主义逐渐失去信心，新右派运动（New Right）声势逐渐浩大，社会对于小政府、自由市场的诉求逐渐增多（塔隆，2016），为后续撒切尔政府连续十余年的执政及大刀阔斧的政治改革创造了社会条件。

18.2.3　1979—1997 年：新自由主义指导下的国家政策

1979 年由撒切尔领导下的保守党赢得大选，英国就此进入了一个全新的历史时期。有学者认为撒切尔政府的上台“见证了‘二战’后社会民主主义政策三大支柱，包括福特主义（Fordism）、社会福利国家主义（Welfarism）和凯恩斯主义（Keynesianism）的破裂”（塔隆，2016）。撒切尔政府认为当时英国社会最主要的问题在于政府干预过多，国家财政支出过多，个人和团队对国家过度依赖。政府在此背景下推行自上而下的新自由主义，大幅减少对市场的干预，以私有化和公私合作等方式最大限度地激发市场活力，城市建设也以房地产建设模式推动。公共部门从以往的建设主导者转为配合者，私营部门成为建设主体，公共部门最大限度地提供

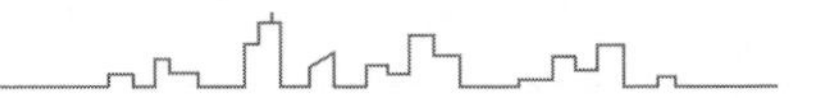

政策和制度支持。这一时期影响最深远的国家战略是企业区和城市开发公司，其核心目的是保护私营企业利益，为其创造适宜发展的环境（塔隆，2016）。

在这一阶段，中央政府为了确保国家项目顺利落地，地方政府和组织的权力被大幅度削弱，社区利益被排在企业利益之外。地方自治被严格限制在中央政府所制定的框架中，早期法定程序中的公众参与和磋商被限制，但给予公众正式提出反对意见的机会（卡林沃思，纳丁，2009）。

20 世纪 80 年代末，持续数年的新自由主义政策显示出其弊端：政策的碎片化和协调性的短缺、缺乏长期的战略方针以及过度依赖房地产驱动的城市建设对城市风貌产生了负面的影响（塔隆，2016），同时官僚主义泛滥、社区缺乏组织等一系列问题促使政府重新思考政策方向；90 年代政府政策关注点开始由经济发展向失业、贫穷、隔离等社会问题转变，地方政府的角色也同时向围绕社区服务为导向转变，公众参与和规划磋商回到基本的斯凯芬顿模式（巴林·卡林沃思，文森纳·纳丁，2009）。政府政策开始向在前十年中受到排斥的社区倾斜，以谋求建设更可持续和更具全球竞争力的城市（塔隆，2016）。随后政府通过《地方 21 世纪议程》行动方案来促进可持续发展，地方政府重新回归国家治理的权力核心，成为英国国家可持续目标在地方层面的演绎和执行主体，而公众参与成为战略实施的关键（卡林沃思，纳丁，2009）。

18.2.4　1997—2010 年："第三条道路"引领下的公民社会重建

1997 年由布莱尔为首的新工党赢得大选，新政府上台后迅速转向以"公民社会"为核心的城市政策（曲凌雁，2011），注重摆脱以往完全依靠经济和房地产推动城市发展的模式，并加大公众参与力度（塔隆，2016）。政府在执政理念中选择介于货币主义与凯恩斯主义之间的"第三条道路"，努力消除社会排斥，开展社区发展计划（community program）（曲凌雁，2011），一系列举措使社区在城市规划与建设中的地位达到了历史高点。

2004 年新工党政府开展了以《2004 规划和强制收购法》（*Planning and Compulsory Purchase Act 2004*）为核心的规划系统改革，取消了结构规划和地方规划，由"地方发展框架"和"区域空间战略"取代（程遥，赵民，2019）。其改革重点之一是提倡更包容的规划体系和更广泛的社区参与，但强调规划决策权依然由政府掌握（卡林沃思，纳丁，2009）。由于改革后规划体系与城市政策的复杂性，改革效果未获得普遍的认可（塔隆，2016）。

18.2.5　2010 年至今：联合政府管理下的民粹主义新高潮

2010 年 5 月英国保守党与自由民主党共同组建了联合政府，标志着英国的城市政策进入了一个新阶段。联合政府注重维持经济增长，地方主义理念得到提升，政府通过《地方主义法案》（*Localism Act*）从社区权力、街区规划、住房决策权、普通管辖权等方面促进政府的分权，将中央政府的权力进一步下放给地方政府、社区和个人（塔隆，2016）。中央集权进一步削弱，更加重视社区声音。2016 年卡梅伦政府宣布进行脱欧公投，将事关国家发展的重大路径决策问题通过全民公投这样的直接民主形式进行决策，这标志着英国的民粹主义发展到了新的高潮（王雪松，刘金源，2020），同时从公众参与角度可以认为民众的声音获得了史无前例的重视。但基于近几年来英国极不顺利的脱欧历程，对这样的“公众参与”的利弊评价以及英国未来的城市规划政策方向还需更长时间的验证。

18.3　战后规划公众参与的学术理论演进

如前所述，战后以英国为代表的西方国家在城市快速重建和发展的过程中经历了数个由不同政治政策主导的发展阶段。学术界对规划公众参与的理论研究也越发广泛和深入，理论与实践在战后经历了相互促进又互为补充的过程，极大地促进了规划公众参与的发展。战后相关理论的发展大致分为三次范式转变——包括“工具理性范式”“价值理性范式”和“沟通理性范式”（王丰龙等，2012a）。

18.3.1　工具理性范式

随着城市重建工作的推进与发展，规划师对城市展开了更理性的思考。这一时期的规划师受实证主义哲学的影响，认为存在一套普适的、理性的行为模式和规划的理性观念，可以使规划的效益和目的达到最大化。

这一时期，规划的公众参与开始萌芽。以英国为代表的部分国家的规划体制开

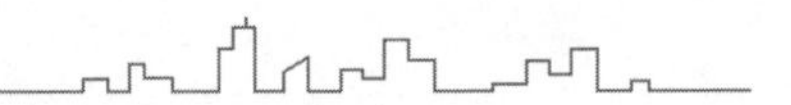

始允许公众针对城市规划，尤其是关于社区生活的规划内容发表自己的意见。公众征询体制赋予公众针对规划开发提出批评建议的权力，在中央上通过市民代表维护公众集团的利益，在地方上通过“规划委员会”听取公众意见。

工具理性时期的城市规划理论强调绝对的理性主义，以使规划效益达到最大化作为最终目的。在政府享有全部决策权的背景下，公众开始了对规划进行评论和参与的尝试。

18.3.2 价值理性范式

20 世纪 60 年代以后，随着人们对社会复杂多元化的认识加深，西方世界中出现了后现代城市规划思想。传统的功能理性主义非此即彼的原则，使城市丧失了有机性和延续性并造成了更多的社会隔离，“精英式”规划受到质疑（张京祥，2005）。批判规划目的的社会运动不断涌现，一些学者开始反思规划的价值取向问题，即规划成果为谁服务，也越来越重视保护弱势群体的利益。学术界对公众参与理论自下而上的探讨在相当程度上促使英国政府在 1969 年发布《斯凯夫顿委员会报告》（*Skeffington Report*），标志着政府真正明确公众参与规划的重要性。保罗·达维多夫（Paul Davidoff）的倡导性规划理论和随后的沟通规划就是在这样的背景下形成和发展的。

第一，倡导性规划（advocacy planning）。

倡导性规划理论认为，不同的利益群体有不同的需求，规划师要放弃中立和笼统的“公众代言人”的身份，应借鉴律师的角色，成为包括社会弱势群体在内的不同群体的辩护人和代言人。每个规划师应利用自己的专业知识和技能为不同的利益群体辩护并制定相应的规划方案，然后呈给地方规划委员会，进行辩护、评价和裁定（Davidoff，1965）。在此基础上，公众则基于自己的利益和偏好参与到规划方案的决策和选优过程中，并最终由政府行使决策权（Davidoff，1962）。总之，倡导规划赋予了公众一个积极、深刻的角色，打破了政府在规划方面一元垄断的局面。

该理论提倡规划师改变传统的规划方式，要有自己的立场、观点和看法，要为广泛的社会群体服务。它首次提出规划师需要满足多元的公共利益，同时对规划的流程和方式也进行了彻底颠覆。这是西方城市规划向公共政策转型的标志，并由此引发了公众参与这一持续至今的规划改革运动（陈培文，2019）。

第二，沟通规划（communicative planning）。

在反思规划价值取向的同时，规划学者还开始反思现有规划体系方法的局限性，对于规划程序的研究开始进入学者们的眼帘。这一时期，哈贝马斯（Habermas，1984）的沟通理论（communicative theory）和吉登斯（Giddens，1986）的结构化理论（structuration theory）被引入规划学界并催生了沟通规划理论模型（Mattila，2020），由此，衍生了以弗里德曼（Freidmann）为代表的交互式规划（transactive planning）及以福利斯特（Forest）为代表的协商式规划（negotiative planning）、以希利（Healey）为代表的协作规划（collaborative planning）及以英尼斯（Innes）为代表的共识规划（consensus planning）。

交互式规划强调主体的多元性和平等性。基于哈贝马斯的沟通理论，交互行为指的是主体与客体或者其他主体在主观、客观以及社交世界的沟通（Habermas，1984），将人们之间的语言、文字交流，人的自我学习和提升，人从客观世界获得的影响和反馈等行为都纳入交互行为的范畴（王欣凯等，2018）。

协商式规划理论强调规划师倾听和调节的作用，认为规划师并非权威的问题解决者而是公众注意力的组织者（王丰龙等，2012b）。

以希利为代表的协作式规划是哈贝马斯的沟通理论与吉登斯的“制度主义社会学”“结构化理论”相结合的产物（Healey，1997; Healey，1998）。它重视语言的权力表征和制度，关注潜藏在对话后的各种关系，认为规划是“一种管治的途径”，而协作规划是一条能实现“共享空间内之共存”的道路，进而需要一种新的管治形式组织基础（王丰龙等，2012b）。

共识规划是由英尼斯等针对沟通规划的部分批判做出的回应，并进一步完善和细化（Innes，1996）。它强调规划实践中共识的建立的必要性，注重利益主体的多样性和独立性（王丰龙等，2012b）。

18.3.3　沟通理性范式

第一，解放规划（emancipation planning）。

随着以“倡导性规划”和“沟通规划”等为代表的公众参与理论的提出和实践项目的落地，其弊端也逐渐显现。学术界对其讨论以 1972 年戈德曼（Goodman）提

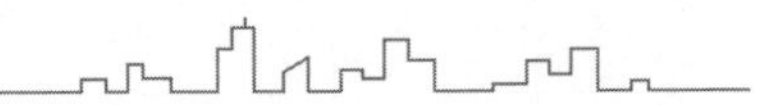

出的解放规划最具代表性。戈德曼在其著作《规划师的背后》（*After the Planning*）中引用“巴尔的摩高速公路项目”的公众参与方式，批评倡导性规划只能有限地改善社会关系而非真正满足公众的需求；倡导规划应该全民参与，通过社区参与民主制度，使公众通过控制社区的经济开发来达到自主决策的目的（Goodman，1972）。

第二，领土规划（territory planning）。

在解放规划的基础上，弗里德曼和韦弗（Friedmann，Weaver，1979）提出领土规划（territory planning），其核心思想与戈德曼一致，意图通过更深入的参与解决倡导性规划无法解决的社会实际问题。他们更深入地提出由公众控制规划决策权的自治是进行公众参与的最好形式。然而在这一时期，政府倾向于新自由主义政策，以保护和促进私人企业发展为首要目标，对地方政府和社区的权力进行了缩减，规划解放和领土规划在这一时期都因为显得过于激进而缺乏实践的机会。

第三，自治规划（autonomy planning）。

苏扎（Souza，2000）提出：“城市规划是通过引导社会关系以及城市空间的重塑，以寻求社会公平的过程。”他强调自治的集体性和个体性，集体自治（collective autonomy）指集体在参与相关决策过程中平等有效的参与权，个人自治（individual autonomy）指个体在自由状态下做出决定的权利。

卡普和巴尔塔萨（Kapp，Baltazar，2012）进一步发展了索萨的自治思想，他们通过对巴西自发性定居点规划改造全过程的详细分析，强调规划参与和规划自治的不同，提倡由公众通过讨论确定参与规则，形成新的结构与内容的自治。他们明确了规划公众参与的三个不同阶段，即专制—参与—自治，并强调试图建立共识和协作规划只是将规划保持在参与阶段的手段，而非形成规划自治的步骤。他们认为在有限参与的公众参与模式中，通过特殊渠道选择的社区公众参与人员，通常会变成规划师团队的一张永久许可证，并阻止了其他社区成员参与其中，这是一种虚假的公众参与。

卡普和巴尔塔萨（Kapp，Baltazar，2012）进一步将自治型的公众参与的尺度确定在了微观的社区尺度，提倡将规划决定权交还给社区，这意味着社区不再局限于在给定选项之间进行选择，还包括集体塑造这些选项并随着时间推移重塑他们的权利。

18.4 小 结

18.4.1 政府理念转换为公众参与提供平台

从现代国家产生以来，国家概念及权力在历史进程中出现过多个阶段的演替。最早期以有限国家形式存在，其体现为极有限的政府职能，不用给国民提供教育、医疗等公共服务。随着工业革命以来城市规模的不断扩大，城市病越发严重，以及产业在城市的不断集中反向要求政府扩大其职能，为城市居民提供基本的公共服务，保障城市有序运行。加之 20 世纪 20—30 年代的经济大萧条以及战后城市重建的巨大需求，凯恩斯主义在西方国家中大行其道，到 20 世纪 60 年代，英国已经建立了相对完善的社会福利制度（塔隆，2016），同时政府权力达到顶峰，在此之前公众意见都难以参与至政府决策与城市规划过程中。

20 世纪 70 年代，撒切尔带领的保守党上台，政府从凯恩斯主义转向新自由主义，公共服务开始缩减、服务目标也开始具有选择性；随后的新工党政府延续了低税收的策略，政府进一步推动公私部门合作，社会福利也受到了影响；最后在联合政府时期国家权力进行了有史以来最大规模的收缩，公共财政被大幅缩减（安德鲁·塔隆，2016）。伴随着政府权力的收缩，其职能也由政府管理向政府治理转变。“管理”要求政府主导制度安排和开发行为，而“治理”则更强调多方参与，共同建设，通过公私合作组织（public-private partership，PPP）、私人融资计划（private finance initiative，PFI）等方式推动项目落实。在这一过程中社区的意见成为越来越重要的因素（安德鲁 · 塔隆，2016）。

对比英国战后国家政策的变化与公众参与理论研究的发展不难看出，随着政府理念从管理向治理转换，公众参与的理论研究得到了极大的空间，在 20 世纪 60 年代后进入了高速发展阶段。在此社会条件下公众参与理论能够在相对短的时间内得到验证，并由其他学者在其基础上进行改进。在宏观视角观察，战后西方民主政治的发展对规划公众参与的演进起到了极大的推动作用。

18.4.2 公众参与规划为政府治理提供支撑

政策条件在给学术理论提供平台的同时，学术界的研究成果也作为重要支撑为政府治理提供源源不断的新思路。在英国政府发布《斯凯芬顿报告》之前，学术界

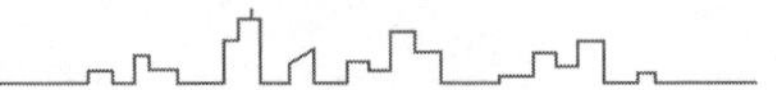

就已有针对规划中是否需要考虑民众声音的讨论。从最初的倡导规划、沟通规划到更进一步的解放规划、领土规划、自治规划，其关于规划中公众参与的程度和方式的讨论都是不断深入的，并且其提出的时间总是在政府采取大的变革之前，很难说这些学说在政府推进相关的体制机制改革过程中没有发挥相应的作用。

当前西方民主国家普遍面临着全新的国际形势和内部挑战，经济增速放缓，全球化进程受阻、内部矛盾突出、民粹主义抬头等新问题必将促进各国政府采取全新的手段应对未来的不确定性，而公众参与作为规划发展的重要方向与趋势，当前的研究与实践仍有较大的争议，也必然是未来城市发展研究与政策制度设计的核心与焦点。

参考文献

陈培文，2019. 国外城市规划中的公众参与经验对我国的启示 [J]. 中华建设，4: 98-100.

程遥，赵民，2019. 从“用地规划”到“空间规划导向”：英国空间规划改革及其对我国空间规划体系建构的启示 [J]. 北京规划建设，1: 69-73.

卡林沃思，纳丁，2011. 英国城乡规划 [M]. 陈闽齐，等译 . 南京：东南大学出版社 .

李芳晟，2012. 国外公众参与型社区公共空间设计研究 [D]. 大连：大连理工大学 .

瞿佳欢，2012. 英美城市规划公众参与制度研究 [D]. 上海：复旦大学 .

曲凌雁，2011. 更新、再生与复兴：英国 1960 年代以来城市政策方向变迁 [J]. 国际城市规划，26（1）: 59-65.

孙书妍，2009. 英国城市规划中的公众参与 [D]. 北京：中国政法大学 .

塔隆，2016. 英国城市更新 [M]. 杨帆，译 . 上海：同济大学出版社 .

王丰龙，陈倩敏，许艳艳，等，2012a. 沟通式规划理论的简介，批判与借鉴 [J]. 国际城市规划，27（6）: 82-90.

王丰龙，刘云刚，陈倩敏，等，2012b. 范式沉浮：百年来西方城市规划理论体系的建构 [J]. 国际城市规划，27（1）: 75-83.

王欣凯，张倩茜，王瑶，等，2018. 基于公众参与的交互式规划评估框架 [J]. 建筑与文化，11: 56-58.

王雪松，刘金源，2020. 结束还是开始 ?——民粹主义视阈下的英国脱欧及其走

向 [J]. 国外理论动态，3：140-151.

张京祥，2005. 西方城市规划思想史纲 [M]. 南京：东南大学出版社 .

DAVIDOFF P, 1962. A Choice theory of planning[J].Journal of the American planning association, 28(2): 103-115.

DAVIDOFF P, 1965. Advocacy and pluralism in planning[J].Journal of the American planning association, 31(4): 331-338.

FRIEDMANN J, WEAVER C, 1979. Territory and function: the evolution of regional planning[M].London: Edward Arnold.

GIDDENS A, 1986. The constitution of societyoutline of the theory of structuration[J]. Political geography quarterly, 5(3): 288-289.

GOODMAN R, 1972. After the planners[M].New York: Simon and Schuster.

HABERMAS J, 1984. The theory of communicative action. Reason and the rationalization of society, lifeworld and system: a critique of functionalist reason[M].London: Heinemann.

HEALEY P, 1998. Collaborative planning in a stakeholder society[J].The town planning review, 69: 1-21.

HEALEY P, 1997. Collaborative planning: shaping places in fragmented societies[M]. Houndmills and London: MacMillan Press.

INNES J E, 1996. Planning through consensus building: a new view of the comprehensive planning ideal[J].JAPA, 62: 460-472.

KAPP S, BALTAZAR A P, 2012. The paradox of participation: a case study on urban planning in favelas and a plea for autonomy[J].Society for latin American studies, 31(2): 160-173.

MATTILA H, 2020. Habermas revisited: resurrecting the contested roots of communicative planning theory[J].Progress in planning, 141: 100431.

SOUZA M, 2000. Urban development on the basis of autonomy: a politico-philosophical and ethical framework for urban planning and management[J].Ethics, place and environment, 3(2): 187-201.

19 1945年以来国外土地利用规划治理演变及启示

杨建亚

土地是人类繁衍生息、进化发展的物质条件，也是国民经济各个部门发展的基础，科学、合理的土地利用规划将对人类生活产生深远的影响（吴次芳，叶艳妹，2000）。1949年至20世纪80年代初期，我国的土地利用规划工作主要关注农林牧副渔用地和村庄规划，着力为农业农村发展提供良好的土地条件。1986年《土地管理法》第十五条规定“各级人民政府编制土地利用总体规划，地方人民政府的土地利用的总体规划经上级人民政府批准执行”。2008年，我国先后组织开展了三轮各级土地利用总体规划的编制实施工作。贯穿在三轮土地总体规划中的基本观念是保护耕地资源、保障粮食安全和永续发展，从第三轮规划开始，协调发展和生态文明建设被摆上突出位置（董祚继，2020；林坚等 2019）。2019年以来，国务院发布《关于建立国土空间规划体系并监督实施的若干意见》，标志着我国国土空间规划改革正式拉开序幕。土地利用规划作为国土空间规划体系重要组成部分，既要继承用地管控和耕地保护的优点，也需要适应新时代国土空间规划体系改革的需求，在区域协调、农村发展、农业现代化方面发挥积极作用。本文希望对国外土地利用规划发展演变进行梳理，试图找到演变后的逻辑和规律，为我国国土空间规划改革提供借鉴。

19.1 19世纪末至1945年的土地利用规划：现代土地利用规划的形成

土地利用规划研究可追溯到古罗马时期，瓦罗在《论农业》一书中指出要根据土地构造和种类来选择不同的耕种方法，体现了土地利用分类的思想。19世纪以来，工业化和城市化加剧了土地退化和人地矛盾，为了科学、集约化利用土地，人们开始对土地进行精细化调查、整理、分类，并编制土地利用规划。在欧洲，法国在1705年最先开展土地整理工作，德国1834年首先颁布《土地整理法》，之后英国、俄国相继出台《土地整理法》，大规模开展土地调查、整理和农地划定工作。1909年英国颁布《住房和城镇规划法》（*Housing, town Planning, etc. Act 1909*），首次提到土地利用规划的概念（王万茂，2008），这一时期的土地利用规划主要以土地的农业生产为目的，主要任务是土地分类，土地利用仍然基于土地自身的自然特征，而不是社会与经济特征。20世纪30年代以来，城市功能分区使城市布局混乱的问题得以解决，土地用途分区与分类开始成为城市规划的核心（戚冬瑾，2015）。英国于1932年颁布第一部《城乡规划法》（*Town and Country Planning Act 1932*），"地方政府对土地使用的行政干涉扩大到城乡空间，城市规划由单向的城市用地管理转向城市蔓延的城乡双向控制"。20世纪40年代，土地利用规划在美国诞生，规划为区划修订的指引的同时，也为老城更新提供指引（Kaiser，Godschalk，2018）。1945年《加州社区促进发展法》指出城市总体规划应包含土地利用规划，并定义土地利用规划是"对住宅、商业、工业、娱乐、教育、公共建筑和场地，以及其他公共和私人用途进行整体布局和位置指定"（唐子来，2000）。土地利用规划从20世纪初只为农业生产服务到20世纪40年代成为城市规划的核心，并对城市发展布局提供指引。至此，现代土地利用规划开始形成，并在未来发挥着举足轻重的作用。

19.2 1945年至20世纪60年代的土地利用规划：物质规划－系统理性的土地利用规划

"二战"前的土地利用规划主要集中在土地调查、整理、分类，农业生产服务，在城市规划中作用显微。"二战"为土地利用规划的发展提供了推动力，主要表现在战时军备需求催生了对计划经济需求的认可，战后重建为系统的土地规划提供了条件。由于时代背景的影响，这一时期的土地利用规划主要任务是"对物质空间形态进行规划设计的活动，对土地利用与建成环境进行蓝图式的形态规划设计，协调战后经济与社会发展"（王向东，刘卫东，2013）。1944年，战时英国政府发布了《土地利用管制》白皮书，目的是通过公众参与规划过程在整体上促进公共利益，保护私人财产、平衡社会环境和经济利益。1947年，英国颁布《城乡规划法》（*Town and*

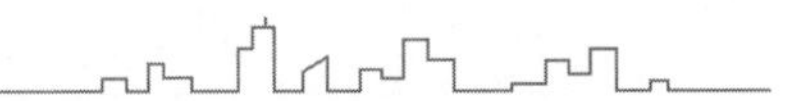

Country Planning Act 1947），主要用于对建成环境以及土地和地产使用的调控。1947年《城乡规划法》推行的国家集权体制在一定程度上满足了战后城市重建的需求，但过于刚性的用地管控极大抑制了市场的积极性，争议主要聚焦在土地开发权的国有化政策上，普遍认为这种以行政手段代替市场进行城市更新的“国家重建”做法是不切实际的。与英国类似，“二战”后的法国推行国家干预的“凯恩斯主义”，将土地开发视为合理调控人口和经济活动、促进地区均衡发展、提高国家核心竞争力的有效举措。“二战”后美国城市土地利用规划是一个长期的物质开发过程，包括私人土地利用交通和社区设施标准的规划形式，对现状条件和需求的概述，总体目标的确定，城市的远期发展形态以及相关发展政策等（Berke，Kaiser，2006）。

20世纪50年代前的城市规划的主题是长远的物质发展和未来的土地用途。20世纪60年代，在“二战”中受到创伤的主要国家开始恢复，随着经济发展和繁荣，规划研究也趋于活跃，不断走向科学化。这一时期，城市面临的问题发生根本性转变，经济发展带来的环境问题已不是单一的土地分区与空间隔离能够解决的，进而推动规划的理论和实践在继续向前发展。针对综合理性规划的批判以及系统规划理论的引入引发各国对土地利用模式和土地利用规划的思想转变（泰勒，2006）。人们开始意识到城市作为一个有机体在运行，不仅需要考虑物质空间形态，而且要处理社会、经济、环境等相互联系的功能活动。英国一贯遵循经验主义的思维，当发现传统的土地功能分区无法承载社会、经济、环境的多元需求时，土地利用规划逐步向战略规划转型。美国的土地利用规划虽然也在20世纪60年代开始强调规划政策研究，但受到宪政法律对私人财产绝对保护的思想影响，在规划实践中以土地功能分区为手段的区划仍然占据主要地位。随着德国经济持续发展和复兴，传统的以土地调查等空间研究的地理学方法逐步失去价值，地域研究向以社会科学为导向的空间秩序研究转型，空间秩序成为德国均衡发展、构建福利国家、为居民提供平等服务的重要政策工具。1960年，德国颁布《联邦建设法》标志着统一的城市规划法案的诞生（阿尔伯斯，2000）。

20世纪60年代后的土地利用规划开始关注规划方案的战略性和灵活性，同时包含了更丰富的政策主题。英国在1968年进行规划体系变革后，对规划内容和层次做出实质性的改革，土地用途规划彻底向战略规划转型，以政策为导向的分区成为土地利用分类的核心。美国在20世纪80年代以后出现协调各种土地利用分类的混合型规划。德国则在 20 世纪 80 年代将《联邦建设法》与《城市建设促进法》两类规划法合并成为《建设法典》。

19.3 20 世纪 70—90 年代的土地利用规划：可持续发展的土地利用规划

20 世纪 70 年代末，人类建设活动给自然生态环境带来严重的破坏，在环境危机的大背景下，众多的国家政府机构、科研部门与社会团体非常关切人类生存环境。1972 年联合国在斯德哥尔摩召开“人类环境会议”，这次会议第一次将人类环境问题纳入世界各国政府和国际政治议程，会议通过了著名的《人类环境宣言》。1989 年世界环境与发展委员会（World Commission on Environment and Development，WCED）通过《关于可持续发展的声明》，可持续发展的思想成为城市发展的核心价值观，并对未来的规划产生了深远的影响。20 世纪 80 年代，英国的规划体系基于其灵活的政策框架不断完善，不断扩展环境、经济、社会等议题，加强跨部门间的协调，实现战略规划向空间规划转型。美国规划师也发现传统区划的改良无法彻底解决城市蔓延、社会隔离等一系列问题，重新反思人类聚居点与自然环境的关系。1992 年，联合国在巴西里约热内卢召开“世界环境与发展”大会，会议发布了《里约环境与发展宣言》和《21 世纪议程》。《21 世纪议程》中提出“土地利用规划与管理的综合方法”。联合国粮食及农业组织（Food and Agriculture Organization of the United Nations，FAO）被指定为这一任务的管理者，并与联合国环境规划署（United Nations Environment Programme，UNEP）合作，开展了这一方法的系列研究。联合国粮食及农业组织于 1993 年出版了《土地利用规划》指南，主要内容包括：对土地利用规划的性质、目的、尺度和对象等理论问题进行了详细描述；对土地利用规划的 10 个工作步骤进行了详细的介绍；指明了土地利用规划中适用的技术方法、参考资料等。1995 年联合国粮食及农业组织出版的《我们的土地，我们的未来》，创造性地提出土地利用规划和管理的制度保障。随后联合国粮食及农业组织和联合国环境规划署在 1995 年和 1997 年相继共同出版了《商讨土地可持续的未来——我们的土地，我们的未来》和《我们的土地和未来——迎接挑战综合土地利用规划的方法》。这一系列的成果对中国的“土地利用总体规划”产生了深远的影响。

20 世纪 90 年代以来，在美国规划领域出现了两个非常流行的概念——精明增长（smart growth）（Porter，2000）和新城主义（new urbanism）（Calthorpe，William，2001）。精明增长提倡紧凑的土地混合使用开发，这种开发通过协调土地使用与交通的关系来鼓励提供各种不同的交通方式（步行、自行车、公共交通和小汽车）以供选择。新城主义更侧重于建筑学的视角，在确定城镇的物质形态布局方面十分细致，诸如设计、尺度、土地混合使用、街道网络等元素占据了主导性的地位。精明增长和新城主义都与可持续发展相关，也分别从不同侧面促进了可持续发展。1999 年吴良镛先生在《北京宪章》中提出“人居环境科学”的理念，如何运用土地利用规划来构建人居环境模式，以促进大都市区、城市、城镇和村庄的可持续发展成为新世纪的一个重要课题。吴良镛先生呼吁“以人居高质量发展为抓手，将经济社会发展、资源环境保护、城市规划建设管理等一系列重要工作拧成一股绳，为广大人民提供生产、生活、生态合理组织的有序空间与宜居环境，不断实现人民对美好生活的向往”（吴良镛，2001；吴唯佳等，2020）。

19.4 21 世纪土地利用规划：空间规划体系下的土地利用规划

21 世纪以来，随着经济全球化和世界一体化进程的不断加速，人类面临着社会、经济、环境等转型的挑战，土地利用问题日益趋向综合化和复杂化，并置于自然、社会、经济、生态相互交织的多重界面之上。为应对城市化进程中不断出现的城市空间蔓延、区域失衡、可持续发展、全球化竞争等挑战，主要发达国家从面向地方的土地利用管制入手，涵盖了建设、交通、生态、环境等多个层面，且日益重视规划协调，逐步建立、完善了多层次的空间规划体系，使单一的土地利用规划融入整合目标和协调合作的空间规划体系下。

法国于 2000 年颁布《社会团结与城市更新法》，推动旧城更新、协调发展和促进社会团结成为未来城市的主要任务。法案同时规定以《国土协调纲要》（*Schémas de Cohérence Territoriale*）代替原来的《指导纲要》，以《地方城市规划》（*PlanLocal d'Urbamisme*）和《市镇地图》（*Carte Communale*）代替原来的《土地利用规划》，主要目的是使单一的土地利用规划向综合的城市政策转型，以协调整合住房、交通、商业、基础设施乃至农业等相关领域的公共政策，推动旧城更新、协调发展和促进社会团结。至此，法国从中央到地方的多层次空间规划体系开始形成，其中既涵盖了以经济发展和资源保护为基础的国土规划和区域规划，也涵盖了以城市规划为基础的区域性和地方性城市规划，全面实现了从以城市规划管理为主向社会、经济、环境等不同领域综合管理的转型（刘健，周宜笑，2018）。

英国政府在2004年对规划体系进行了全面的变革，用区域空间战略和地方开发大纲代替了结构规划、地方规划和开发规划。其中，区域空间战略需要清楚地描绘出该区域未来的空间愿景，在核心战略图的描绘上需要突出地方性但又不能在用地布局上过于详细，其精度不能超过地方开发大纲的精度。地方开发大纲所呈现的地方空间政策与区域空间战略基本相一致。辅助性的规划指引可以是有关特定主题的设计说明也可以是局部区域所做的非正式的区域综合规划、场地开发概述等，通过简化的程序被采纳。总之，英国开发规划的改革已从传统的土地利用规划向全新的空间战略规划转变。区域层面的发展目标载体已经由“土地”向“空间”转型，从土地用途控制向空间指引转变。空间战略规划比土地利用规划的综合性更强，更加关注长远的发展战略框架（罗超等，2017）。

德国、日本的空间规划均以“均衡、集约、可持续发展”作为本国土空间规划发展思想（李经纬，田莉，2019）。德国重点关注空间发展的均衡和公平性，试图通过空间的均衡发展为市民提供公平的服务，并通过政府制定区域规划和出台政策来协调各市镇发展的不均衡。此外，德国还颁布了区域补偿制度，目的是帮助实现全德国的居住和工作条件均等，缩小区域经济实力差距和避免区域发展差距扩大。“可持续的空间发展”一直是德国国家空间规划中特别强调的核心思想，并贯穿于国家到地方各级的空间规划中，国家空间规划强调社会与经济对空间的需求应当符合生态空间的功能，从而形成可持续的空间发展和区域平衡秩序。日本则在2015年第七次国土规划中转变了思想，强调“广域地方圈自立协作发展”的国土规划思想（赵文琪，2017），试图通过均衡发展的思想改变之前国土发展的严重失衡，促进社会经济可持续发展和生活环境质量的改善。此外，不断地通过再开发提升土地价值，整治低效和闲置用地，实现土地集约利用。日本也非常重视地下空间的开发与使用，把地下空间的开发和使用纳入土地利用规划中进行全盘考虑。日本致力于打造立体城市，在不拓宽城市用地边界的前提下，把各种居民生活的需要功能在城市中心区

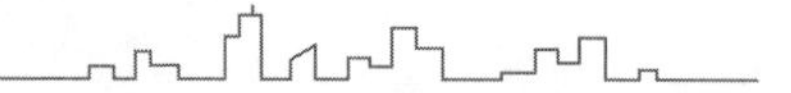

实现立体式整合，不断提升城市空间的容量。

19.5 启　示

“二战”以来，国外现代土地利用规划从20世纪40年代形成，主要以物质规划为主，服务战后重建和协调社会经济的发展。20世纪40—60年代，土地利用规划从物质规划向系统规划转变。20世纪70—90年代，环境问题日益突出，可持续发展的思想成为城市发展的核心价值观，并对未来的土地利用规划产生了深远的影响。21世纪以来，随着经济全球化和世界一体化，土地利用问题日益趋向综合化和复杂化，主要发达国家从土地管制入手，逐步建立、完善了多层次的空间规划体系，土地利用规划融入空间规划体系下整合目标和协调合作的规划。纵观国外土地利用规划的发展演变，在我国国土空间规划和乡村振兴背景下，可以得到以下启示。

第一，土地利用规划重点由协调人地关系（土地用途）的冲突为主走向协调人与人（利益相关者）的冲突并重。长期以来，协调人地关系一直是土地利用规划的核心问题。随着国土空间规划体系的建立和完善，必然有越来越多的公众、社会团体和政府机构加入规划的行列，这就要求土地利用规划不仅要具备协调人地关系的作用，当土地利用结构和布局具有相对的稳定性时，协调人与人“即利益相关者”在土地利用中的关系就成为土地利用规划的主要任务。

第二，土地利用规划过程由自上而下为主走向上下结合。纵观国外土地利用规划发展，土地利用活动是由农场主、企业家等基层民众通过微观的决策来完成的。因此，随着对土地利用规划基础信息需求的不断增加，以及利益相关者在规划中的作用不断增强，具有指令性特征的自上而下的规划缺少上下沟通而给规划实施带来一定的困难，土地利用规划过程应由自上而下为主走向上下结合。

第三，乡村振兴战略背景下的土地利用规划转型。改革开放以来，中国从一个具有深厚乡土文化根基的传统农业大国转变为一个城镇化进程过半的国家。当代中国城乡格局已经发生了转型。长期以来，我国的土地利用规划都在重点关注城市用地管控、耕地保护，对如何促进区域平衡、农村发展、农业现代化关注不够。在乡村振兴战略背景下，国土空间规划体系下的土地利用规划应该适应时代需求，对如何协调区域平衡、促进农村发展、促进农业现代化发挥积极作用。

第四，积极贯彻均衡、集约、可持续战略导向的土地利用规划。中国是一个拥有14亿人口的大国，人地矛盾突出，地区之间发展不平衡。这就决定了我国土地利用规划需要以均衡发展为目标，在宏观尺度，国家应该制定相应的政策协调各地区发展，在微观层面空间均衡发展为公民提供平等的服务，改善人们生活福祉。以可持续发展理念为指导，推进山水林田湖草的综合治理，实现国土空间资源的持续发展与集约利用。

参考文献

阿尔伯斯，2000. 城市规划理论与实践概论 [M]. 吴唯佳，译 . 北京：科学出版社 .

董祚继，2020. 从土地利用规划到国土空间规划：科学理性规划的视角 [J]. 中国土地科学，34（5）：1-7.

李经纬，田莉，2019. 国土空间规划的国际经验及对我国的启示 [J]. 复印报刊资料：公共管理与政策评论，8（6）：50-62.

林坚，赵冰，刘诗毅，2019. 土地管理制度视角下现代中国城乡土地利用的规划演进 [J]. 国际城市规划，34（4）：23-30.

刘健，周宜笑，2018. 从土地利用到资源管治，从地方管控到区域协调：法国空间规划体系的发展与演变 [J]. 城乡规划，6：40-47，66.

罗超，王国恩，孙靓雯，2017. 从土地利用规划到空间规划：英国规划体系的演进 [J]. 国际城市规划，32（4）：90-97.

泰勒，2006.1945 年后西方城市规划理论的流变 [M]. 李白玉，陈贞，译 . 北京：中国建筑工业出版社 .

戚冬瑾，2015. 城乡规划视野下多维土地利用分类体系研究 [D]. 广州：华南理工大学 .

唐子来，2000. 英国城市规划核心法的历史演进过程 [J]. 国外城市规划，1：10-12，43.

王万茂，2008. 土地利用规划学 [M]. 北京：中国大地出版社 .

王向东，刘卫东，2013. 现代土地利用规划的理论演变 [J]. 地理科学进展，32（10）：1490-1500.

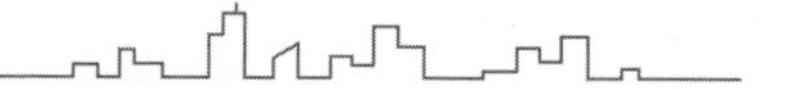

吴次芳，叶艳妹，2000.20 世纪国际土地利用规划的发展及其新世纪展望 [J]. 中国土地科学，1：15-20.

吴良镛，2001. 人居环境科学导论 [M]. 北京：中国建筑工业出版社 .

吴唯佳，吴良镛，石晓冬，等 . 2020. 人居与高质量发展 [J]. 城市规划，44（1）：99-104.

赵文琪，2017. 日本城市土地集约利用的规划路径及其借鉴意义 [J]. 上海国土资源，38（4）：56-62.

BERKE P, KAISER E J, 2006. Urban land use planning[M].Chicago: University of Illinois Press.

CALTHORPE P, WILLIAM F, 2001. The regional city[M]. Washington: Island Press.

FAO, 1993.Guidelines for Land-use Planning[R]. Rome.

KAISER E J, GODSCHALK D R, 2018. Twentieth century land use planning[M]//Classic Readings in Urban Planning.London: Routledge.

PORTER D. 2002. The practice of sustainable development[M]. Washington: Urban Land Institute.

20 战后美国区划演进和转变综述

杨若凡

本文梳理20世纪美国区划从产生、发展到完善的历史，并以纽约市的区划条例为例，将不同阶段城市化背景问题与区划的内容关联讨论，总结区划发展变化的规律。本文将区划演进中发生重大变革的阶段划分为20世纪60年代之前、60年代、70年代之后三个阶段。重点阐述20世纪60年代及之后区划的内容和方式发生转变的原因，以及转变后更加复杂的区划方式如何应对复杂的城市发展问题。

20.1 区划的地位与特征

美国的土地为私有财产，保护私有财产所有权是美国法律的核心原则之一（泰勒，沃德，2016）。在土地管理上，美国法律赋予土地所有者依据合同法和妨害法原则进行诉讼的权利。与妨害行为相关的私法、民间契约和限制性条款在当今美国依然是规制土地开发的有效工具。除了授予所有者基于保护个人财产权利的诉权外，联邦和州宪法、州和城市法规以及各级政府的土地利用规划和发展政策共同推进了对私人不动产的使用权和所有权的保护（贾菲，于洋，2017）。由于美国的政治体制为联邦制，因此每个地区的城市规划由各地方政府负责，大体分为：以城市总体规划为指导下的各类规划，以及以区划法案为主要形式的土地利用管理两部分。

总体规划在20世纪50年代后开始在各个地方制定，并由法律保障落实。区划的合法性来源于警察权，即为了公共利益而管控土地所有者使用土地的方式，是地方政府对城市发展控制的直接手段（Pendall等，2006）。区划以法律法案的形式落实，将城市中的土地划分为方块状的街区，并以区划条例的形式规定这块街区上建设建筑的功能、外观、可步行性、气候变化适应性以及包含经济适用住房等具体的内容（Department of City Planning，2020a）。

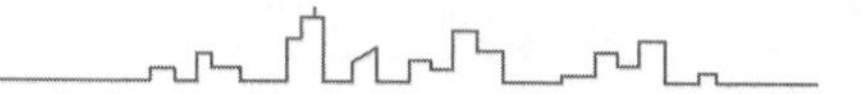

区划最主要的特征是通则性、对土地的全覆盖性，以及指标的确定性（李恒，2007）。一份区划条例包含图纸和文本两部分。由于区划是以法案和条例的形式确定的，因此区划管理范围、内容的变革均由法律诉讼推动，每一次判决都促使区划完善和发展。

20.2 区划的历史来源与早期发展

在美国区划的概念提出、完善和发展与郊区化发展过程并行。此前，美国早期城市多为工业化城市，主要依靠工业革命后农业剩余劳动力和19世纪末20世纪初移民人口集中进入城市工业生产。工业化下交通成本降低推动郊区化的开始。在这种背景下，城市私有土地建设混乱，建成环境恶化。

而诸如20世纪初的环境改革、公园建设、城市美化运动等没有从根本上解决拥挤混乱的城市问题，只对城市中的公共道路、绿地等进行管理，没有能够对城市中面积广大的私有土地进行管控。因此，区划产生的目的是对城市中所有的私人土地进行公共管理，维护整体利益。

纽约的区划条例是美国第一个区划条例，并一直引领着美国各地区划条例的发展（于洋，2016）。1916年纽约《区划条例》（*Building Zone Resolution*）包含了五个部分：名词定义（definitions）、用途分区（use districts）、高度分区（height districts）、区域分区（area districts）、通则与行政管理（general and administrative）。最初的区划文件十分简短，主要通过用途、高度和区域分区三种类型的区划管理方式，而行政管理部分则规范区划行使的程序（The City of New York，1916）。

用途分区的主要作用是将工业与居住和商业区分离，每个分区内都规定了允许建设的主要用途和禁止建设的用途。居住类型的土地仅可用作居住，而商业土地使用则允许居住和商业两种用途。根据建筑密度高低划分为不同的高度分区，限制建筑高度与邻近街道宽度的比值，保证城市街道获得足够采光与通风。区域分区将纽约划分为五个分区，对不同高度的建筑的庭院、后院和开放空间的面积做出不同划分。高度和区域分区限制了纽约市中心高层办公楼的建设模式，避免了建筑过高而使街道环境压抑黑暗。

各地方政府制定的区划条例总体思想是一致的，但有些条款略有不同。例如加州伯克利 1917 年区划在用途分区上对居住和工业用途处理与纽约最低层的工业用途可以兼容商业和居住不同，伯克利区划的工业区不可以安排居住用途。伯克利区划对土地使用功能划分更加严格，例如将居住用途按照住宅形式划分为独户家庭、双户家庭、公寓等（李恒，2007）。受到这种严格分区影响，在越来越迅速的郊区化中，郊区住宅区出现住宅形式单一、社区构成单一等现象。1922 年欧几里得村区划条例的用途分区采用了类似严格的划定方式。在欧几里得诉讼案中，阿尔弗莱德·贝特曼（Alfred Bettman）提出："区划通过对整个城市行政区域综合分区，以寻找足够的空间和适宜的区位来安排各类用途，比零碎的条例和案例诉讼更加全面和公正"（泰勒，沃德，2016）。欧几里得诉讼案明确了区划对土地使用综合管理法律地位，区划条例开始在各个州和地方政府中推行。

总体来说，从 1916 年至 20 世纪 60 年代前，美国区划的管理内容没有太大的改变，采用了消极管控的方法，即划定标准限制土地使用的方式（阳建强，1992；阳建强，1993）。

20.3　20 世纪 60 年代区划的转型：适应大规模开发和与城市总体规划结合

20.3.1　城市发展背景问题

"二战"后美国郊区化速度加快，逐渐形成面积广袤连绵的大都市区。经济高速发展下，汽车的普及与高速公路的扩展，为美国快速郊区化提供基础，同时国民经济中三产占比增加，一二产占比缩小，农业机械化水平提高，更多的农业剩余劳动力进入城市。城市中心的拥堵、环境、犯罪问题加剧，中产阶层为了摆脱城市中心拥挤、地价高等问题，大规模向郊区搬迁，商业服务业也随之迁往城郊，就业岗位也向郊区分散，加剧了内城衰落和郊区化发展。

郊区化的问题也使得传统区划中较为严格的用途分区显现弊端，住宅、商业等功能区分离，郊区住宅模式统一、邻里同质化等。汽车交通导向下土地资源浪费，道路和郊区住宅区域蔓延，使得农林用地减少，城市污染严重。

郊区化问题的解决依赖于城市之上的区域、州和联邦级别的政策措施，相关的

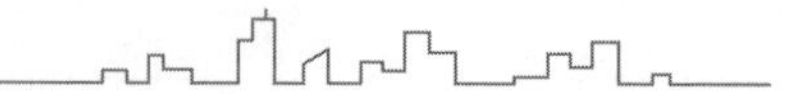

城市规划和区域规划，往往超越行政区域，但传统区划以地方政府为单位各自决策，因此需要扩展区划的适用范围，才能将城市和区域规划落实到区划中去。传统区划的法律效力来源于警察权，“公众利益”定义范围较窄，仅限于维护土地使用中与公众健康和安全等相关的事物。提高区划对土地使用的管控能力，必须扩展区划的立法基础。

随着城市设计的出现和发展，推进了地方政府的城市总体规划制定。1954 年住宅法规定，在城市更新中要先制定总体的规划方案（于洋，2016）。1962 年新墨西哥报告评估了总体规划的重要性，指出总体规划应落实在区划及土地细分（subdivision regulations）上（Meck，1996）。

区划作为一项规划工具，它的转变表现了原先发展模式的不足和对新趋势下建设模式管理的需求。20 世纪 60 年代城市化快速推进，大规模的快速建设与此前推行的传统区划条例出现了过多的矛盾和冲突；而传统规划在划分功能分区时过于严格，对公共场所控制不足，这也对土地使用管控提出了新的要求，推动了区划的转变，即需要对以大规模地块为开发单位的规划建设施以更加灵活的区划管理，也推动了大规模大地块开发建设模式的扩展。

20.3.2 区划的技术指标转变

区划在技术指标的限定方式上开始变得更加灵活。以 1961 年纽约区划为例，区划的具体指标从限高和后退、建筑院落大小规定之外，引进了住宅密度（density）（单位英亩土地上的户数）、容积率（floor area ratio）（建筑面积与地块面积的比值）、天空曝光面（sky exposure plane）等，天空曝光面提高了对中高密度地区建筑限高和后退要求的灵活性，相对于原先建筑不能突破后退线的规定，控制天空曝光面只要求保证任意水平面上突出曝光面的建筑面积小于凹进的面积。地块覆盖率（建筑占地密度）（lot coverage）和空地率（open space ratio）要求住宅区有足够的开放空间，提高生活环境。1957 年制定的性能标准（performance standards）主要针对有污染的工业区，规定了噪声污染上限。

20.3.3 条例内容的改变

1961 年纽约区划条例包含：一般规定（general provision），住宅区条例（resident

district regulations），商业区条例（commercial district regulations），制造区条例（manufacturing district regulations），不合格用途和不合格建筑（non-conforming uses and non-complying buildings），主要机场周围的特殊高度条例（special height regulations applying around major airport），行政管理（administration），区划地图（City Planning Commission，1961b）。

与1916年的早期区划相比，1961年纽约区划以用途分区为大框架，重点突出了在用途区划的基础上进行的高度与后退条例、绩效标准等的控制，增加了新的区划管控方式，如激励区划（incentive zoning）、叠加式区划（overlay zoning）、规划单元开发（planned unit development，PUD）等，以特殊区划的方式纳入每类分区条例中，并详细说明，还将开放空间（open space）的概念引入文本中（Department of City Planning，2020b）。

叠加式区划将传统欧几里得区划进行灵活性提升，叠加在一般的用途分区之上。规划单元开发提高规划管制的弹性，由开发商和社区之间协商确定土地利用模式和设计标准，将整体地块作为一个单元制定各类技术指标，而非一般区划条例中每一个地块都需满足技术标准，该方法适用于较大地块的整体开发。性能区划（performance zoning）是性能标准的提升，与用途区划严格限制土地的用途不同，通过对每个开发项目单独设立评分系统，直接控制土地开发的效果。

20.4　20世纪70年代以后，区划对市场化建设和可持续发展之间的平衡与激励

20.4.1　城市发展问题

20世纪60年代以后，在快速的郊区化背景下，城市问题趋于复杂多样，一些新的思潮开始对大规模开发进行批判，对人的城市生活和公共空间的营造进行反思。城市发展开始重视保护公共利益，对城市历史保护的重视程度增加，关注已有建成环境和意象的保护与更新，平衡大规模开发对城市环境造成的破坏，认识到城市发展要兼顾社会公平、提高社会包容性，调控由于土地价值不均等造成社会分配不均衡等。新城市主义的影响下，对城市形态、公共空间质量的诉求也越来越重要。

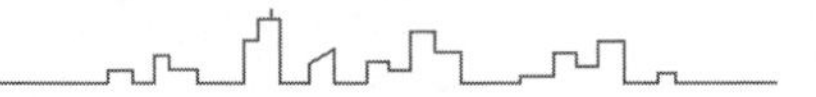

1965 年成立的纽约地标保护委员会，制定《纽约城市地标保护法》（*New York City's Landmarks Preservation Law*）补充规定 1961 年区划规定之外的建筑类型。《纽约城市地标保护法》要求在指定的历史街区内，新建建筑与周围街区的建筑形式相似，而不是按照 1961 年区划条例提出的新范式决定建筑形式。但两个法案之间仍然互有冲突和重叠的部分。

经过几十年的演进和发展，一份区划条例的文本文节可能长达 806 页，极其复杂。纽约 1961 年区划控制与 1916 年的区划相比，更加适合于当时大规模大地块的开发，不适合较小地块和既有建成社区（Marcus，1991），区划调整难以顾及重建和修复既有建筑。如何借助区划管控，平衡高强度城市开发与生态、历史保护，以及可持续的公共生活空间营造，成为区划转变的主要动力。

20.4.2 从土地用途管理到营造可持续的城市空间的转变

不同于 20 世纪 60 年代的区划主要集中在对土地用途的管理，1982 年出现的形式区划（form-based zoning），直接从城市形态发展的角度对建设发展进行限制，以空间形态控制开展区划管理。形式区划对物质空间环境提出的要求，不仅包括土地用途等，也包括城市街道和空间等公共环境的各个方面，如沿街建筑形式、街道铺装和绿化形式等。但与城市设计导则不同，导则没有强制性要求，而形式区划则作为特殊区划纳入区划条例中。2003 年密苏里州最早开始制定精明法则（smart codes），作为形式区划条例一种类型，逐渐被各地广泛使用。精明法则从区域层次（sector scale）、社区层次（community Scale）、建筑（building scale）三个层次对土地利用进行管理（Duany，2005）。在不同层次的分区下细分土地使用类型以及具体的环境指标：在区域层次将所有土地划分为开放空间、新建社区区域、已有社区区域以及特殊地区；在社区层次上以空间横断面（transect zones）为标准识别城市化形态从郊区到城市核心区分为六种类型的区域；在建筑层次上对交通、建筑前院、临街立面与门廊等各类要素制定不同标准。

20.4.3 从市场开发到平衡开发与保护利益的转变

从 20 世纪七八十年代至今，区划条例越来越繁杂，2020 年版纽约市区划条例多达 200 余页，其内容目录共有：①一般规定（general provision）。②住宅区条例（resident district regulations）。③商业区条例（commercial district regulations）。④制造区条例（manufacturing district regulations）。⑤不合格用途和不合格建筑（non-conforming uses and non-complying buildings）。⑥适用于某些地区的特殊条例（special regulations applicable to certain areas）。⑦行政管理（administration）。⑧～⑭ 各类特殊区划（special purpose districts）以及附录 A-J（City Planning Commission，2020）。可以看出大量的变化集中在第 8~14 章的各种特殊区划以及大量的附录说明中。

特殊区划（special regulation district）是 20 世纪 60 年代后区划条例最丰富复杂的部分，产生的原因是在快速市场化开发下，城市公共功能的发展受到阻碍。1961 年纽约区划条例中，笼统规定了公共区域内的建筑所有适用功能，私人企业对土地开发基于盈利最大化原则，在多个兼容的用途中，盈利高的功能建设开发量大，难以盈利甚至非营利性质的公共功能受到排斥。对此，地方政府通过制定特殊区划，以资金补贴、可以建设额外建筑面积或提高容积率的激励方式，来使得非营利性公共功能建筑得以建设。

特殊区划常使用激励区划的方式，例如纽约剧院区的特殊区划。剧院区是曼哈顿中城的一个地区，大多数百老汇剧院和其他各类影剧院与餐厅集中在这个区域。20 世纪 60 年代中期市场化投资将剧院区的时代广场作为办公开发，大量的办公楼消减了剧院区原有的怀旧风貌与文化气息，1927 年以后没有一家私营企业在此建设新的剧院。对此，1967 年纽约市区划条例中，剧院区特殊区划没有限制时代广场新建办公区，而是向开发商提供了一种奖励，项目连带建造一个合法剧院，可以将容积率从 15 提高到 21.6（Marcus，1991）。在激励区划的作用下，剧院区新建了 5 个使用至今的剧院，将纽约作为国家企业总部的卓越地位与剧院联系在一起，保持了纽约市国家剧院之都的地位。此外，之后的激励区划完善更新中，纽约还扩大了激励区划的内容范围，不仅仅是剧院，还包括百老汇沿线的公共房间和拱廊，沿着第五大道的零售空间和曼哈顿下城格林威治街的二级步行街等公共空间。

激励区划的另一种形式是通过精细分区来实现“土地价值回收”，平衡开发商利益和公众利益。由于在传统区划中，不同功能、形式的建筑被分布在不同的位置，使城市地价差异巨大。以增值分类（value-increasing classification）的方法对区划重新分区或升级分区，来重新平衡公众和开发商之间的利益（Marcus，1991）。

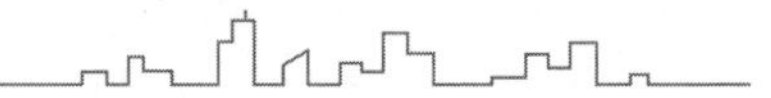

特殊区划往往也包含包容性区划（inclusionary zoning）内容。1970 年，城市规划委员会（City Planning Commission）在第三大道规划中使用了特殊区划的方式，将住宅区划升级，要求周边配合 450 套低收入住宅供给。区划中允许高密度公寓开发，来弥补开发商承受建设低收入住宅的损失。1971 年劳蕾尔山一号案件中，针对区划条例的实施结果会排斥中低收入人群，判决提出政府有义务提供公正价格的中等与低收入住房，并保障中低收入家庭得到住房份额（泰勒，沃德，2016）。1986 年，新泽西州根据《公平住房法案》成立了可支付住房委员会，来保障此需求。劳蕾尔山二号案件的判决确定了社区执行区划中排他性措施，需要支付额外费用。

立法将额外增加建筑面积与提供低收入住宅的数量相联系，在允许高密度住房的特殊区划中，新建或保留原有中低收入住宅同时可以获得额外 20% 的建筑面积（图 20-1）。

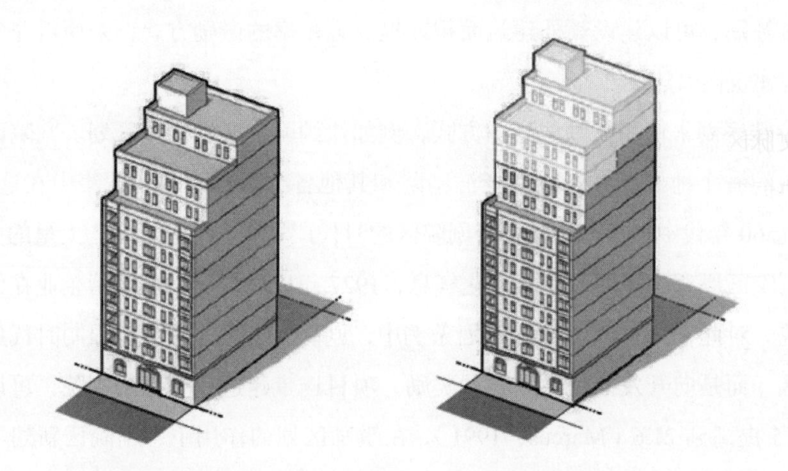

图 20-1　包容性区划使提供低收入住宅的同时提高容积率和最高高度限制

图片来源：City Planning Commission，2018

开发权转移（transfer of development rights）最早应用于纽约中央车站，将需要保护地区的开发权出售转移到周边的另一块地上，以等量增减的方式平衡为了保护文物和生态等在原本的指标内减少建设强度而造成的利益损失（图 20-2）。

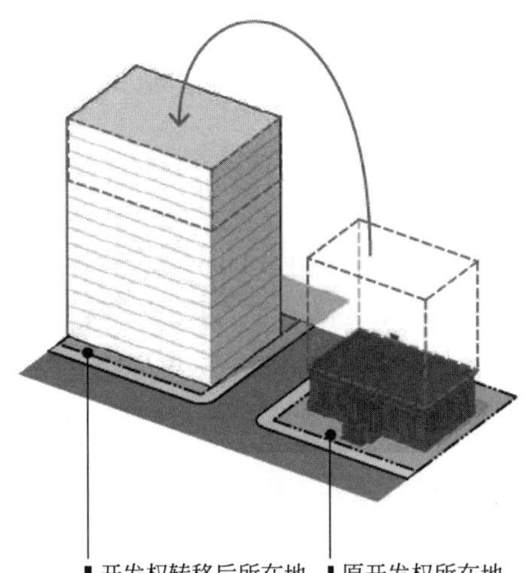

图 20-2　开发权转移机制示意图

图片来源：City Dlanning Commission，2018

文脉区划（contextual zoning）出现得较晚，旨在让周边的建成环境来控制新的开发，约束街道立面景观（Marcus，1991）。1961 年区划条例，主要通过容积率来控制建筑的高度和体积，而不是对建筑围护结构进行严格控制。容积率是决定建筑结构的关键指标。但是，容积率对大规模地块中的建筑形式管控效果是有限的，高层塔楼和低矮密集建筑的容积率可能是一样的，因此无法精确管控建筑形式，以使与周边环境相符（Levy，2015）。但是文脉区划过于细致和复杂，新旧融合的要求也限制了新地标建筑的建设，区域内不和谐的既有建筑也会对新建筑的形式产生负面影响。

20.5　小　　结

在美国区划的演进过程中，每一时期的区划技术与其控制目的相适应。早期区划应对了城市化早期时代的问题，即提高街道适宜度，保证每个社区统一均等的住宅品质，解决了快速工业化下工厂与住宅混杂的局面，整体规范了城市的土地使用。对指标清晰的不同分区模式化开发管控，也使得土地私人开发的法规化易于执行和控制。

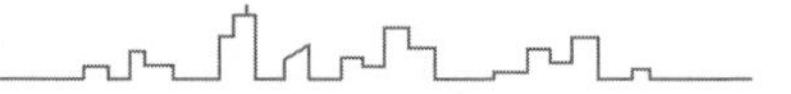

然而早期区划没有总规框架，区划的逐步完善和发展也变得愈加复杂。城市郊区化的快速发展，严格的用途分区限制了生活空间的灵活布局，过于死板的规定越来越不适应快速的土地开发。

20 世纪 60 年代的主要转型在于调整区划的灵活性以适应郊区化下的大规模建设和市中心的高密度开发，提出新的控制指标，在整体用途分区下对特殊地区做出特殊区划安排等。但由于区划调整总是晚于城市发展需求和解决问题的尝试，郊区化使得中心区衰退，城市更新未能取得成效等一系列问题，都引起了对快速建设的反思和对公共空间质量的重视。

20 世纪 70—80 年代区划的改进着重在于扩展更多样的特殊区划，通过激励措施保护城市历史文脉，平衡公共利益，解决高强度开发无视整体城市空间环境质量等问题。

参考文献

胡垚，2014. 新城市主义视角下的美国区划变革：形态条例的缘起及特征 [J]. 规划师，30（11）：114-120.

李恒，2007. 美国区划发展历史研究 [D]. 北京：清华大学 .

贾菲，于洋，2017.20 世纪以来美国土地用途管制发展历程的回顾与展望 [J]. 国际城市规划，32（1）：30-34.

泰勒，沃德，2016.21 世纪的社区发展与规划 [M]. 吴唯佳，等译 . 北京：中国建筑工业出版社 .

阳建强，1992. 美国区划技术的发展（上）[J]. 城市规划，6：49-52.

阳建强，1993. 美国区划技术的发展（下）[J]. 城市规划，1：51-53.

于洋，2016. 纽约市区划条例的百年流变（1916—2016）：以私有公共空间建设为例 [J]. 国际城市规划，31（2）：98-109.

City Planning Commission, 1961a. Zoning Handbook: A Guide to the Zoning Resolution of The City of New York[R].The City of New York Department of city planning.

City Planning Commission, 1961b. Zoning Maps and Resolution[EB/OL].(2020-01-01)[2020-07-01]. https: //www.nypap.org/preservation-history/1961-new-york-city-zoning-resolution/.

City Planning Commission, 2018. Zoning Handbook[R].The City of New York Department of City Planning.

City Planning Commission, 2020. Zoning Resolution[R].The City of New York City Planning Commission.

Department of City Planning, 2020a. What is Zoning?[EB/OL].(2020-10-31)[2021-01-01]. https: //www1.nyc.gov/site/planning/zoning/about-zoning.page.

Department of City Planning, 2020b. City Planning History[EB/OL].(2020-12-01)[2021-05-01]. https: //www1.nyc.gov/site/planning/about/city-planning-history.page?tab=2

Department of City Planning, 2021. NYC's Zoning & Land Use Map.[EB/OL].(2021-01-01)[2021-05-01]. https: //zola.planning.nyc.gov/.

DUANY A, 2005. SmartCode: A Comprehensive Form-Based Planning Ordinance. Version 6.5[M]. Miami: Duany, Plater-Zyberk Co.

LEVY R M, 2015. Contextual Zoning as a Preservation Planning Tool in New York City[D].New York: Columbia University.

MARCUS N, 1991. New York City Zoning-1961-1991: Turning Back The Clock-But With an Up-to-the-Minute Social Agenda[J].Fordham Urb. LJ, (19): 707.

MECK S, 1996. Model Planning and Zoning Enabling Legislation: a Short History [M]//Modernizing State Planning Statutes: the Growing Smart Working Papers, Volume One.New York: American Institute of Certified Planners.

PENDALL R, PUENTES R, MARTIN J, 2006. From traditional to reformed: A review of the land use regulations in the nation's 50 largest metropolitan areas[R]. Washington, DC: The Brookings Institution.

The City of New York, 1916. BOARD OF ESTIMATE AND APPORTIONMENT: Building Zone Resolution[EB/OL].(1916-07-25)[2020-06-01]. https: //biotech.law.lsu.edu/cphl/history/laws/1916NYCcode.htm.

21 地役权视角反思城市规划

刘艺

作为“私法”的地役权制度与作为“公法”的城市规划，在处理权利主体相互利益时优势互补。本文通过溯源地役权与城市规划，审视两者相互关系。从邻避现象、立体土地开发、国土空间规划等现象出发，通过扩大解释地役权主体和对象，探讨地役权属性增强对规划与建设的影响。

21.1 为什么从地役权视角认识城市规划？

城市规划的出发点和落脚点应当是空间，不仅包括实体的物质空间，也包含抽象物权语境中的空间，如空间的归属和役使权利等。

21.1.1 存量时代促使规划重视权利纠纷

伴随“保护私人财产”写入《宪法》和《民法典》，人民群众的法律意识和公民权利自我主张的呼声渐长，人民意识到城市规划中满足公共利益和居民自身利益之间可能会发生冲突。同时城市建设正处于增量时代向存量时代转变的过程中，城市规划的制定和实施过程中越来越多地出现产权纠纷、“邻避”现象等带来的阻力，业主或所有权人与公共利益之间的冲突日益显著化和常态化。

由于我国与产权相关法律尚不完善，且城市规划对不动产的所有权、地役权等缺乏考虑，甚至导致了对城市规划合法性的质疑。因此，当前的规划实施治理改革不仅应当重视对城市物质空间的安排和设计，还应当重视城市中个人、企业等权利主体的诉求，充分考虑公共利益的保护与私权之间的冲突问题。

21.1.2 国土空间规划契合公共地役权

自然资源部的成立标志着规划从城乡规划到国土空间规划的转型，自然资源节约集约利用和有效保护等成为国土空间规划改革的重点之一。将物权的概念应用拓展至包括林地、海域等自然资源（陈广华，毋彤彤，2018），在现行的地役权概念中补充公共地役权、自然环境地役权等内容，将有助于强化自然资源资产的合理保护，协调建设用地与非建设用地之间的平衡，进一步明晰生态红线、建设红线内外的权属及其应当承担的职责，有助于“空间规划法”的制定和施行。

城市规划和物权体系都作用于城市不动产的利用与约束。无论是中微观层面的城市更新，还是宏观层面的国土空间，以地役权为代表的物权法体系已经成为城市规划绕不开的话题，因此有必要从地役权的角度审视城市规划。

21.2 地役权与城市规划溯源

21.2.1 地役权的沿革

我国《物权法》中地役权这一概念来自于西方现代国家的实践，是指通过对他人土地使用提出诉求并役使，以满足自身利益诉求。虽然这一概念是舶来品，但我国古代起即有地役权的相关思想，例如殷商时期“刑弃灰于街者”（即对在街道上丢弃杂务的人给予刑罚）（王先慎，1998），明代处罚“侵占街巷而盖起房屋者”（杨昶，1999）等，都是地役权思想在民间习惯、政策的反映。清朝末年编纂的《大清民律草案》在我国第一次借鉴罗马法，引入了“地役权”的概念[①]。虽然该草案过于强调西方民法理论与成果的引入，与中国实际国情存在脱节，且清政府随即垮台没有施行，但影响了民国时期以及台湾地区的相关立法（陈勇，2016）。

新中国成立后，我国实施社会主义三大改造，施行公有制，地役权等物权的概念被否定，地役权制度缺失；2007 年《物权法》的出台使地役权再次回归。这一转变过程是我国从计划经济时代转向市场经济时代的体现，社会经济制度的转型引发我国土地开发热潮，随之带来的产权利益纠纷，如何提高土地使用价值等问题不可回避，需要加速立法改革（陈国军，2016）。

---

① 《大清民律草案》第三编“物权编”中第五章第 1102~1124 条为地役权的相关概念和规定。“许某土地利用他人土地之物权”即地役权。

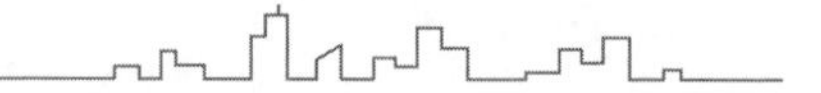

21.2.2 从地役权到城市规划

社会经济制度的转型不仅在法律系统中有所反馈，对城市规划与建设的治理转型更是起到关键作用。

在西方世界，罗马法时代尚未形成完善的城市规划体系，古罗马通过法律中的不动产所有权、地役权等规范城市建设，保证开发主体之间相互制约。此时通过行政命令和法律保障城市建设的正常进行，维持人与人之间的财产权利平衡，可以认为是当代城市规划发挥效用的雏形。例如古罗马时期《建筑十书》第一书中谈及建筑师教育时，认为应当遵守法律的约束，避免业主在使用过程中因建设问题产生纠纷[①]，通过地役权平衡房屋所有者的相互利益、维持社会稳定，保证城市内部的和平发展。近现代西方国家受到契约精神的影响，拥有包含地役权在内的比较完善的物权法体系，行政法范畴的城市规划由于能够规范城市土地的使用权，也被赋予了地役权属性。

反观我国，在计划经济时期，城市规划被认为是“国民经济计划的延续”，强调“为生产服务”（李东泉，李慧，2008）；由于全面实行公有制，包括地役权在内的物权概念在当时的社会环境中几近消失。

进入市场经济时代，城市规划成为经济和社会发展的“综合部署具体安排”[②]，是“未来空间安排的意志”[③]，并成为公共政策之一[④]。城市化水平提升、房地产迅速发展，导致城市土地价值激增，开发地块之间产生利益冲突。《物权法》颁布，将地役权保护纳入中国法律体系中，通过调节相邻土地之间的权益，提高土地开发使用效益，提升土地价值（刘兆年，1997），其发挥的作用与城市规划相似。陈勇、华晨（2015）认为产权人在市场经济中的土地开发行为是自由的、追求高强度的，而城市规划的作用是通过限制周围土地开发的不利影响，为逐利的产权人提供帮助，即城市规划本身符合地役权制度，为城市土地开发提供有限度且合法的限制。也正因如此，

---

① 参考《建筑十书》（高履泰译本）第 9 页：“……还要通晓法律，例如对于有界墙的建筑所必要的法规，屋檐滴水或排水范围所必要的法规，有关采光或输水的法规等等……建筑物竣工后不致给业主留下纠纷；又拟定合同时对业主或承包人都要予以慎重的注意……”

② 参考《城市规划基本术语标准》（GB/T 50280—1998）

③ 参考李德华，2001. 城市规划原理 [M]. 3 版 . 北京：中国建筑工业出版社 .

④ 参考《城市规划编制办法》（中华人民共和国建设部令第 146 号）

有法律保障的地役权为城市规划实施提供了合法性依据和支持（王晓丽，2018）。“公法”色彩的城市规划从公共利益出发，具有强制性；作为“私法”制度下的地役权具有个体性、针对性，在利益调整时灵活及时，两者的结合能够在相邻或不相邻利益主体之间的地役权利发挥调节作用。

21.2.3　新时期城市规划语境下地役权概念的延伸

值得注意的是，我国《民法典》所规定的地役权客体为土地[①]，采用土地和房屋分离的原则，地役权不包括建筑构筑物等地上附着物。法学界对于地役权是否应当包括土地之上的建筑物、空间等暂无定论。陈华彬（2016）、辛巧巧（2017）等学者认为我国应当将地役权的概念拓展到不动产役权，包括土地本身以及地上的建筑物、林木等[②]。笔者对此持赞成态度，从城市规划的视角分析：一方面，开发技术的进步和城市土地资源日趋紧张，地上地下联动开发的趋势更加明显，土地利用也正在逐步由传统的地面利用转向地上地下的空间利用，城市规划也将从过去的平面规划转向未来的立体规划（包括地面、地上空间、地下空间）；另一方面，自然资源保护利用得到空前的重视，对海洋等资源科研和利用的能力增强，林地、草地、水域、海域等自然资源纳入国土空间规划的考量范围内。因此，未来若地役权制度的内涵拓展至不动产役权，将明晰城市开发与保护更新中产生的矛盾冲突，贴合山水林田湖草的综合保护与利用，在社会主义市场经济发展中维护国家自然资源资产的实际权益，有序规范调节城市规划建设行为。[③]

21.3　城市规划中的地役权反思

从地役权的角度认识城市规划，可以看到在当前城市规划与建设中，阳光权、

---

①《民法典》第 372 条规定“地役权人有权按照合同约定，利用他人的不动产，以提高自己的不动产的效益”，“前款所称他人的不动产为供役地，自己的不动产为需役地”。

② 我国在 2015 年实施的《不动产登记暂行条例》第 2 条中规定“本条例所称不动产，是指土地、海域以及房屋、林木等定着物”。但我国《民法典》中将地役权中“不动产”解释为“供役地”和“需役地”，即缩小了不动产的概念。

③ 为与前文统一，沿用我国自清末《大清民律草案》以来多次物权法草案及成文法案、相关法理研究中的说法，下文亦采用“地役权”一词，但其内涵应当拓展至“不动产役权”。

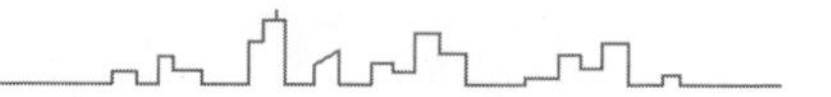

景观眺望权等已经体现了地役权思想在规划中的应用。如果城市规划被赋予了地役权的属性，或者从保护物权的角度出发，城市规划上升为城市空间中地役权的安排，将会提升规划实施的合理性和强制性。本文从邻避现象、立体土地开发、国土空间规划等现象出发，探讨地役权属性增强对规划管理和建设将会产生的影响。

21.3.1 现有规划建设反映阳光权和景观眺望权

从《建筑十书》中可窥探到的建筑采光规定，到现在建设中的日照间距，阳光权作为建筑物的相邻权普遍存在（颜强，陈建萍，2007）。阳光权在建筑和城市设计中的表现形式也是多种多样的——满足日照需求的最小楼间距，建筑背光面[①]的退台处理（为相邻建筑争取必要的采光空间），为满足建筑内部采光而形成的中庭和围合式街区等，都是通过建筑设计或城市设计的方法，让南侧建筑的所有权空间成为北侧建筑的地役权空间。

在城市中另一种常见的地役权形式是景观眺望权，是指对景观进行眺望且不受到周边地块开发建设影响的权利（颜强，陈建萍，2007）。景观眺望权与阳光权有所不同，阳光权通常为相邻建筑或地块之间的权益制约，是获得健康生活的基本权利；而景观眺望权则不仅归属相邻地块，更多的情况下涉及不相邻甚至较远的地块，是在物质水平达到一定程度之后产生的“奢侈”权利。

对于阳光权，我国《民法典》以及城市建设相关规范性文件中已有明确的法律规定和建议[②]。而与加拿大魁北克地区、智利、日本等地不同[③]，我国法律中对景观眺

① 在北半球即南侧建筑的北面，下文均指北半球。

②《民法典》第 293 条规定“建造建筑物，不得违反国家有关工程建设标准，不得妨碍相邻建筑物的通风、采光和日照”。《民法通则》第 83 条“相邻关系”规定：“不动产的相邻各方，应当……正确处理……采光等方面的相邻关系。给相邻方造成妨碍或者损失的，应当停止侵害，排除妨碍，赔偿损失。”《城市居住区规划设计标准》（GB 50180—2018）第 4.0.8 条规定：“住宅建筑与相邻建、构筑物的间距应在综合考虑日照、采光、通风、管线埋设、视觉卫生、防灾等要求的基础上统筹确定。”

③ 根据孙建江、郭站红、朱亚芬译著《魁北克民法典》（2005 年）中第四编第 1179 条的规定，“……继续地役权，包含眺望权或禁绝建筑权……”。根据房绍坤著《物权法用益物权编》（2007 年）中所述，《智利民法典》第 823 条规定“在供役地上不建筑妨碍观望的建筑物”。根据吕忠梅著《论公民环境权》（1995 年）所述，日本的部分判例中将眺望权、风景权、宁静权等于日常生活密切相关且私权性质较强的权利划分为环境私权，是公民在精神上获得美感以及对环境的合法利用的合理途径。

望权这一新兴事物还没有明确规定，当前的眺望权多以地役权合同的形式在两个开发主体之间达成协议。在地役权合同中[①]，供役地一方（即被限制高层开发的一方）会有经济利益损失，应向需役地一方索取较高的费用，这也合理解释了城市中景观房（住宅或写字楼）价格远高于普通商品房或景观资源欠佳地区建筑的现象。

21.3.2　地役权解决邻避现象

邻避现象在城市中尤其是居住区中较普遍，被邻避物会给居民“负外部性”，争议也多源于居民、开发商或政府之间沟通不畅导致的“信息不对称性”（陈勇，华晨，2015）。在保护私有财产、保护居民利益的社会环境中，居民对于“邻避”的维权能够引发群众对政府情绪化的抵抗；加之网络时代居民的声音可以迅速扩散，不论是否是“邻避”的当事主体，不论要求是否合理，都对城市规划和城市建设，尤其是垃圾中转站、处理厂、快递转场等本身具有社会公共利益项目的推进构成影响。

地役权则会限制“邻避”现象。从法理上讲，根据《民法典》规定[②]，如果邻避设施的建设主体拥有地役权，只要邻避设施进行了合法登记，则可以对抗“善意第三人”，业主所认为的信息不对称性不能作为反抗的理由。因此，邻避设施能否具有地役权，在很大程度上取决于城市规划是否能够为它们的用地提供必要的地役权。如果城市规划拥有规范管理地役权的能力，将会在不违背公民参与、公开透明的前提下，明显增强规划实施的合法性和强制性，对部分无理的邻避要求予以合法限制，保证重要基础设施和重大项目落地。

21.3.3　公共地役权增强城市规划执行力

在现代城市建设中，除了业主之间、不动产权人之间的偏向私权的地役权，国家或者团体组织为了实现某种公共利益，会要求相关不动产权人或业主限制或担负

①《民法典》第 373 条规定：“设立地役权，当事人应当采取书面形式订立地役权合同。地役权合同一般包括下列条款：（一）当事人的姓名或者名称和住所；（二）供役地和需役地的位置；（三）利用目的和方法；（四）利用期限；（五）费用及其支付方式；（六）解决争议的方法。”

②《民法典》第 374 条规定：“地役权自地役权合同生效时设立。当事人要求登记的，可以向登记机构申请地役权登记；未经登记，不得对抗善意第三人。”

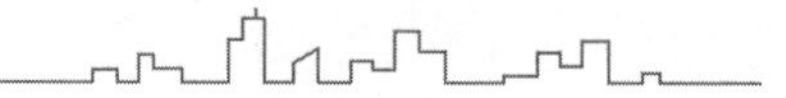

某种权利义务，法学界称为公共地役权（李遐桢，2014），主要体现在航空、市政、通信等领域。在城市建设中，城市规划所起到的作用恰恰是维护公共利益，违背规划的建设可以被认为是对公权力的挑战。

公共地役权有助于城市规划的实施，例如在实现城市级或者区域级大型建设项目时，可以借鉴地役权拟订合同的方式，在项目开发主体和波及的不动产权人和业主之间签订合同，明示危害与补偿措施。以契约合同的方式约定双方利益诉求，能够降低抵触影响与沟通成本，实现公共利益。以地役权的原理，在不更改财产所有权人的前提下，通过公共地役权合同的签订，可以让政府或社会机构有效管理并管控相关建设行为，行使公共权力（朱金东，2019）。

以公共地役权进行城市规划，除产权归属问题外，更应当强调不动产及其附着物本身是否符合公共利益。考虑到城市公共利益的实现涉及多个权利人行为管控，因此城市规划中地役权的行使主体应当扩大解释，将地役权主体从不动产的所有权人扩大为包含使用者在内[①]（吴光明，2013），能够更加广泛地维护公共利益，达到规划本来的目的。我国《民法典》中增加了居住权制度[②]，独立于房屋不动产所有权之外，这也为地役权主体的扩大解释提供支持（鲁晓明，2019）。

21.3.4 自然环境地役权完善国土空间规划

山水林田湖草海等自然资源在国土空间规划中成为重点内容，包含这些自然资源的土地（林地、园地、草原）与水域不仅承担生态职能，也兼具经济属性。保护自然资源不受侵害，既是保证人居环境的可持续建设，也能借助生态效益的外部经济性，发挥国民经济建设中生态资源强大的套现能力。生态性与经济性的双重属性

---

① 中国台湾学者吴光明在《不动产役权之变革与发展》中介绍“一、地役权改为不动产役权，以活络不动产之利用，并将地役权扩大为不动产役权，故土地或建物均得为需役或供役。二、扩大役权之设定人：将役权设定人由原条文之所有人扩及至使用不动产之人。三、增设自己不动产役权之规定。”

②《民法典》第 367 条规定：“居住权人有权按照合同约定，对他人的住宅享有占有、使用的用益物权，以满足生活居住的需要。”《民法典》第 368 条规定：“居住权无偿设立，但是当事人另有约定的除外。设立居住权的，应当向登记机构申请居住权登记。居住权自登记时设立。”

使部分自然资源的既得利益者难以放弃自己的收益，成为私有经济利益与生态公益之间冲突的导火索；同时林地等资源的生态补偿仅限于“生态公益林”，这严重打击了商品林业产权人的生产积极性，且相较于既得利益被剥夺的损失，补偿流于形式，成为象征性补偿（黄胜开，2018）。结合前述地役权的积极作用，引入公共地役权的理念则可以减缓生态效益与经济利益的冲突，帮助自然资源持续发挥生态作用与套现能力。

首先，作为公共地役权的一种形式，自然环境地役权不会改变资源的所有权。在维护公共利益的多种途径中，所有权的转移往往需要大量的财政支持，租赁作为一种债权关系不可对抗善意第三人，不能保证自然资源的稳定性；而设置地役权则可以通过增加其物权效力，使自然资源的利用更加稳定，生态效益、经济效益的公益性更可持续。其次，传统意义上的所有权原则上为“物权法定”，管理僵化，无法克服自然资源的多样性和地域差异带来的管制难题。自然环境地役权的设立则可以根据不同地区、不同权利人的实际需求进行土地役使，再加上公共地役权制定过程中的平等协商机制，能够更好地兼顾生态与经济效益。

此外，伴随城市土地资源的日益紧俏，城市立体土地开发成为促进可持续发展的重要方式,《民法典》规定建设用地使用权分层设立[①]，在法律层面承认立体开发的合法性。这其中通过设置空间地役权的方式稳定不同产权人和业主之间的利益平衡，也将同样发挥前述公共地役权的积极作用（陈振等，2017）。

21.4 小 结

在当前城市规划转型存量化、关注国土空间时，将地役权思想应用在城市规划中具有其必要性。地役权思想能够对城市规划提供合理性解释，并能够增强规划的合法性和执行力。将城市规划与地役权进行结合，通过扩大地役权的权利主体、丰富对不动产役使的方式与内容，符合当代“规划先行”、构建法治社会的方向和要求。

---

①《民法典》第345条规定：“建设用地使用权可以在土地的地表、地上或者地下分别设立。”

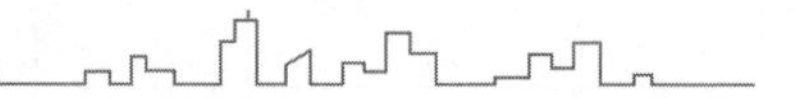

参考文献

陈广华，毋彤彤，2018. 民法典背景下环境物权构建的可行路径 [J]. 环境保护，46（20）：43-45.

陈华彬，2016. 从地役权到不动产役权：以我国不动产役权的构建为视角 [J]. 法学评论，34（3）：144-152.

陈勇，2016. 地役权在城市规划中的影响与作用 [D]. 杭州：浙江大学 .

陈勇，华晨，2015. 城市规划、地役权和“邻避”的关系思考 [J]. 规划师（3）：29-33.

陈振，欧名豪，姜仁荣，等，2017. 土地立体化利用过程中建设用地使用权分层设立研究 [J]. 城市发展研究，1：89-93.

陈国军，2016. 论我国役权制度的完善：以民法典编纂为视角 [J]. 政治与法律，12：83-93.

郭雪娇，2015. 基于环境保护的地役权研究：以不可量物侵入为视角 [J]. 山东农业大学学报：社会科学版，2：24-31.

华晨，陈勇，2015. 城市规划的法治化诉求：以地役权的法律保护为视角 [J]. 河南社会科学，23（4）：49-55.

黄胜开，2018. 林地资源经济价值与生态价值的冲突与协调：以公共地役权为视角 [J]. 理论月刊，（8）：138-144.

李东泉，李慧，2008. 基于公共政策理念的城市规划制度建设 [J]. 城市发展研究，（4）：64-68.

李遐桢，2014. 我国地役权法律制度研究 [M]. 北京：中国政法大学出版社 .

刘兆年，1997. 我国城市地役权研究 [J]. 中国土地科学，11（6）：26-32.

王晓丽，2018. 地役权在城市规划中的影响与作用 [J]. 低碳世界，180（6）：171-172.

吴光明，2013. 不动产役权之变革与发展 [J]. 月旦法学杂志，218：73-98.

辛巧巧，2017. 我国不动产役权制度的建构研究 [D]. 北京：中央财经大学 .

辛巧巧，李永军，2018. 城市规划与不动产的役权性利用 [J]. 国家行政学院学报，2：109-114.

颜强，陈建萍，2007. 物权法定原则下的阳光权与眺望权及其在规划管理中的思考 [J]. 规划师，23（9）: 56-58.

朱金东，2019. 民法典编纂背景下公共地役权的立法选择 [J]. 理论导刊，411（2）: 102-106.

鲁晓明，2019. 论我国居住权立法之必要性及以物权性为主的立法模式：兼及完善我国民法典物权编草案居住权制度规范的建议 [J]. 政治与法律，3：13-22.

王先慎，1998. 韩非子集注 [M]. 北京：中华书局 .

杨昶，1999. 明朝有利于生态环境改善的政治举措考述 [J]. 华中师范大学学报（人文社会科学版，5：88-93.

第三篇

城市规划的治理措施和手段

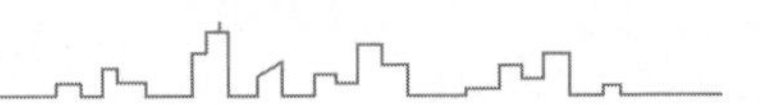

导　言

本部分收集了学生论文作业中与城市规划的治理措施、手段相关的十篇论文，可以分为空间治理机制、空间模式、分权、社区空间治理等几个方面。

在空间治理机制方面，《区域主义视角下战后西方大城市的疏散和重组》整理了霍华德、盖迪斯的工作和之后的大伦敦规划、大巴黎规划、纽约区域规划（第一版、第二版），以及近年来的伦敦规划、美国的新区域主义、纽约区域规划（第三版）的区域空间治理模式，将前者称为旧区域主义，后者称为新区域主义。以大伦敦规划为代表，论文将旧区域主义总结为以城市为重点、重视空间形态、自上而下的推动；至于新区域主义主要表现为对区域的理解的尺度上多义，主张多层次、多元主体的协作协同。论文认为，旧区域主义与新区域主义总体上表现为从城市向区域、从聚焦物质空间到放眼经济社会、从单向一元的组织机制到多元多主体的政策协商、从单一目标到多元价值、从重目标到重过程、从区域管理到区域治理的总体演进。两者之间的共性，表现为受到政治和经济因素的强力影响，都是为了应对外部环境和新的问题做出的调整和改变。

《大尺度廊道型区域空间治理实践》介绍了区域合作治理架构的实践探索。论文对 20 世纪 50 年代以来大尺度的廊道型区域空间治理机制进行了归纳，主要有三个阶段，即 20 世纪 50 年代由国际保护莱茵河委员会为代表，针对具体诉求、组建不同专业小组进行区域治理的平行区域协调模式；20 世纪 70—80 年代以加拿大里多运河为代表，在统一规划下，由中央组建各级机构，对运河内和岸线周围湿地、林地、自然生物保护、河道安全和完整性等进行区域空间治理等为代表的统一政府主导模式；以及 20 世纪 80 年代后以英国哈德良长城世界遗产保护区伙伴关系委员会等为核心，泰恩河畔纽卡斯尔古迹学会、泰恩维尔郡博物和档案馆、维多兰达信托基金、哈德良长城营销小组等机构共同参与的多元网络驱动模式。论文将其合作治理模式的变化归纳为三个方面，即机构之间的合作由分散到集中，再到网络化；合作方式由弱组织到强契约；合作内容由单一主题到综合议题。

在空间模式的治理手段上，《国外大都市区绿带控制政策研究综述》概述了英国伦敦大都市区、美国马里兰州、韩国首尔都市区的土地开发制度对绿带和郊区蔓延的影响。论文指出，英国伦敦的绿带控制得益于《绿带法》以及《城乡规划法》开启的土地开发权国有化等。与英国不同，美国没有国家层面的土地控制政策，由州政府、市政府和私人团体共同参与制定土地控制和增长管理政策。美国马里兰州以《精明增长法》，以及“优先资助区法”“乡村遗产法”“城市再开发计划”“创造就业税收优惠法”“居住接近就业示范计划”等，来管控郊区蔓延。韩国首尔以“绿带宣言”（开发限制区域制度改善方案）调整大都市圈部分绿带控制区域，使其成为有价值的生态游憩绿地。论文指出，绿带和郊区蔓延管控依赖于法律制度和实施的政策工具；从美国的经验可以看出，地方政府扮演了将地方政治的团体利益转换为实施政策的中间角色。

空间治理的央、地分权方面，《央地分权视角下农用地转用政策的国际比较与借鉴》以英国、美国和日本为案例，围绕农用地转用中的央、地分权，梳理了与耕地保护与土地利用效率平衡有关的政治经济制度，以及与农用地转用政策体系的关系。论文指出，农用地转用制度主要可以分为许可制和区划制，大部分国家和地区采取许可制（即“申请 - 审批”的方式）。美国采用区划制，通过农用地保护区划及相关的开发权转移、地役权保护等手段，划分农业保护区域并严格限制用途。实践中，区划制和许可制并非完全割裂，区划制中某些分区的建设用途也需要申请许可，许可制也会针对不同区域设立不同的审批条件和程序。农用地转用的央、地分权还包含分权和制衡。审批许可权下放分为部分分权和完全分权两类。部分分权指特定类型或一定面积以下农用地转用审批权下放至地方政府；完全分权则不论农用地的区位、面积规模，审批程序均由地方政府完成。论文指出，在分权制设计时就已涉及中央与地方的制衡。中央对地方的制衡一般包括制定规则、裁决止争和列案备查及“抽审”等。总的趋势是，依据发展阶段确定农用地保护态度和制衡力度，选择合适的分权模式，保障权力的合理分配与规范运用，是央、地分权治理的重要关注点。

空间使用中的残障人权利是世界上近年来城市规划关注人的平等权利的重点工作领域之一。《“二战”后残障群体平权运动对城市规划的影响》从简·雅各布斯《美国大城市的死与生》一书呼吁关怀普通人、重视城市多样性开始，概述了美国的残障人平权运动发展背景和过程及其与此相关的社会公平、反歧视运动的主要观点。就此，

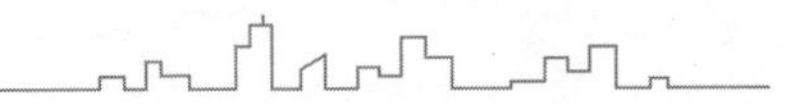

论文对与残障平权运动有关的城市规划和城市空间行动进行了反思，指出与残障平权运动相关的民权运动推动了这一时期的城市规划开始向服务社会的转向，社会学等研究成果进入规划的视野，其中包括要求重视残障群体的地理信息的供给和保障，要求将残障群体作为社会普通成员予以尊重，提供服务保障等。论文进而介绍了美国在响应残障需求方面开展的城市行动，包括提出的融入了多样性、凝聚、包容等理念的新的城市理念，以及保障性住房供给中关注残障群体诉求的实践探索等。

在社区治理方面，《20 世纪以来关于社区可持续发展的研究综述》以乌托邦式规划、社区运动的发展及其对物质规划的批判为要点，概述了针对城市环境恶化、郊区蔓延的物质规划理论，进而指出这一时期的规划师对于社区面临的邻里衰败、社会公平等问题关注较少，更多的是以一种精英式的规划视角介入社区规划中，关注的主要是社区物质环境缺失问题。进而论文从基本工具、时限、过程、目标和评价等几个方面对比了物质规划和策略规划的差别，介绍了泰勒等提出的以沟通、短期、可行、民主、求实等重点策略规划及其包括沟通规划、协作规划等相关的理论实践进展。论文还介绍了之后新城市主义的社区规划理念及其采取的传统街区设计、公交导向设计、城市村庄和精明增长等工作方法。论文指出，新城市主义的社区规划从本质说来，重视的仍然是物质空间的组织。最后，论文以自上而下、侧重评估的精英主义，以及自下而上侧重社区赋权、关注弱势群体的市民主义指标体系两个角度，从可持续发展角度，介绍了学者们对可持续社区的建设措施和社区多元参与开展的工作。

《新城市主义在社区公共空间上的设计启示》探索了近年来有关社区公共性的认识进展，包括在中央广场等举办庆典的仪式模式、社区生活空间的社区模式、邀请所有人使用的自由主义模式，以及结构化公众互动的多元公共模式。论文概述了新城市主义对社区公共空间开展的包括减少犯罪、促进公平、唤醒社区意识等规划设计探索。论文指出，公共空间的使用是受到一定利益制约的。直至今天，享受社会资源较少的群体仍然是那些曾经被排斥的群体；同时，公共空间的使用模式是多样的，它的形式和意义是在物质层面上被建构的；尽管被现代主义城市奉为经典的功能分区，在城市中恰恰忽略了社区公共空间的营造，造成了一系列社会问题；后现代主义、新城市主义等试图扭转这一点，放弃现代主义的统一标准化设计，提倡社区公共空间设计的多样化、人性化，但从本质来说，这也难以掩盖和扭转社会不公正问题的真正起因。

《战后英国高层集合住宅——从兴起到转型》以英国为例，介绍了为应对战后住房紧缺和现代主义影响开始的大规模高层住宅建设的早期背景，概述了之后社会大众对高层住宅在形式、隔离等方面的批评，以及维修困难、土地集约利用效果并不明显等问题；加之住房紧缺问题开始缓解，政府角色转变、将住房问题交给市场解决，高层住宅热开始消退。及至20世纪80年代后，马丘比丘宪章提出要重视城市文脉、多样性和人的感受，以及后现代主义盛行，受其影响高层住宅由于拥有开放和多元复合空间，以及开阔的视野与丰富的景观、更紧凑的生活服务配套等优势，重新得到重视。论文指出，西方国家战后高层住宅的兴起和转变有着特殊的背景和原因，高层住宅在高效利用土地和提供多样化城市居住生活的同时，也有安全、维护、较高能耗等方面的问题，需要结合国情和地方情况，因地制宜发展。

下面两篇文章，是以我国今天城市更新面对的两个主要问题、城市更新的绅士化现象和存量用地的更新制度开展的研究。

《城市更新中的绅士化现象与城市政策》概述了绅士化的定义及其在分析我国城市更新政策的适用性。论文指出，绅士化在物质空间层面可以表现为城市更新、环境改善等建成环境的高品质再开发，社会层面表现为新引入的中高收入群体带动社区升级、原有低收入居民的迁出。我国国情与西方不同，但就社会阶层的侵入影响及其外延至城市空间，具有相似的特点。论文在介绍了绅士化对产业、文化、产权、人口以及拆迁补偿政策的影响后，提出在发挥绅士化对城市更新积极作用的同时，要重视维持平衡的劳动力市场，避免和减缓对被置换群体的剥夺及其带来的居住隔离。

《深圳存量土地更新制度综述：经验、问题及提升策略》概述了1992年关内土地“统征”以及2004年关外土地“统转”实现全域土地国有化之后，面对存量土地更新利用必须要处理“非法用地”和“违建”等问题，采取的更新单元制和土地整备，通过变更土地功能、提升空间品质、让渡收益等途径，实现土地增值收益的再分配，以推动城市更新和土地的再开发。论文指出，深圳存量土地更新制度也造成了一些问题，包括推升了容积率畸高和房价高涨，助长了有损公平的“违建”补偿，损害了土地整备的推进动力等。对此，论文提出了统筹全域建设总量，深化开发权转让市场，利用建设量的流通从源头上避免容积率畸高问题等建议，从而进一步完善城市更新与土地整备的土地制度。

22 区域主义视角下战后西方大城市的疏散和重组

刘永城

从20世纪80年代以来，“（严格）控制大城市规模”一直作为我国的城市发展方针之一[①]。在新一版的北京市总体规划中，亦将“疏解非首都功能”“严格控制人口规模”等作为未来城市工作中的重要组成部分。此外，国家对于“城市群”“都市圈”等越来越重视，大力发展都市圈成为新型城镇化背景下的新的路径，并在中央层面出台相关的建立区域协调发展新机制的意见，将城市群的建设上升到国家战略的高度[②]。当下，大城市面向的问题和挑战也趋于多元化，不仅仅是“点”上的疏散和“独善其身”，而是放眼区域、全国甚至全球，呈现出在“面”上重组的状态。本文基于区域主义的理论视角，梳理战后西方大城市的疏散和重组的整体历程，以期对国内的理论和实践有重要的启发意义。

22.1 追本溯源：区域规划思想的萌芽、起源与发展

区域规划在整体上而言经历了从起源到发展，再从兴起到繁荣，最终趋于衰落再到复兴的完整历程。区域规划的思想最早可以追溯到霍华德的“田园城市”理论。

① 在1980年召开的全国城市规划工作会议提出的中国城市发展总方针是“控制大城市规模、合理发展小城市、积极发展小城镇”；1990年公布的《城市规划法》提出“严格控制大城市规模、合理发展中等城市和小城市”的总方针；2014年发布的《新型城镇化规划》又新提出两个观点，即“大力发展中小城市，严格控制大城市”，以实现中小城市的协同发展，避免资源过度倾斜。

② 2018年12月，颁布《中共中央 国务院关于建立更加有效的区域协调发展新机制的意见》；2019年2月，颁布《国家发展改革委关于培育发展现代化都市圈的指导意见》等相关文件。

“田园城市”摆脱了“就城市论城市”的传统观念，主张将城市与乡村看成一个整体去研究，并提倡将两者的优点结合起来。虽然“田园城市”在之后的诸多实践中没能完全体现出来，但其城乡结合与统筹、社会城市联动发展的思想具有重要的启示作用。苏格兰生物学家、城市规划思想家盖迪斯，也提倡区域规划中的综合观，指出城市与区域是相互依存密不可分的，应当把自然地区作为规划的基本架构，分析地域环境的潜力和限度对城市的影响。盖迪斯还指出工业的集聚和经济规模的扩大造成一些地区城镇发展的集中，所以城市规划应该是地区的规划，并且把若干城镇以及影响范围纳入进来，在霍华德的区域观的目标基础上提供规划方法，增添了支撑的“骨骼”和“血肉”。之后芒福德也明确提出，真正的城市规划必须关注区域整体发展，城市辐射并带动区域的同时，区域也孕育了城市；其他诸如“有机疏散”理论也体现着一定程度上的区域思想（沈玉麟，2007）。以上理论学说中的区域规划思想对之后的规划理论发展和实践产生了重要的影响，奠定了理论基础。

22.2 （旧）区域主义视角下西方大城市的疏散

（旧）区域主义（regionalism）一般是指 20 世纪 50—80 年代的区域思想和实践的总结，吴瑞坚（2013）、杨滔（2007）等从不同角度对区域主义的特点与问题进行总结。就整体而言，区域主义的特征可总结为：在结构组织体系上呈现出单向的自上而下的管理与指导，主体以政府部门间的协作为主，面向的目标单一且有较明晰的区域边界，开放程度在对外方面呈现出封闭性。

而在此理论背景下，西方大城市也在如火如荼地进行空间上的“疏散”，以应对战后城市的迅速扩张、人口膨胀带来的各种城市病。以英国为例，1940 年的“巴罗报告”将大城市集聚区的物质环境和区域经济问题综合起来考虑，并得出了“高度集中大城市弊大于利”的结论（Barlow，1940）。此后 1944 年的艾伯克罗比主持编制了大伦敦规划，首次在区域范围内解决城市面临的挑战，规划结构为单中心同心圆封闭式系统，交通则采用放射路结合环路组织，同时设置“绿带圈”以控制城市的无限扩张与恶性蔓延，并在外围设置卫星城、改建扩建旧城镇。之后伦敦也经历了三代的新城建设，从第一、二代新城的疏解有限到第三代新城的独立性强，探索了缓解大城市膨胀压力的诸多可能性，积累了宝贵的经验。

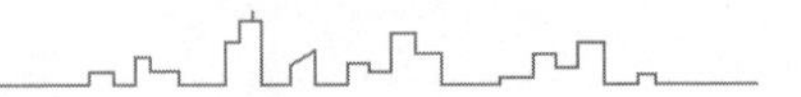

总结发现，此时以伦敦为代表的西方大城市的疏散中体现出了区域主义的诸多特点。伦敦城市的疏散中更多的是一元的自上而下的驱动。比如中心集聚区人口向外围新城迁移的过程中，新建住宅中的五分之四都是由以地方和新城当局为主的公营部门建设的，私人投资的住宅比例甚小；伦敦及周边地区的行政当局虽然带头设置了区域规划常务会议，但并没有相互之间取得协调，也缺少相关机制。所以，体制支撑更多地依靠上级做出相应的调整，前后不同届政府在政策上的摇摆、基于城乡规划法的一系列关于开发权的探索等，也造成伦敦在疏散过程中处于探索与摇摆的状态。此外，政府对人口高速增长和对产业（尤其是第三产业）发展的预估失衡也给伦敦核心区和周边新城市的发展带来持续的压力。此时的规划除强调住宅问题外，很少注意社会政策，某种意义上仍然是一种传统模式的物质环境规划（Hall，2002）。

伦敦的封闭式结构对城市疏散的作用有限，促进了更多的大城市采用开放式多中心结构。比如大巴黎的“平行长廊+副中心”的结构，华盛顿“放射敞廊”规划，也进化出了以荷兰兰斯塔德和德国鲁尔地区为代表的多中心城市集聚区模式，这是彼得·霍尔所说的“英美派”（Anglo-American group）和“欧洲大陆派”（Continental European group）的思想在大城市疏散中的进一步结合（霍尔，2014）。这些规划实践已经在一定程度上，至少在空间上突破了“就大城市论大城市”的局限，开始去关注大城市与周边区域的关系，但更多的是空间上的探索。

就整体而言，虽然试着从区域视角去解决城市问题，但更多的是以大城市中心城区为“点”要素去解决问题，更多关注在空间地理上，而不是以区域为载体的大城市与周边之间的网络化关系，去组织外围新城镇和内城之间的联系，考量新城的规模与密度、距离与公共交通的联系、产业布局和法律政策支撑。所以，传统区域规划从组织结构、“集权式”的大都市政府（也称“巨人政府论”）、效率和应对问题的弹性等方面遭到了质疑和挑战，这样的局面也同样出现在战后美国大都市区的管理中。

美国大城市的郊区化蔓延和内城的衰落成为战后所面临的两大挑战。以纽约为例，早在20世纪20年代，市政领导人就组建了区域规划协会（Regional Plan Association，RPA）并在1929年制定了美国历史上第一部综合区域规划，规划意识到了分散区域人口的必要性，并从整体上安排居住和工业增长。1969年，区域规划协会公布了第二版区域规划，此时纽约大都市区域的人口分散且呈现无序蔓延的状态，规划虽制定一系列措施增强市中心的活力，但之后的实践结果表明规划没有能很好地预见诸如区域制造业等经济基础的衰落（霍尔，2014）。

22.3 新区域主义视角下西方大城市的重组

在区域主义受到较大质疑后，20 世纪 80 年代末期的大城市及周边地区的治理又倾向于基于公共选择视角的“多中心治理论”，主张采取分权而不是“大政府”集权的治理制度，将更多的发展权留给地方，即给予更多的自治权，以期在大城市区域上形成类似于市场的整体环境。这种碎片化的组织模式尽管在效率上可能有所进步，但在区域性的公共服务供给、社会的公平与正义等问题上又体现出一定的负外部性（Calthorpe，Fulton，2001）。

20 世纪 90 年代以来，随着社会环境和形势的大发展以及全球化的挑战和机遇，大城市地区新的治理模式——新区域主义（new regionalism）应运而生，仿佛是介于传统区域主义和公共选择理论的“第三条路径”。关于其特点和治理模式，郑先武（2007）认为新区域主义在“经验上，主要表现为综合性、区域间性、开放性、主体化和趋同化等；理论上主要表现为体系化、社会化、综合化和秩序化等”。王珺和周均清（2007）认为区域主义呈现出“开放性的空间范围、自下而上的空间发展动力、网络型的空间结构、多元化的空间成员”的空间特征。殷为华等（2007）认为区域主义有“外向型、兼容型、复合型”的新特点。总体而言，区域空间呈现出“多义性”，边界被模糊化，聚焦在大城市地区，其边界也不仅仅局限于具体的地理空间边界，也涉及建成环境和自然环境、人文和社会关系等领域。其次，决策和治理方式也涉及多层次、多元主体，涉及政府和部门之间的横向和纵向合作、公共与私人之间的协作等。因此，区域空间内涵逐渐丰富、决策与治理方式的多元化也促进了新区域主义的多重目标与价值，包括经济效率的提升、社会与空间的公平正义、人居环境的友好、文化人文历史的交融发展等。

在这样的理论指引下，西方大城市地区也从“管理”时代走向“治理”时代，大城市地区不再是“点”的问题，也不仅仅聚焦于空间上的疏散，而是在区域上形成“面”的网络化联系，呈现出重组的状态，是治理范式的转变和迭代。以英国为例，大伦敦政府被重新恢复并在 2004 年颁布了新的伦敦空间总体规划，目标聚焦在以人

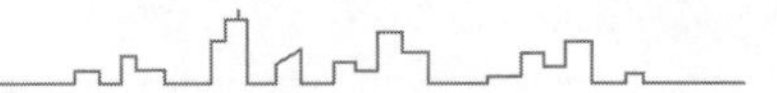

为本、绿色健康等方面。新的大区域规划强调构建空间网络，并将伦敦定位为“世界城市”，放眼全球和欧洲空间的发展网络，以应对全球化的市场经济、信息流和交易网络；同时也对大伦敦范围内的区域走廊进行梳理，加强周边地区与伦敦的可达性强的交通网络等。因此，大城市区域的边界被模糊化和多义化，同时大伦敦地区也被划分出五个中心，呈现出边界模糊和多中心的特点。新的规划也提供了新的合作模式——“有限制的自上而下合作”（殷为华等，2007），通过政府部门、公共机构、私人机构以及非营利组织之间的协商与合作，最大程度激活区域治理的主动性和整体效率，既给予地方较多的发展自治权，又在一些公共利益方面做到整体协调，在“收紧”和“放松”之间找到平衡点。

在新区域视角下美国大都市区治理过程也呈现出类似的特征，以芝加哥为例，1995年在街区技术中心的领导下的一个市民联盟制定《市民交通规划》，提出区域税收共享、公交导向的交通投资等策略。1999年商界精英倡导提出《芝加哥大都市2020》，成员和资金来源都以私营机构为主，旨在战略性地考量区域性的问题并提供协商合作的平台，考虑区域整体形体空间的同时，提倡构建政府与社会之间的新型合作关系促进区域治理，也强调了住宅的改革、平等的教育与税收等内容。在纽约，区域规划协会也在1996年制定了第三版区域规划——《风险中的区域：纽约、新泽西、康涅狄格大都市区规划》，提出了长远性的区域发展愿景，并寻求纽约城市竞争力的提升，并在绿地、中心区发展、交通流动与联系、管理与协调等方面提出区域性的目标（杨滔，2007）。

总体来看，新区域视角下的大城市进入一个“重组”的时代，不再就大城市论大城市、就区域空间论区域空间，而是从目标价值、体制建设、涉及主体等方面呈现多元化的特征。当然，新区域主义在理论和实践层面都受到诸多的挑战，例如从根本上质疑其存在的必要性，质疑“多元化”之后是否还能解决大都市区的真正问题，同时也有诸多的政治因素和意识形态的限制。

22.4　新旧区域主义下的大城市疏散与重组的比较

首先抛开社会与历史发展的背景，贸然去比较在两种理论指导下的规划实践没有更多的意义，因为两种理论不是同时期的两种途径探索，而是不同历史时期基于大城市及区域发展问题所给出的答卷。从区域主义到新区域主义，是大城市从城市面向区域、从聚焦物质空间到放眼社会经济历史、从单向一元的组织体制架构到多元多主体的政策协商、从单一目标到多元价值的整体演进过程，关注点从重目标到重过程、从区域管理到区域治理、从强调要素本身到注重网络化关系的处理等。

此外，三者（包括公共选择理论）虽然是不同阶段的解决问题的工具和路径，但也有诸多共性可以总结。第一，都受到政治和经济的强烈影响，比如不同政党采取不同甚至相悖的政策导致的摇摆与停滞。第二，都是为了应对外部环境和问题而做出的被动调整，可以说不管是传统区域主义下的大城市疏散还是新区域主义视角下的大城市地区的重组，都是“后知后觉”，原因可能是对于社会、科技发展以及全球化趋势等快速发展的预估落后，所以此时的规划更多是处于不断的解决问题和出现新问题、新挑战的状态，而对于将来的主动判断和美好愿景畅想则在某种程度上弱化。

22.5 反　思

当前，国家对以大城市为核心的“都市圈”和“城市群”越来越重视，也更加关注区域的整体和谐发展，那么以史为鉴，学习西方理论实践的经验教训，可以有什么反思呢？首先，理念的移植与生根发芽是需要土壤的培育，中西方差异化的大前提下，我们更多的是取其技术而忽略其内在的体制与协作方式等支撑，这是必然的成果，因为只能拿其“器物”而不能取其“道法”。而在新区域视角下的大都市区的重组，如结构体系、多元主体等涉及的恰恰是“道法”的内容或者说是一种社会形态长期发展形成的意识形态和社会共识。城市区域化是必然的趋势，是城市尤其是大城市发展的整体趋势，在此背景下新区域主义能否带来新的区域平衡？这是道阻且长并且一直动态发展的过程。某种意义上，我们需要摒弃“照猫画虎”的依样学样时代，因为这也是在被动地输入而不是主动地创造。面向中国特色下大城市区域所面临的问题，需要更科学地预估将来并做出判断，去更好地未雨绸缪，形成动态但有较稳定的本土都市圈发展的支撑体系，让其成为促进国家治理现代化体系的稳固基石和强有力的“助推器”。

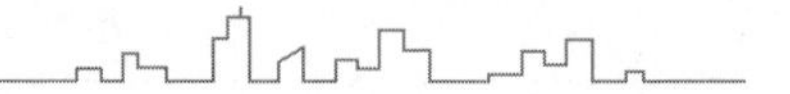

参考文献

霍尔，2014. 城市和区域规划 [M]. 邹德慈，陈熳莎，李浩，译 . 北京：中国建筑工业出版社 .

卡尔索普，富尔顿，2017. 区域城市：终结蔓延的规划 [M]. 4 版 . 叶齐茂，倪晓辉，译 . 南京：江苏凤凰科学技术出版社 .

沈玉麟，2007. 外国城市建设史 [M]. 北京：中国建筑工业出版社 .

王珺，周均清，2007. “新区域主义”对城市群空间构建的启示 [J]. 华中科技大学学报（城市科学版），2：67-69.

吴瑞坚，2013. 新区域主义兴起与区域治理范式转变 [J]. 中国名城，12：4-7.

杨滔，2007. 新区域主义在新大伦敦空间总体规划中的诠释 [J]. 城市规划，2：19-23.

殷为华，沈玉芳，杨万钟，2007. 基于新区域主义的我国区域规划转型研究 [J]. 地域研究与开发，5：12-15，47.

张紧跟，2010. 新区域主义：美国大都市区治理的新思路 [J]. 中山大学学报（社会科学版），50（1）：131-141.

郑先武，2007. “新区域主义”的核心特征 [J]. 国际观察，5：58-64.

BARLOW M, 1940. Report of the royal commission on the distribution of the industrial population[R]. Chairman Sir Montague Barlow.

CALTHORPE P, FULTON W, 2001. The regional city[M].Washington: Island Press.

HALL P, 2002. Urban and regional planning[M].London: Routledge.

23 大尺度廊道型区域空间治理实践

王怡鹤

一般来讲，区域治理包含四种类型——全球及国家间区域治理、国家层面区域治理、大都市区域治理和特殊类型区域治理（张衔春等，2015）。一直以来，对于区域治理的研究多集中在大都市区层面，近年来，随着“一带一路”倡议、黄河流域高质量发展、长江经济带等理念提出，大尺度廊道型空间这一特殊类型的区域受到越来越多的关注，成为区域治理的重要议题。事实上，已有一些学者对于大尺度廊道型区域的分支——流域、线性文化遗产区域等进行了专门研究，体现出以下特征：一是研究重点多为某一领域内的技术性话题，如流域中的环境保护、文化线路中的遗产保护与开发等（陶犁，王立国，2013；王晓亮，2011），治理仅作为辅助内容，缺少对于其整体逻辑的系统分析；二是多为单个案例、领域或单个时间切面的研究（武友德等，2016），缺少跨越时空和领域的综合梳理和规律总结。在国际上，尽管没有专门针对廊道型区域的治理理论，但空间治理实践却由来已久。本文以“二战”以来大尺度廊道型区域空间治理实践为主线，梳理出三个阶段的变迁，并从结构、主体和内容三个方面，剖析变迁背后的演进逻辑，为我国今后的廊道区域空间治理提出建议。

23.1 大尺度廊道型区域的空间治理特征

本文所述大尺度廊道型区域，是指跨国、跨地区的带状区域，包括流域、线性文化遗产区域等。不同于一般的区域治理，大尺度廊道型区域狭长、广延的空间形态使治理处于一个更复杂多元的环境中，需要遵循特殊的治理逻辑。

大尺度廊道型区域的空间治理，主要包含三个方面的特点：一是空间跨度大，涉及主体多且层次关系复杂，协调难度大，沿线可能涉及互不相属的国家、省、市、县、

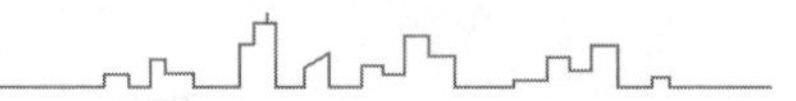

村等多个级别的行政单元，相互之间的协调并非简单的树状传导，而是更复杂的交织对接。二是治理目标与核心事务鲜明，由于此类区域一般依托于某一核心实体（如一条河、一道城墙等），区域治理往往由与之相关的核心目标诱发，工作重点集中于某一领域，而后延展开来。三是外部性在该类区域中的作用尤其突出，同样由于核心实体的纽带作用，各主体之间尽管不能一荣俱荣，但却一损俱损，区域协调治理的迫切程度高，一条河上游受到污染，下游也必不能独善其身，一段古道被毁坏，其他相连接的路段也将因完整性的丧失而遭遇价值滑坡。

综上所述，大尺度廊道型区域具有区别于普通区域的特殊空间特征和治理难点，有进行单独讨论的必要。面对这些治理难点，各国在不同阶段进行了多项实践，积累了宝贵的经验，在时间纵深上审视各国面对不同历史背景时采取的不同措施，可以看到治理思想进化的规律与趋势，为我国提供借鉴。

23.2 大尺度廊道型区域空间治理的模式演进

张成福等（2012）界定了三种跨域治理的模式，本文借鉴其观点，将国际上大尺度廊道型区域空间治理的实践分为三个阶段：自 20 世纪 50 年代开始的平行区域协调模式、70 年代兴起的统一政府主导模式和 90 年代以来的多元网络驱动模式。在这三个阶段的演进中，各个国家交替拿过接力棒，以各自举世闻名的典型项目，成为大尺度廊道型区域空间治理舞台的核心角色。

23.2.1 20 世纪 50 年代开始的平行区域协调模式

平行区域协调模式是指各主体基于共同的利益追求，以平行架构进行协商合作的区域治理模式。欧盟是这一模式的代表，自 20 世纪 50 年代起于莱茵河流域开展的区域治理行动，是这一时期大尺度廊道型区域空间治理的典型实践。

莱茵河是欧洲第三大河流，流域面积约 20 万平方千米，覆盖德国、荷兰、瑞士等 9 个国家。莱茵河在航运、工农业生产、污水处理、饮用水源供应等方面发挥着重要作用，但沿岸国家对河流过度使用也造成了水质恶化、洪水泛滥、物种减少等问题，“二战”中各国整合资源取得和平的经历，使人们意识到在水资源管理方面也必须联合起来（Leb，2020）。1950 年 7 月 11 日，德国、法国、卢森堡、荷兰和瑞士成立了国际保护莱茵河委员会（International Commission for the Protection of the Rhine，ICPR)，以便分析莱茵河的污染，提出水治理建议，协调监测和分析方法并交换监测数据（ICPR，2020）。国际保护莱茵河委员会成立 13 年后拥有了国际法定地位，1963 年 4 月 29 日，五国使节在伯尔尼签署了《保护莱茵河免受污染国际委员会公约》（*Agreement concerning the International Commission for the Protection of the Rhine against Pollution*）（IUCN，1963），并在 1964 年于德国设立了常设秘书处（Schulte-Wülwer-Leidig 等，2018）。

国际保护莱茵河委员会主要的组织机构包括秘书处、全体大会、协调委员会、战略小组、各个工作小组等（图 23-1），委员会的主席每三年轮换一次，全体大会与莱茵河协调委员会每年举行一次，全体大会作出决定，技术问题由承担长期或定期任务的工作小组及专家小组处理，并转交筹备全体大会的战略小组（ICPR，2020）。国际保护莱茵河委员会的工作人员由各缔约国代表团提名的代表组成，除了各个国家的相关部门（如德国的环境保护和核安全局、法国的外交部、荷兰的基础设施和水管理部等）外，欧洲共同体的欧洲委员会总环境局也派驻了代表团。

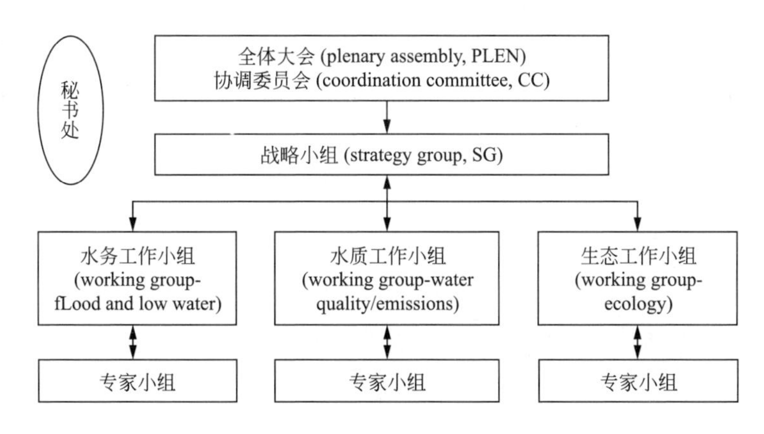

图 23-1　ICPR 组织架构

图片来源：作者根据国际保护莱茵河委员会官网内容绘制

作为莱茵河流域综合治理的核心机构，国际保护莱茵河委员会的工作多是以一些涉及各国集体利益的公共事件为导向，如最开始的水质恶化，后来 1986 年的桑多兹（Sandoz）化学公司事故和 1993 年与 1995 年的洪水，灾难带来的公众压力极大地影响了莱茵河沿岸国家的政治意愿和思维，是促使各国寻找共同解决方案的关键

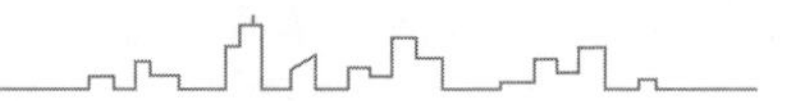

因素（Schulte-Wülwer-Leidig 等，2018）。

从莱茵河的实践中，我们可以窥见这一时期平行区域协调模式的主要特征：第一，对于层级互相平行的主体而言，关注各方核心利益是推动区域合作治理的关键，这也导致了治理事务的集中性和局限性；第二，需要建立更高一级的统筹机构和具有法律效力的合约，并将既有共同体纳入组织，以保障平行区域间空间治理的稳定开展。

23.2.2 20 世纪 70—80 年代兴起的中央政府主导模式

20 世纪 70—80 年代，以统一政府主导为特征的大尺度廊道型区域空间治理模式逐渐兴起，中央力量协调各级各类政府部门，强势而高效地推动区域空间治理。加拿大里多运河和美国国家遗产廊道是典型代表。

加拿大里多运河（The Rideau Canal）全长 202 千米，北起渥太华，南接安大略湖金斯顿港，是唯一一条始建于 19 世纪初北美大规模兴建运河时代，流经途径至今保持不变，且原始构造完好无损的运河，具有极高的历史价值（World Heritage Convention，2007），是加拿大遗产河流系统（heritage rivers system，HRS）的一员（Canadian Heritage River System，2020）。里多运河的所有权属于加拿大联邦政府，采用垂直管理模式（唐剑波，2011），从 1972 年起，中央政府通过加拿大公园管理局，协调各部门和各级政府，共同开展区域治理。加拿大公园管理局负责编制《里多运河管理规划》（*Rideau Canal Management Plan*）等遗产管理规划和保护计划；安大略省负责遗产周边土地的保护与利用；市政府通过限制开发的位置、形式和规模进行直接管理；环境保护部负责运河内和岸线周围的湿地、林地、自然生物的保护；交通部保障河道的安全和完整性等（张广汉，2008；刘庆余，2013）。

20 世纪 80 年代中期以来，美国在中央政府的推动下，陆续建立了几十个国家遗产区域（national heritage area，NHA），包括不少廊道型区域，如最终绿谷国家遗产廊道（The Last Green Valley National Heritage Corridor）、古拉吉奇文化遗产廊道（Gullah Geechee Cultural Heritage Corridor）等。其中伊利诺伊州和密歇根运河国家文化遗产廊道（the Illinois and Michigan Canal National Heritage Corridor，I&MCNHC）是美国国会指定的第一个国家遗产区域，早在 1981 年，该流域就成立了非营利组织伊利诺伊河谷上游协会（Upper Illinois Valley Association）（Conzen 等，2001），随

着国家遗产区域的设立，1984 年该协会由国会立法授权更名为运河走廊协会（Canal Corridor Association），成为伊利诺伊州和密歇根州运河国家遗产区域的协调机构，由国家公园管理局（National Park Service）、州和地方政府机构、公民个体、非营利组织、企业单位等有关各方通过合作伙伴的方式共同管理，国家公园管理局是委员会的核心成员，是最高的监督和管理支持机构，在不同项目中承担着关键角色（龚道德等，2016）。

综观这一时期的典型实践，不难发现中央政府都发挥着不可或缺的推动作用。一方面，中央政府通过设立专门机构，统筹各级、各类政府，并初步搭建起以中央政府机构为核心的合作伙伴关系；另一方面，中央政府的统筹力量使其得以在更加宏大的主题框架（如美国国家遗产区域、加拿大遗产河流系统）下，形成可复制的区域治理模式，提升治理效率和水平。

23.2.3　20 世纪 90 年代至今的多元网络驱动模式

进入 20 世纪 90 年代后，区域空间治理模式发生了巨大转变，以英国哈德良长城（Hadrian's Wall）为代表的多元网络驱动模式成为时代的主流，多元主体以更深入的方式参与到大尺度廊道型区域空间治理中。

英国哈德良长城是罗马帝国最著名和保存最完好的城墙，全长约 117.5 千米，从泰恩河畔一直延伸至西海岸的玛利伯特，于 1987 年作为“罗马帝国边界”的一部分，和安东尼长城、德国的北日耳曼 - 雷帝恩界墙一起被列为世界文化遗产。英国哈德良长城的治理实践是从民间组织起步的。早在 1970 年，就有一个独立的考古慈善信托——维多兰达（Vindolanda）信托成立，旨在挖掘、保存和展示与之所拥有的土地相关的罗马遗迹（The Getty Conservation Institute，2003）。1974 年，达林顿城市研究信托基金（Dartington Amenity Research Trust，DART）成立，并于 1976 年发表了关于城墙保护与旅游服务的战略研究报告，提出了沿哈德良长城建立国家绿道（national trail）的建议（Stone，Brough，2014），直接影响了 1984 年哈德良长城咨询委员会（advisory committee）编制的《哈德良长城战略》（*Strategy for Hadrian's Wall*），该委员会主要由在罗马和考古方面颇有建树的专家学者组成，也正是这个战略报告，建立了哈德良长城在区域层面的治理框架（regionwide framework）（The Getty Conservation Institute，2003）。

直到 1993 年，伴随着英国遗产部哈德良长城协调联合体（English Heritage Hadrian's Wall Coordination Unit）和哈德良长城旅游伙伴关系（Hadrian's Wall Tourism Partnership）的成立，小范围的、松散的多元主体第一次在整个城墙区域内构建起合作网络，之前各项研究报告中的设想与建议也得以付诸行动（Stone，Brough，2014）。

发展到今天，哈德良长城相关的各个利益群体已经形成了以哈德良长城世界遗产保护区伙伴关系委员会（Hadrian's Wall World Heritage Site Partnership Board，HWPB）为核心的紧密合作网络。在国际方面，联合国教科文组织负责提供咨询意见并对其进行监督，英国和德国联合成立的政府间委员会（Intergovernmental Committee，IGC）负责管理跨境城墙，来自英国、德国、奥地利等国家的历史和考古专家组成的布拉迪斯拉发小组（Bratislava Group）旨在分享罗马边境相关的知识和经验，并提供总体战略研究和实践指南；在文化和学术方面，泰恩河畔纽卡斯尔古迹学会（Society of Antiquaries of Newcastle upon Tyne）、泰恩维尔郡博物和档案馆（Tyne and Wear Archives and Museums）以及维多兰达信托基金等都在研究、教育和发掘等方面贡献颇多；在经济娱乐方面，包括哈德良长城营销小组（Hadrian's Wall Marketing Group）在内的多家机构为哈德良长城沿线的旅游业、农业、林业发展出谋划策；此外，当地社区也通过旅游业、博物馆项目等深入参与哈德良长城的区域治理。

这一时期所兴起的多元网络驱动模式呈现出以下特征：第一，主体更加多元，且彼此之间构成了紧密的合作网络，自上而下的工作方式转变为多元驱动的局面；第二，多元力量的介入使大尺度廊道型区域空间治理的议题更加整体化，除了核心主体本身的治理保护以外，相关的商业、农业、教育研究、社区发展等问题也受到了更多关注。

23.3 大尺度廊道型区域空间治理演进的特点与启示

在三个阶段的演变中，大尺度廊道型区域空间治理的路径体现出以下三条规律：在结构上，由分散到集聚再到网络化；在主体上，由弱组织到强契约，逐步规范；在内容上，由单一主题到综合议题。

23.3.1　结构：分散—集聚—网络

尽管区域治理的结构受到政治体制影响较大，但类比审视各治理主体之间的关系，还是可以发现一些规律。在最初的平行区域协调模式中，各个主体是以相对分散的关系建立起单维合作，彼此之间独立性较强；在中央政府主导模式中，权力和资源得到了高度集聚，区域治理得到了迅速高效推动；而到了多元网络驱动模式，各种声音交织在一起，以多维的网络化结构参与区域治理。

从分散到集聚再到网络化，是资源调配逐渐高效的过程，也是治理决策逐渐科学的过程。作为一个中央集权型国家，我国在国家层面的廊道空间治理上都发挥着中央主导的优势，但随着面临问题复杂化、涉及主体多元化，也应该向合作网络的方向转变，纳入更多的科研、教育、经济力量，使之发挥更加积极的作用。

23.3.2　主体：松散弱组织——规范强机构

从推动区域合作的主体上来看，各个国家、各种模式都经历了从松散的弱组织到规范的强契约的过渡。莱茵河流域的国际保护莱茵河委员会最初只是几个国家之间的一个合作联盟，在成立 13 年后，拥有了正式的法定地位，通过严谨的合约明确职责并设立专门机构；美国的伊利诺伊河谷上游协会最初只是一个民间的非营利组织，在成立三年后得到国会授权，成为伊利诺伊州和密歇根州运河国家遗产区域的核心机构；英国也是通过哈德良长城世界遗产保护区伙伴关系委员会这样一个核心机构，将原来联系松散的多方组织协调为一个合作网络。

由此看来，对于空间跨度大、涉及利益团体复杂的大尺度廊道型区域来说，需要有一个强有力的机构，将多方组织紧密团结在一起。我国疆域广阔，事务繁多，一条廊道往往涉及多方面、多层次的问题，因此有必要针对各廊道设立专门的统筹机构，并赋予法定地位，将千头万绪汇成一根针，使廊道的治理更加高效而有序。

23.3.3　内容：单一主题——综合议题

在治理内容上，经历了从单一主题到综合议题的转变。莱茵河流域关注的一直是莱茵河本身相关的环境问题，如水质提升、污染物处理、物种回归等；英国哈德良长城在 20 世纪 70 年代以前也只重点关注旅游发展，但在 20 世纪 90 年代之后，逐

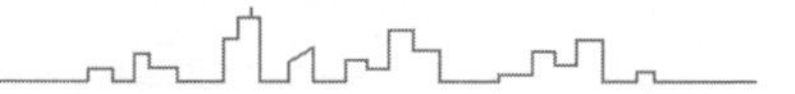

渐以旅游业为核心不断拓展，关注更广泛的话题。

廊道治理是一个需要整体性考虑的问题。我国可以发挥大国优势，综合考虑多方问题，但也要考虑到大尺度廊道型区域的特性，找准核心利益（如莱茵河流域的环境治理、哈德良长城的旅游业发展等），以此为主线，逐步延展开，促进区域治理的综合推进。

23.4 小　结

本文基于“二战”以来大尺度廊道型区域空间治理实践的演进，梳理出20世纪50年代的平行区域协调模式、70—80年代的中央政府主导模式和90年代的多元网络驱动模式三种典型类别，分别挖掘其核心特征，并从结构、主体和内容三个方面，剖析变迁背后的演进逻辑，为我国今后的廊道区域空间治理提出建议。

然而大尺度廊道型区域所涉及的问题还有许多，本文只是就其中较典型的实践和较突出的问题进行了讨论与总结，在新的时代背景下，治理模式又面临着新的变革，谨以此文抛砖引玉，希望能为这一特殊类型的区域治理研究提供一些思路。

参考文献

龚道德，袁晓园，张青萍，2016. 美国运河国家遗产廊道模式运作机理剖析及其对我国大型线性文化遗产保护与发展的启示 [J]. 城市发展研究，23（1）: 17-22.

刘庆余，2013. 国外线性文化遗产保护与利用经验借鉴 [J]. 东南文化，（2）: 29-35.

唐剑波，2011. 中国大运河与加拿大里多运河对比研究 [J]. 中国名城，10: 46-50.

陶犁，王立国，2013. 国外线性文化遗产发展历程及研究进展评析 [J]. 思想战线，39（3）: 108-114.

王晓亮，2011. 中外流域管理比较研究 [J]. 环境科学导刊，30（1）: 15-19.

武友德，李灿松，李正，等，2016. 澜沧江—湄公河流域合作治理体系的理论基础与实现途径 [J]. 云南师范大学学报（哲学社会科学版），48（5）: 92-99.

张成福，李昊城，边晓慧，2012. 跨域治理：模式、机制与困境 [J]. 中国行政管理，

3：102-109.

张广汉，2008. 加拿大里多运河的保护与管理 [J]. 中国名城，1：44-45.

张衔春，赵勇健，单卓然，等，2015. 比较视野下的大都市区治理：概念辨析、理论演进与研究进展 [J]. 经济地理，35（7）：6-13.

Canadian Heritage River System, 2020. What are heritage rivers[EB/OL].(2020-07-01)[2020-07-01]. https: //chrs.ca/en/what-are-heritage-rivers/.

CONZEN M P, WULFESTIEG B M, 2001. Metropolitan Chicago's Regional cultural park: assessing the development of the Illinois & Michigan canal national heritage corridor[J].Journal of geography, 100(3): 111-117.

LEB C, 2020. The international commission for the protection of the Rhine[EB/OL].(2020-07-01)[2020-07-01]. https: //www.iksr.org/en/.

ICPR, 2020. History[EB/OL].(2020-07-01)[2020-07-01]. https: //www.iksr.org/en/icpr/about-us/history/.

ICPR, 2020. Organizations[EB/OL].(2020-07-01)[2020-07-01]. https: //www.iksr.org/en/icpr/about-us/organisation/.

IUCN, 1963. Agreement concerning the International Commission for the Protection of the Rhine against Pollution [EB/OL].(1963-12-31)[2020-07-01]. https: //www.ecolex.org/details/treaty/agreement-concerning-the-international-commission-for-the-protection-of-the-rhine-against-pollution-tre-000484/.

SCHULTE-WÜLWER-LEIDIG A, GANGI L, STÖTTER T, et al. 2018. Transboundary Cooperation and Sustainable Development in the Rhine Basin[M]//Achievements and Challenges of Integrated River Basin Management.Intechopen.

STONE P, BROUGH D, 2014. Managing, Using, and Interpreting Hadrian's Wall as World Heritage[M].New York: Springer.

The Getty Conservation Institute, 2003. Hadrian's Wall World Heritage Site-English Heritage-A case study[R/OL].(2003-12-31)[2020-05-01].www.getty.edu.

World Heritage Convention, 2007. Rideau Canal[EB/OL].[2020-07-01]. https: //whc.unesco.org/en/list/1221/.

24 国外大都市区绿带控制政策研究综述

邓冰钰

生产要素在空间上集聚所产生的外部规模经济递增效应是城市产生和扩大的原因之一。然而随着城市规模的扩大，其运行的外部成本会上升，包括由于人口增加带来的交通、居住、环境治理成本的上升。然而这种外部成本并不会由个人或特定的企业来承担，因此在要素市场尚未完全发育的城市化阶段，大城市会因不断吸纳人口而超过其合理的集聚规模，造成资源配置恶化，在空间上则体现为建设用地无序蔓延和使用效率低下等问题。国内外特大城市在某些特定的城市化阶段都共同面临过相似城市问题的挑战，由此产生了一系列应对城市空间无序增长的城市管理政策。绿带控制政策即在大城市周围规划和建设具有特定功能和控制开发建设行为的绿化空间，也被归类到了城市增长管理政策的管制类目中。国外某些大都市区的绿带控制政策由来已久，且积累了大量的理论研究成果和政策实施经验。近年来，国内大城市如北京、上海等也采取了绿带控制政策，应对快速城市化阶段出现的城市无序建设等空间问题。但国内外学界对于绿带控制政策的实施手段和效果始终存在争议，认为其存在政策控制手段僵化、不利于城市新城发展等问题。基于公共政策发生的政治环境不同，本文选取若干典型大都市区——英国伦敦、韩国首尔、美国马里兰巴尔的摩，通过对比三个地区的政策实施效果，发现不同国家地区政策制定和运行的体制背景及变化会对其结果产生重要影响。处于城市化扩张期的发展中国家需要根据实际情况，平衡各利益群体之间关系，制定合理的政策实施框架。

24.1 绿带控制政策产生的理论渊源和社会背景

早在工业革命和近代城市化进程开始之前，在城市中建设连续、大规模的绿色开敞空间的理念就已经产生。文艺复兴运动中，西欧的主流设计思想强调外部景观的重要性，主张对自然地形人为加以改造。在唯理主义思潮的影响下，建立具有强烈轴线秩序感的城市绿化空间不断被付诸实践，例如法国巴黎凡尔赛宫建设花园和放射大道，将巴黎的风景联系成一个整体宏伟的视觉网络。在近代工业革命开展之后，绿带设计的目的变得更加多元，包含为城市居民建设更加宜居的生活环境等。英国在这时期也展开了对城市开放空间建设的立法活动，例如1877年伦敦制定《大都市开放空间法》(*Metropolitan Open Space Act*)，规范了开放空间的建设和管理要求。美国也在这段时间内由景观建筑师发起，开始了城市公园运动和城市美化运动，典型实践如波士顿公园的“项链”公园体系。总体来看，在工业革命开始后的相当一段时期，西方大规模绿色开敞空间建设并不具备限制和引导空间有序发展的条件，仅用于空间表现，以及为城市居民提供游憩空间。

随着工业革命进程的加深、城市人口不断膨胀，大都市内城的生存环境急剧恶化，铁路等交通工具为城市郊区化发展提供了条件，大城市侵占农用地向外无序蔓延成为了亟待解决的矛盾难题。为了解决城市增长外部性的问题，政府开始寻求对城市蔓延进行管理和干预。绿带政策是解决这一矛盾最有影响力的城市增长管理方式之一。学界普遍认为，首次将城市空间与农村空间发展统筹考虑，明确提出运用绿色空间控制城市建设的想法起源于霍华德著名的《明日的田园城市》一书。书中提出要“在城市外围建设永久性绿地供农业生产使用，同时来限制城市蔓延”。除此之外，霍华德还提出在永久性绿地之外建设中小城来防止城市规模过大的设想。随后，霍华德的助手恩温（Unwin）在20世纪20年代参与大伦敦区域规划时延续了这一理念，建议建设伦敦环城绿带和一系列卫星城来控制城市无序蔓延。这种思想也被诸如维也纳、柏林等城市的规划者所认可。20世纪50年代以后其影响扩展至东亚、北美、拉丁美洲的一些大都市区，成为一种有广泛影响力的规划控制政策。

24.2 绿带控制政策的典型实践

考虑到各个市场经济国家城市规划法律体系的行政层级差别以及研究资料的可获得性，本文选择英国伦敦大都市区、韩国首尔都市区、美国马里兰州作为不同的规划法律体系和土地开发制度影响下的典型案例进行研究综述。其中，英、美作为规划立法权高度集中和高度分散的两类极端法系代表，韩国则作为介于两者之间的、国家立法和地方执法层面相切换的规划法系代表。

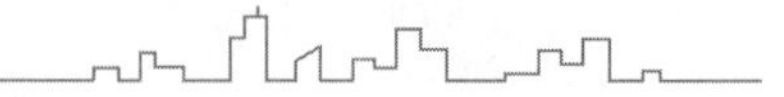

24.2.1　英国伦敦绿带控制政策的演变

英国绿带控制政策能够脱离理论研究层面被成功实施，与其土地利用政策和规划法律体系的演化紧密相关。作为世界上最早对城市规划立法的国家，英国自 1909 年以来陆续颁布了 20 多部城市规划主干法作为原则性、纲领性文件，在主干法基础上还颁布了大量法案对其进行修正和补充。

20 世纪 20 年代，恩温建议将霍华德提出的控制性绿带设想应用于大伦敦区域规划中，引起英国规划专业委员会的重视。随后，大伦敦区域规划委员会采取了大量行动用来论证和宣传建立绿带、控制城市扩张的合理性与可行性。但由于缺乏资金和相关法律支持，建立绿带控制区的设想一直停留在政策讨论层面，直至 1938 年英国政府出台《绿带法》(*The Green Belt Act*)，禁止在没有卫生部允许的情况下出售绿带土地。1945 年，霍华德的绿色控制区想法被帕特里克·阿伯克隆比（Patrick Abercrombie）应用于大伦敦规划中。该方案在距离伦敦市中心约 50 千米处设立绿色控制区，划定外围限制区域的边界，在限制城市增长同时提供城市休闲娱乐场地。1947 年英国《城乡规划法》规定将土地开发权（非所有权）收归国有，地方政府可以根据合理需要来编制规划和征收土地，与此同时成立中央规划主管部门来协调各区域之间的规划。这一法律的颁布使政府能够有效收储土地，控制开发活动。1968 年《城乡规划法》明确了规划的二级体系，即在区域层面制定结构规划（战略规划）起到统领控制作用，在地方层面根据结构规划制定地方规划来具体实施。

在绿带政策实施的 70 余年中，英国规划界对绿带起到的作用始终褒贬不一。英国相关统计数据显示，21 世纪初伦敦周边绿带覆盖面积与 20 世纪 50 年代相近。霍尔等认为绿带政策并未将伦敦塑造成为一个紧凑发展的城市，反而导致了“蛙跳式”（leap frog）发展状况，即由于小汽车和公共交通的发展，城市建成区直接越过了绿带控制区在外围农村地区蔓延。埃尔森（Elson）等提出绿带政策缺乏对绿带地区内部土地使用情况的关注，导致了伦敦边缘地区的土地使用混乱和城市面貌混杂。

24.2.2　美国马里兰州绿带控制政策演变

美国公民的私有财产权至高无上，受到严格的法律保护。尽管第十宪法修正案规定政府可以运用政策手段保护公共健康、安全和福利，但是第五宪法修正案规定严禁政府通过金钱补偿等手段获取私有财产。因此不同于英国，美国没有国家层面的自上而下的土地控制政策，也并未出台国家层面的城市增长管理和绿带政策，而是州政府、市政府和私人团体共同参与制定各个州县的土地控制和增长管理政策。

在过去的30年中，美国已有6个大都市区制定绿带控制政策，结合城市增长控制、农业区划法和土地开发权征购等共同管控城市蔓延。

马里兰州在1970—1990年期间，人口迅速增长，导致了大都市区的低密度无序蔓延，引发了严峻的经济和社会问题：内城和内城郊区人口不断流失，使得社区衰败；郊区的低密度蔓延建设，侵占大量生态用地和农田；郊区化增加通勤距离，也引发了严重的交通堵塞和空气、水源污染问题。

为应对郊区蔓延，马里兰州20世纪70年代起开始制定包括自然资源保护和防止水体流失与水污染的一系列法规和举措。马里兰州标志性的精明增长政策始于20世纪90年代，在新任州长倡导下，州议会于1997年通过了《精明增长法》(*Smart Growth and Neighborhood Conservation Initiative*)。该法案的主要立法目的是保护州内自然资源，集中资金维护现有邻里和社区，降低基础设施投资规模，引导和限制低密度开发。《精明增长法》包括五项单独的法规：一是“优先资助区法”，利用基础设施投资，引导经济增长和空间发展，从而间接地限制城市蔓延；二是“乡村遗产法”，通过购买土地开发权直接保护农田和林地等自然资源；三是“城市再开发计划”，鼓励对内城废弃工业用地进行清理和再开发，实现内城复兴；四是“创造就业税收优惠法”，鼓励企业在指定的优先资助区内创业，并给予奖励；五是“居住接近就业示范计划”，建立企业、政府之间的联系，若职工在某些指定开发地区购房会获得一定补贴。

2000年马里兰精明增长政策当选了美国政府十大创新计划，受到广泛关注和赞誉，但实证研究表明，它的郊区蔓延管控效果不显著。由于过于注重地方自治，马里兰州政策制定者未能如俄勒冈州那样自上而下制定强制性精明增长法规和土地利用计划，而是以引导和激励手段为主，仅宽泛地设定了优先资助区，但各区县执行效果和标准划定有差别，客观上还助长了蔓延式开发。

24.2.3　韩国首尔绿带控制政策的演变

绿带政策在韩国被称为“开发限制的区域政策”。随着韩国20世纪60年代出口导向型经济的发展，首尔都市区的人口急剧膨胀。为了遏制首都地区人口的增长态势，保护绿地和农业生态系统，同时也是为了维护国家安全，韩国军政府借鉴了英国伦

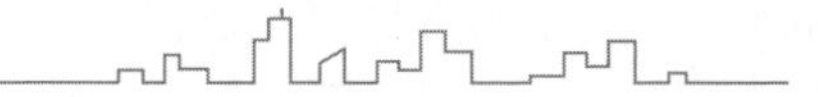

敦地区的绿带政策，将开发限制政策纳入 1971 年全国总体空间规划中，对汉城周边 40 千米范围内 1566 平方千米土地进行开发限制，这一区域占汉城市总面积的 5.4%，被称为“开发限制区”。开发限制政策在随后的十年间逐步被推广至全国 14 个大中城市。由于建立在军政府类似军事管理的基础之上，开发控制政策从 20 世纪 70 年代一直维持至 90 年代韩国开启民主化进程之前。

绿带政策的变化始于 20 世纪 90 年代，个人的私有财产权开始得到法律重视和维护。随着经济发展，土地需求不断增加，开发限制政策间接造成了首尔房价上升等问题。借 1997 年韩国大选的契机，绿带内公民、环境保护团体等联合起来要求政府承诺调整此项政策。韩国政府随后着手调整开发限制政策。1998 年开始逐步解除部分绿带区域（约 446 平方千米土地）的开发限制，并下放部分区域管理权给地方。1999 年韩国政府出台控制调整政策“绿带宣言”（开发限制区域制度改善方案）。该法案强调了绿带政策存续必要性，但也提出三点改革措施。第一，全面撤销城市蔓延压力小的中小都市圈绿带控制区域，调整为可开发区域。第二，对城市蔓延压力大的大都市圈进行部分绿带控制区域调整，并根据环境评估结果撤销部分保持意义较低的控制区域。第三，对其他的开发限制区域进行更严格的管理，使其成为有价值的生态游憩绿地。1999—2011 年的十多年间，韩国政府总计解除了 1500 余平方千米开发控制区的限制，占开发控制的总控制区面积近 30%。绿带控制区域面积因城市公共保障住房、高科技园区、交通基础设施社会项目的开发极大地缩小了。总体来看，在民主化进程开启之后，因为社会经济发展的刚性需求，开发控制区政策在不断松动，在维持地价房价、减少开发成本方面起到了积极作用。

24.3 总结与思考

总体来看，上述三个绿带控制政策案例可以依据政策制定和管制的方式不同分为自上而下的集权模式（英国）、自下而上的分权模式（美国）与中间模式（韩国）。

英国伦敦地区和韩国首尔地区的绿带控制区域之所以能够最大程度得到维护，与自上而下的土地管控方式密不可分。英国在“二战”后实现了土地开发权国有化，绿带政策也因战争得到了社会各界广泛支持，得以完整延续和保留。韩国绿带控制政策在韩国民主化进程开启前后经历了巨大变化。政策制定从一种自上而下、高度管控的方式变成了一种自下而上、多方参与的方式，政策变化主要由于土地拥有者和多方参与者的支持。在高度分权、各州都享有自主立法权的美国，并未出现全国统一的土地开发控制制度，各地开发控制重点不同。由于美国宪法对私人财产权利保护，土地开发方式和管制政策均由地方政府和私人利益团体共同商议决定。美国地方的土地开发制度受当地政治和社会经济影响颇深，地方政治团体会间接影响土地使用政策法规的制定。地方政府扮演着将地方政治团体的利益需求转换为实施政策的角色，如果缺乏地方政府和利益团体支持，则很难在州层面实施土地利用的控制政策。

随着人口的不断集聚，未来大都市区中很可能会出现更多的增长问题。在面临这些问题时，由于政治经济制度差异，一些国家（如韩国）选择释放控制区域、削减绿带控制政策影响，而另外一些国家（如美国）则采取更灵活的政策工具以应对增长和环境保护压力。绿带控制政策的制定和实施方式有很多种，不同的管控实施方式会产生不同效果。职能部门应制定正确的发展控制政策和实施框架，以应对增长问题，协调城市发展需求、群体利益和个体利益之间的相互关系。

参考文献

丁成日，2008. 美国土地开发权转让制度及其对中国耕地保护的启示 [J]. 中国土地科学，3：74-80.

丁成日，2012. 城市增长边界的理论模型 [J]. 规划师，28（3）：5-11.

李强，戴俭，2006. 西方城市蔓延治理路径演变分析 [J]. 城市发展研究，4：74-77.

孙群郎，2013. 当代美国增长伦理的转变与城市增长管理运动 [J]. 世界历史，6：19-31，156.

孙群郎，2015. 美国马里兰州的精明增长政策 [J]. 世界历史，2：4-14，158.

唐子来，1999. 英国的城市规划体系 [J]. 城市规划，8：37-41，63.

唐子来，2000. 英国城市规划核心法的历史演进过程 [J]. 国外城市规划，1：10-12，43.

汪越，谭纵波，2019. 英国近现代规划体系发展历程回顾及启示：基于土地开发

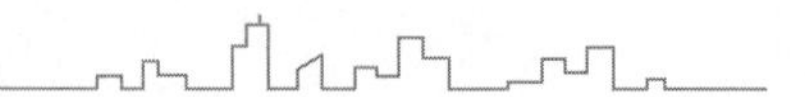

权视角 [J]. 国际城市规划，34（2）：94-100，135.

文萍，吕斌，赵鹏军，2015. 国外大城市绿带规划与实施效果：以伦敦、东京、首尔为例 [J]. 国际城市规划，30（S1）：57-63.

杨小鹏，2010. 英国的绿带政策及对我国城市绿带建设的启示 [J]. 国际城市规划，25（1）：100-106.

张媛明，罗海明，黎智辉，2013. 英国绿带政策最新进展及其借鉴研究 [J]. 现代城市研究，10：50-53.

张振龙，于淼，2010. 国外城市限制政策的模式及其对城市发展的影响 [J]. 现代城市研究，25（1）：61-68.

ALTERMAN R, 1997. The challenge of farmland preservation: lessons from a six-nation comparison[J].Journal of the American planning association, 63(2): 220-243.

AMATI M, YOKOHARI M, 2007. The establishment of the London greenbelt: reaching consensus over purchasing land[J].Journal of planning history, 6(4): 311-337.

BURCHELL R W, LOWENSTEIN G, DOLPHIN W R, et al, 2002. Costs of sprawl—2000 (No. Project H-10 FY'95)[R].Transportation Research Board, National Research Council. National Academy Press, Washington, D.C.USA.

CHOI M J, 1994. An empirical analysis of the impacts of greenbelt on land prices in the Seoul Metropolitan Area[J].Korean journal of urban planning, 29(2): 97-111.

CORRELL M R, LILLYDAHL J H, SINGELL L D, 1978. The effects of greenbelts on residential property values: some findings on the political economy of open space[J].Land economics, 54(2): 207-217.

DAWKINS C J, NELSON A C, 2002. Urban containment policies and housing prices: an international comparison with implications for future research[J].Land use policy, 19(1): 1-12.

DANIELS T L, 2010. The use of green belts to control sprawl in the United States[J]. Planning practice and research, 25(2): 255-271.

ELSON M J, WALKER S, MACDONALD R, 1993. The effectiveness of green belts[M]. London: HMSO.

HALL P, THOMAS R, GRACEY H, et al, 1973. The containment of urban England

[M]. London: Allen and Unwin.

HAN S, 1997. Measuring the social cost of green belt zoning. Research Report[R]. Korea Economic Research Institute, Republic of Korea.

LEE C M, LINNEMAN P, 1998. Dynamics of the greenbelt amenity effect on the land market: the case of Seoul's greenbelt[J].Real estate economics, 26(1): 107-129.

YOKOHARI M, BROWN R D, TAKEUCHI K, 1994. A framework for the conservation of rural ecological landscapes in the urban fringe area in Japan[J].Landscape and urban planning, 29(2-3): 103-116.

25 央地分权视角下农用地转用政策的国际比较与借鉴

王怡鹤

2020 年 3 月 12 日，国务院印发《关于授权和委托用地审批权的决定》，将永久基本农田以外的农用地转用审批权授予各省级人民政府行使，同时将永久基本农田转用审批权以委托方式在部分省份开展试点。然而，如何在赋予地方政府更大权责的同时，做到“接得住”“管得好”，是该决定在贯彻落实过程中需要重点考虑的问题（王立彬，2020）。农用地转用审批制度自 1998 年正式确立以来（张先贵，2016），一直是学界热点话题。梳理相关研究可知，过去我国农用地转用审批制度存在一定积弊，主要集中在央地权责分配不当所导致的各种问题上：一是审批权集中在较高层级，审批环节多、周期长，容易导致土地闲置等现象（任林苗，谢建定，2008；董泽，2016；孙佑海，2000）；二是审批机关同时担任“运动员”和“裁判员”，导致违法用地现象时有发生（董泽，2016；居祥，2016；王诗钧，2008）；三是审批程序分散，各级政府、各个部门都承担一定审查义务，导致权责不清，行政成本高而效率低（邓芬艳，2014；任林苗，谢建定，2008；童江欣，陈向春，2006；车裕斌，2004）。

针对农用地转用制度中的央地关系，既有研究提出了建议：中央层面应着重做好土地利用总体规划，完善相关法律政策，强化宏观管理（任林苗，谢建定，2008），并加强对地方政府的监管（李名峰等，2010）；地方政府层面应审查建设项目的具体事务和落实批后建设用地的实施工作，特别是加大力度清理闲置土地和违法用地（陈宇琼，钟太洋，2016）。总体来看，当前从央地分权出发探讨农用地转用制度的研究较少，现有研究也多停留在展望设想层面，仍需增加相关案例的研究和具体方法的介绍，特别是从央地分权角度出发的范式总结，以便为简政放权背景下的农用地转用制度提供可操作的经验借鉴。

本文选取典型国家农用地转用的制度实践，从分权和制衡两方面总结其央地分权的经验范式，最后结合中国国情，为我国农用地转用制度的改革提出建议。

25.1　案例选取与背景介绍

一直以来，世界各个国家对农用地转用中的央地权限划分展开了诸多探索，以寻求耕地保护与土地利用效率之间的平衡，形成了许多有益的经验。选取其中较典型的英国、美国、日本作为案例，对其政治经济制度及农用地转用政策体系进行梳理，为总结央地分权范式提供背景，并为经验的借鉴提供参照。

25.1.1　政治经济制度背景：央地分权与农地私有

各个国家的政治体制直接关系到中央和地方的权力关系，经济制度影响着农用地转用制度的逻辑起点和管制方式，因此为了更好地分析农用地转用制度中的央地分权模式及其适用背景，有必要首先对各个国家的政治经济制度，特别是央地关系及农用地所有制进行详细剖析。

从政治体制来看，案例国家中，不论是联邦制国家，还是与我国同属单一制的国家，在央地分权方面均具有较强的代表性（表 25-1）。美国联邦党人建立的双重分权理论较早关注到中央和地方权力的纵向划分，并付诸实践（佟德志，牟硕，2017）；英国 19 世纪就诞生了现代意义上的地方自治制度（车海刚，2013），被誉为"地方自治之家"（张国庆，2012），其分权模式是美国分权模式的逻辑起点（张亚娟，2005）；日本在 1993—2006 年共进行了两次分权改革（内閣府，2015），其中一项重要内容就是农用地转用审批权限的下放（農林水産省，2020）。

从农地所有制来看，世界上现行的农地所有制主要有两种形式，即农地私有制和农地公有制。总体来看，包括案例对象在内的资本主义国家的农地一般是以私有制为主，同时也存在一定的公有农地（表 25-1）（赵光南，2011）。私有制在提升生产积极性的同时，也为农用地转用管制带来挑战。在我国，农用地为集体所有，实行家庭联产承包责任制，而事实上，伴随着土地确权的开展，许多地方已不以人口为依据调地，而是"确实权、颁铁证"，在国家政策层面，土地承包关系也从"30 年不变"，逐渐明确为"长久不变"（周其仁，2017）。因此，实施农地私有制的国家的经验具有一定的参考价值。

表 25-1　典型国家的政治经济制度背景

国家	地区结构	央地关系	农地所有制
英国	单一制	地方分权	名义上国王所有，实际私人所有
美国	联邦制	地方分权	联邦政府、州政府、私人所有，私人所有为主
日本	单一制	地方分权	国家、公共团体、私人所有，私人所有为主

资料来源：车海刚，2013；赵光南，2011。

25.1.2　农用地转用制度体系：许可制与区划制

农用地转用的制度体系大概可以分为两种，即许可制和区划制。两种制度的运行方式与严格程度存在差异，影响着央地权力的划分与制衡模式。

大部分国家采取许可制（即“申请 - 审批”的方式）来对农用地的转用进行管制（表 25-2），但在体系背景和技术细节上又有所不同。不同于日本另外专门设立的农用地转用许可制度，英国的农场规划许可是建立在整个国家的规划许可框架之下的（U.K. Government，2019）。

表 25-2　典型国家的农用地转用相关制度体系

国家	农用地转用相关制度	主要法规政策文件
英国	农场规划许可	《国家规划政策框架》《农林地开发权许可》等
美国	农地保护区划等	《农地保护政策法案》《区划法案》等
日本	农用地转用许可	《农地法》《农振法》《闲置土地利用促进法》等

资料来源：U.K. Government，2019；Town of Hollis New Hampshire，2020。

此外，美国适应本国规划体系中的区划制度，通过农地保护区划（Agricultural Protection Zoning，APZ）及相关的开发权转移、保护地役权等手段，划分农业保护区域并严格限制用途，从而实现对农用地转用的管制（United States Department of Agriculture，2019）（表 25-2）。

区划制和许可制是农用地转用的两种主要管控方式，但两者并非完全割裂，区划制中某些区域内一定用途的建设也需要申请许可，许可制也会针对不同的区域设立不同的审批条件和程序，两种制度只是在管控的主要手段上有所侧重。从本质上来看，区划制是从一开始就确定了较详细的规则，必须在规则之内办事，相对严格；而许可制是在一个较宽泛的规则框架下，根据具体情况一事一办，相对灵活。

25.2 农用地转用的央地分权范式

分权理论自诞生之日起，便包含分权和制衡两个相辅相成的部分（张亚娟，2005）。尽管各个国家在具体的农用地转用制度上存在差异，但从央地分权的视角来看，基本可以从分权和制衡两个方面总结出一些范式。需要说明的是，分权和制衡往往都是双向的，但在本文语境下，适应我国“接得住”“管得好”的改革需求，分权特指中央向地方下放权限，制衡特指中央对地方实施权力制约和监管。

25.2.1 分权：中央对地方的权力下放

分权[①]主要有两种方式：一种是基本对应许可制的审批许可权限下放，另一种是基本对应区划制的划区定标权限下放。但正如区划制和许可制之间的关系，两种分权方式也并非完全独立，实施许可制的国家在规定许可条件时，也会涉及划区权限的下放。

第一，审批许可。

审批许可权限下放又可分为两类：一是日本的部分分权，二是英国的完全分权。

部分分权即指将特定类型或一定面积以下农用地的转用审批权下放至地方政府行使。自2016年起，日本陆续指定67个市町村（農林水産省農村振興局，2017；農村振興局農村政策部農村計画課，2021），将4公顷以下农用地转用审批权下放至都道府县和指定市町村，并将原来由中央层面实行的4公顷以上的农用地转用审批改为与中央商议、由都道府县或指定市町村实行（图25-1）（農村振興局農村政策部農村計画課，2021；農林水産省，2020a）。

完全分权则是指不论所涉及农用地的区位、面积如何，审批的主要程序均由地方政府完成。在英国，农场规划许可同其他类型规划许可一样，对所有农用地的转用，从提供咨询、受理申请，到组织审议并发布结果，均由地方规划机构（local planning authority，LPA）负责（Planning Portal，2020a）。

---

① 美国联邦的权力是各州让渡而来，严格意义上来说并不算中央向地方分权，但这对于理解农用地转用的分权范式基本没有影响，为便于经验的总结和学习，统一采用“中央向地方下放权限”的说法。

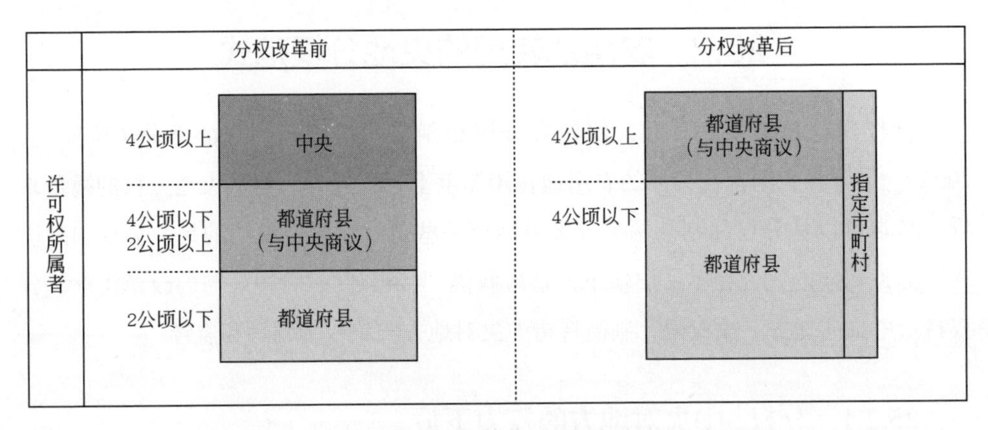

图 25-1　日本农用地转用许可审批权限下放情况

资料来源：農林水産省，2020a

第二，划区定标。

对于实行联邦制的美国而言，地方政府具有较高的自主权，区划制中的关键环节——制定标准和划定区域——主要由地方政府组织开展。各州市根据自身情况制定了关于农地区划的法规条例，如新罕布什尔州霍利斯市《区划条例》中的“农业及商业区划”（agricultural and business zone）（Town of Hollis New Hampshire，2020），加利福尼亚州《兰乔科尔多瓦市法规》中的“农业区划”（agricultural zoning districts）（Rancho Cordova, 2020）。一般来讲，农业区包含两种类型：一种是排他性农业区（exclusive agricultural zoning），不允许发展任何农业以外的功能；另一种是非排他性农业区（non-exclusive agricultural zoning），允许发展可和商业性农业共存的功能（American Farmland Trust，1997）。

在部分实行许可制的国家，区位是许可发布与否的关键条件，而区域划分的权限同样也下放至地方政府。日本的农用地转用许可制仅对农业振兴区域以外以及农业振兴区域白地中的二类和三类农地发布许可，而农业振兴区域则由都道府县划定（農林水産省，2020b）。

25.2.2　制衡：中央对地方的权力制约和监管

事实上，在分权时就已涉及中央对地方的制衡，如前文提到的日本 4 公顷以上农地转用需与中央协商。除此之外，中央对地方的制衡还可总结为三种范式：制定规则、裁决止争和列案审查。

第一，制定规则。中央政府通过制定法律法规，主要从两个方面为地方政府的具体事务设置规则、提供依据。①设计农用地转用的基本制度框架，使地方政府根据规定好的流程、标准和方法进行具体操作，保证大环节不失误。②采取总量控制、等级划定等手段，实现对耕地数量和品质的宏观把控。英国在《农林地开发权许可》中，根据农地面积等因素，规定了两种等级的农地开发权，在可开发用途等方面做出区分（U.K. Government，2019）。

第二，裁决止争。裁决是中央制衡地方的另一个手段，也是保证农用地转用审批规范的关键环节。在英国，若申请人认为地方规划机构的决定不合理，或是 8 周后仍未收到结果通知，则有权于 6 个月内向内阁大臣提起上诉（Planning Portal，2020a），根据规划检查员的记录，大概有三分之一的申请者上诉成功（Planning Portal，2020b），可见这一制度在修正地方政府的不合理决策上发挥了重要作用。

第三，列案审查。除了回应申请人的上诉，中央政府还会主动采取一些措施来监控地方政府在农用地转用上的决策。英国的《1990 年城乡规划法》第 77 条规定，内阁大臣有权命令地方规划机构提交农用地转用规划许可的申请，内阁大臣将对其进行审查并做出决定，这一制度被称作“抽审”（called-in），英国抽审应用得并不算广泛，一般而言，只有当规划项目具有超出地方层级的影响力时才会被抽审（Planning Inspectorate，2020）。

25.3 农用地转用分权的特点与启示

在农用地转用和制衡基本范式基础上，仍需挖掘其背后的规律，剖析其关键特点，以便面向中国国情做出选择和细化。

25.3.1 价值判断：根据发展阶段确定农地保护态度和制衡力度

正如前文所述，农用地转用制度是为了寻求耕地保护与土地利用效率之间的平衡，但不同国家保护耕地的程度又有所不同，其农用地转用政策的严格程度和分权力度也不同。美国的农业保护区划主要是为保护农用地、抑制城镇扩张侵占而设立，

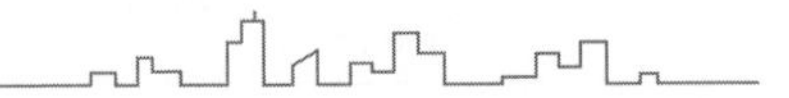

对农用地转用的管制最谨慎和严格（American Farmland Trust，1997），但地方权力也较大，区划的一切事宜基本都是州市政府来负责；日本等则在保护农地之外，还注重城乡土地利用的整体统筹（蔡秀婉，2004；農林水産省，2020c）。这些国家采用较灵活的许可制，但地方权力有限，中央对地方的制衡也较多。

可以发现两条规律：一是发展程度较低的国家对农用地转用的管控相对宽松，因为仍处在快速发展中的国家的工商业用地需求大，一味保护农用地可能会严重阻碍社会经济发展，反而不利于农地生产效率的提升；二是当管控政策本身较严格时地方的权力就较大、中央对地方的制衡较弱，反之则中央对地方的管控力度较大，总体来看是在政策的可操作性和管控的有效性之间寻求平衡。

中国已进入城镇化下半场，但与高质量、高水平的城镇化仍有较大差距，需要权衡各方因素，采取最适合当下阶段的农用地保护与发展模式。一方面是城市功能提升与生态保护修复影响下的耕地将进一步减少或转移的必然趋势；另一方面是耕地单产较低、农业技术仍存在较大发展空间的提升可能（漆信贤等，2018）。综合来看，不同于美国等社会经济高度发达、农业技术高度成熟的国家，中国需要适应城市提升和生态退耕的要求，实施相对灵活的农用地转用政策，并以较强的央地制衡措施保障转用的合理性；与此同时，应积极推动农业技术创新和农地内部流转，提升农地生产效率，从而实现总体农业生产力的提升。

25.3.2 模式选择：适应政治文化背景选择分权模式和范围

即便是在同样实施较灵活的许可制的国家，其具体的分权模式也有一定差异，这与政治文化背景有很大关联。采取完全分权模式的英国是地方自治英美学派的发源地，悠久的自由主义文化传统使其在央地分权中赋予地方政府较大空间（陈绍方，2005；孙宏伟，2013）；而在采取部分分权的日本，传统自治中的“村落共同体”只是支撑天皇体制的基层细胞，具有近现代意义的地方分权是舶来之物（郭冬梅，2005）。

相较而言，日本的部分分权模式更契合中国的政治文化传统。中国的宗族和乡绅自治与日本的“村落共同体”类似，本质上都是中央向基层的权力延伸，长久积累下来的政治文化习惯使民众的权利意识和公共精神不够成熟（林语堂，2006）。此外，新的国土空间规划体系要求形成“全国国土空间开发保护‘一张图’”（中共中央 国务院，2019），必须从全国整体统筹谋划。因此，农用地转用审批的部分分权模式更符合中国的社会现实和发展要求。

在部分分权模式下，权力下放的范围亦需要结合实际情况判断。中国几千年的政治实践也表明，县域治理是国家治理体系的基石（公丕祥，2017；张五常，2017）。从《关于建立国土空间规划体系并监督实施的若干意见》（中共中央 国务院，2019）也不难看出，市县是土地开发和保护的一级战线，也是农用地转用的关键阵地。一直以来，市县级政府部门在农用地转用审批上的话语权较弱，需要层层向上报批，行政效率低下，往往导致未批先用、边批边用，反而不利于耕地保护（童江欣，陈向春，2006）。日后可考虑循序渐进，将农用地转用的审批权进一步下放至部分市县，使农用地转用制度更好地服务于土地开发保护的最前线。但权力下放并不意味着管控放松，必须采取最严格的制衡措施以保证合理转用，中央和上级政府应继续强化法律制约和总量监控，并将原来用于审批的成本和精力转向开发权控制、裁决、抽审、列案备查等宏观控制和监管措施，以达到事半功倍的效果。

25.3.3　方法拓展：以辅助措施保障权力合理分配与规范运用

农用地转用是一项复杂而综合的工作，批后土地闲置、违规批地用地等行为都会严重干扰土地市场秩序和农用地转用管理工作。因此，还有很多延伸的辅助措施，从全生命周期保障农用地转用的规范开展，促进权力的合理分配与运用，这对于“人情社会”的中国来说，具有较大的参考意义。

农用地转用后的土地闲置是对土地资源的极大浪费，各个国家基本都有专门的闲置土地制度。日本《国土利用计划法》规定，面积在一定规模以上[①]，获批已满两年，但利用状况明显不如周边同类用地，且按照土地利用计划需要促进利用的土地，属于闲置土地（国土交通省，2015），在处理过程中，具体的审查和通知工作主要由地方政府负责，但中央会以提出意见的方式参与其中。

同国际上大多数国家一样，在中国，闲置用地作为存量建设用地管理的对象之

① 城镇区域2000平方米以上，其他城市规划区域5000平方米以上，城市规划区域外10 000平方米以上。

一，主要是地方事务，但处置办法由中央决定[①]。原国土资源部发布的《闲置土地处置办法》从获批时长、动工面积、投资总额和停工时长四方面对闲置土地做出了定义[②]，但实际操作中，在闲置开始时点、闲置有效时段、动工开发建设面积和开发投资额度的计算上往往存在争议（赵小风等，2011）。究其原因，除了规定本身不够精细、不同法律之间存在冲突外，不难发现上述规定基本都是针对用地主体本身的行为进行考察，难免在一些细节问题上存在周旋余地，且难以随实际的城市建设规律与环境做出判断。因此可参考日本经验，将周边土地利用情况、土地利用计划等条件纳入考量，在对用地主体行为进行评估的同时，结合城市发展规律和趋势等外部客观条件进行认定，削弱用地主体甚至其与地方政府“合谋”下的逃避行为所带来的认定困难，使闲置土地处理紧跟城市整体发展节奏。只有中央对闲置土地的认定与处理做出明确周详的规定，才能降低地方政府的工作难度、压缩懒政怠政空间。

此外，按规模划分审批权力很容易导致用地单位将一块本应由中央审批的大面积土地分割为几片较小面积的土地，从而分批由地方政府进行审批的情况，冲击中央政府对大规模农用地转用的管控。日本土地交易监管制度中对“一组土地”（一団の土地）的说明或可提供应对思路。与农用地转用制度类似，在日本的土地交易中，不同规模的土地适用于不同严格程度的交易制度，而不论每块土地的面积有多小，只要它们在买或卖的任意一方中属于同一主体，一旦合计达到规定的规模，都将采取更严格的事前申报制（图 25-2）。

“一组土地”的认定思路对应到我国农用地转用制度中，可以转化为只要转前农用地或转后建设用地的任意一类中，几块属于同一主体的土地面积之和超过规定数目，就应由更高级别的机关审批，具体来说包含两种情况：属于同一村集体的一整片一定规模农用地转为建设用地，以及一整片一定规模农用地转为属于同一用地主体的建设用地。这种方式能够在一定程度上规避一块地拆分为多块报批的行为，确保权力的划分在实践中能得到落实。

---

① 《闲置土地处置办法》规定：“调控新增建设用地总量的权力和责任在中央，盘活存量建设用地的权力和利益在地方。”

② 闲置土地是指国有建设用地使用权人超过国有建设用地使用权有偿使用合同或者划拨决定书约定、规定的动工开发日期满 1 年未动工开发的国有建设用地。已动工开发但开发建设用地面积占应动工开发建设用地总面积不足 1/3 或者已投资额占总投资额不足 25%，中止开发建设满 1 年的国有建设用地，也可以认定为闲置土地。

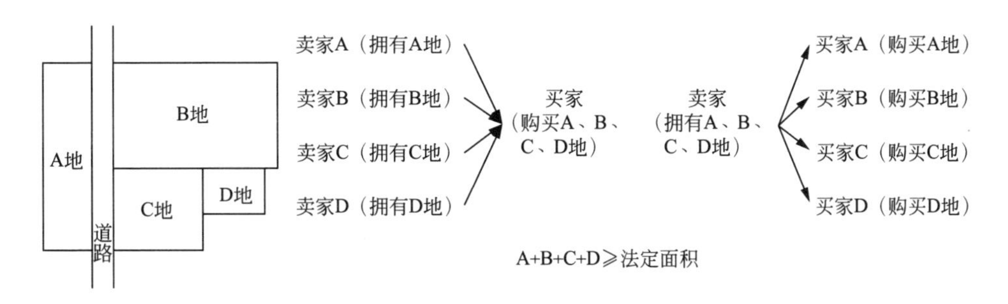

图 25-2　一组土地制度

资料来源：国土交通省，2020b

25.4 小　结

本文通过对英国、美国、日本的农用地转用分权实践进行梳理，总结出了分权和制衡的基本范式，对其背后规律进行挖掘，并结合中国国情提出了建议。但还有很多延伸问题有待讨论，比如各级地方政府之间进一步的权力划分关系，农用地转用和建设用地审批衔接过程中不同层级的权责关系等。本文只是针对农用地转用中的央地分权进行了粗浅探讨，希望可以为同类研究及政策制定提供一定参考。

参考文献

车海刚，2013. 中央与地方关系法治化研究 [D]. 武汉：武汉大学 .

车裕斌，2004. 中国农地流转机制研究 [D]. 武汉：华中农业大学 .

陈绍方，2005. 地方自治的概念、流派与体系 [J]. 求索 ,7：45-47.

陈宇琼，钟太洋，2016. 土地审批制度改革对建设占用耕地的影响：基于 1995—2013 年省级面板数据的实证研究 [J]. 资源科学，38（9）：1692-1701.

邓芬艳，2014. 土地用途变更管制制度研究 [D]. 重庆：西南政法大学 .

董泽，2016. 我国土地审批制度改革研究 [D]. 北京：中国地质大学（北京）.

公丕祥，2017. 传统中国的县域治理及其近代嬗变 [J]. 政法论坛，35（4）：3-11.

郭冬梅，2005. 关于中日“自治传统”的比较分析 [J]. 日本学论坛，1：17-21.

国土交通省，2015. 遊休土地の認定制度 [EB/OL].（2015-12-31）[2020-07-01]. http://www.pref.akita.jp/kenkan/tochikikaku/3totigaido3-2yuukyuutoti.pdf.

国土交通省，2020a. 土地取引規制制度 [EB/OL].（2015-12-31）[2021-05-01]. https://www.mlit.go.jp/totikensangyo/totikensangyo_tk2_000019.html.

国土交通省,2020b. 一団の土地取引 [EB/OL].（2020-12-31）[2021-05-01]. https: //www.mlit.go.jp/common/001199256.pdf.

国务院，2020. 关于授权和委托用地审批权的决定 [EB/OL].（2020-03-12）[2021-05-01]. http://www.gov.cn/zhengce/content/2020-03/12/content_5490385.htm/.

居祥，2016. 我国土地督察制度的耕地保护绩效研究 [D]. 南京：南京大学 .

李名峰，曹阳，王春超，2010. 中央政府与地方政府在土地垂直管理制度改革中的利益博弈分析 [J]. 中国土地科学，24（6）：9-13.

林语堂，2006. 公共精神的缺乏 [M]. 西安：陕西师范大学出版社 .

内閣府，2015. 地方分権改革のこれまでの経緯 [EB/OL].（2015-12-31）[2020-07-01]. https: //www.cao.go.jp/bunken-suishin/doc/st_03_bunken-keii.pdf.

農村振興局農村政策部農村計画課，2021. 農地転用許可権限に係る指定市町村一覧 [EB/OL].（2021-03-31）[2021-07-01]. https: //www.maff.go.jp/j/nousin/noukei/nouten/attach/pdf/nouten_shitei-38.pdf.

農村振興局農村政策部農村計画課，2021. 農地転用許可権限等に係る指定市町村の指定状況 [EB/OL].（2021-05-01）[2021-07-01]. https: //www.maff.go.jp/j/nousin/noukei/nouten/nouten_shitei.html.

農林水産省，2020a. 農地転用許可に係る権限移譲について（概要）[EB/OL].（2020-12-31）[2021-07-01]. https: //www.maff.go.jp/j/nousin/noukei/totiriyo/attach/pdf/nouchi_tenyo-13.pdf.

農林水産省，2020b. 農業振興地域制度、農地転用許可制度等について [EB/OL].（2020-12-31）[2021-07-01]. https: //www.maff.go.jp/j/nousin/noukei/totiriyo/ten-you_kisei/270403/pdf/sankou1.pdf.

農林水産省，2020c. 農地転用許可制度について [EB/OL]（2020-12-31）[2021-07-01]. https: //www.maff.go.jp/j/nousin/noukei/totiriyo/nouchi_tenyo.html.

農林水産省農村振興局，2017. 農地転用許可及び農用地区域内の開発許可の権

限に係る指定市町村の指定等について [EB/OL].（2017-12-31）[2020-05-01]. https: //www.cao.go.jp/bunken-suishin/doc/nouchi-kentoukai_gaiyou.pdf.

漆信贤，张志宏，黄贤金，2018. 面向新时代的耕地保护矛盾与创新应对 [J]. 中国土地科学，32（8）：9-15.

任林苗，谢建定，2008. 现行土地审批制度存在的问题与建议 [J]. 浙江国土资源，10：36-39.

孙宏伟，2013. 英国地方自治的发展及其理论渊源 [J]. 北京行政学院学报，2：26-30.

孙佑海，2000. 土地流转制度研究 [D]. 南京：南京农业大学 .

佟德志，牟硕，2017. 从调和到制衡：西方制衡理论发展的历史与逻辑 [J]. 江西师范大学学报（哲学社会科学版），50（1）：26-31.

童江欣，陈向春，2006. 农用地转用审批对耕地保护的缺陷分析 [J]. 国土资源，4：32-33.

王立彬，2020. 更多改革、更大赋权、更严监管：自然资源部有关负责人解读用地审批“放权”[EB/OL].（2020-03-21）[2020-07-01]. http://www.gov.cn/xinwen/2020-03/21/content_5493795.htm.

王诗钧，2008. 我国土地督察制度研究 [D]. 武汉：华中科技大学 .

张国庆，2012. 英国单一制下中央政府与地方政府的关系及对我国的启示 [J]. 经济视角，4：71-73，57.

张五常，2017. 中国的经济制度 [M]. 北京：中信出版社 .

张先贵，2016. 农用地变更许可的法权表达 [J]. 重庆社会科学，4：45-51.

张亚娟，2005. 关于权力的制约和监督研究 [D]. 北京：中共中央党校 .

赵光南，2011. 中国农地制度改革研究 [D]. 武汉：武汉大学 .

赵小风，黄贤金，马文君，等，2011. 闲置土地的认定思路及处置建议 [J]. 中国土地科学，25（9）：3-7.

中共中央 国务院，2019. 中共中央 国务院关于建立国土空间规划体系并监督实施的若干意见 [EB/OL].（2019-05-23）[2020-07-01]. http://www.gov.cn/zhengce/2019-05/23/content_5394187.htm.

周其仁，2017. 城乡中国 [M]. 北京：中信出版集团 .

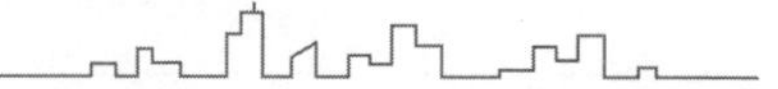

American Farmland Trust, 1997. Saving American farmland[M].Northampton: American Farmland Trust.

Planning Portal, 2020a. The decision-making process[EB/OL]. (2020-05-01)[2020-07-01]. https: //www.planningportal.co.uk/info/200232/planning_applications/58/the_decision_making_process.

Planning Portal, 2020b. Making an appeal[EB/OL]. (2020-05-01)[2020-07-01]. https://www.planningportal.co.uk/info/200207/appeals/110/making_an_appeal.

Rancho Cordova, 2020. Chapter 23.307-Agricultural Zoning Districts[EB/OL]. (2020-05-01)[2020-07-01]. https://www.codepublishing.com/CA/RanchoCordova/html/RanchoCordova23/RanchoCordova23307.html.

Planning Inspectorate, 2020. Procedural guide-called-in planning applications – England[R/OL]. (2020-05-01)[2020-07-01]. www.gov.uk.

Town of Hollis New Hampshire, 2020. Zoning ordinance[EB/OL]. (2020-05-01)[2020-07-01]. https: //www.hollisnh.org/sites/hollisnh/files/uploads/hzo2020_0.pdf.

U.K. Government, 2019. Planning permission for farms [EB/OL]. (2019-12-31)[2020-07-01]. https: //www.gov.uk/planning-permissions-for-farms/print.

United States Department of Agriculture, 2019. Farmland Protection Policy Act [EB/OL]. (2019-12-31)[2020-07-01]. https: //www.nrcs.usda.gov/wps/portal/nrcs/main/national/landuse/fppa/.

26 “二战”后残障群体平权运动对城市规划的影响

金安园

“二战”后，平权运动将城市对社会大众的视野聚焦到残障群体，城市规划也进一步覆盖到残障群体对城市环境的需求。残障群体在物理环境的直接参与，使残疾人平权运动所引发的社会价值变迁给城市带来的变化更加显著，并对参与城市建设的设计师和规划师提出了新的挑战和要求。本文通过梳理“二战”后残疾理念的变化、残障群体平权运动过程及其对城市环境、城市规划产生的影响，反映城市包容性理念的形成过程和城市规划中的价值转型过程。

26.1 城市规划与残障平权的背景

26.1.1 城市规划背景

“二战”后美国城市规划以现代主义为主流，出现“大规划”的城市建设。简·雅各布斯在《美国大城市的死与生》中提出城市活力的关键在于人的多样性，在于对不同人群、不同需求的包容。雅各布斯主张城市设计应该是基于对人的生活的观察，不是建设完成后再要求人来适应。她强调城市是复杂、有序、高效的混合体，以邻里空间、公共空间构成城市空间网络，使多样人群活动能够相互交织，构成城市的活力秩序。与清除城市恶劣条件开展城市更新的进步主义形成的强烈反差，她通过对嘈杂的街头，热闹的人行道，包括黑人、女性等多样人群的肯定，提出了新的健康城市理念。雅各布斯还反对大量高速公路替代传统道路，呼吁包容各类人群活动的公共场所建设，鼓吹系列的平权运动，环境运动、公民权利、女权主义等。《美国大城市的死与生》一书出版之后的三年时间内，《女性的权利》《寂静的春天》陆续

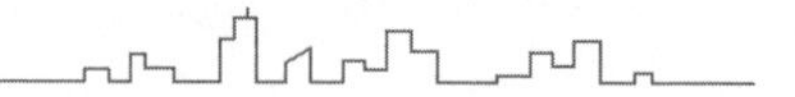

出版。之后的民权运动，推动了禁止任何形式歧视的法律出台，将美国推向了反歧视斗争的前线。

反歧视斗争，推进了城市规划的价值转型。社会学方法开始介入城市规划的研究，“人”的需求满足进一步替代了对城市形式的追求。“新”不再是规划评判的唯一标准，“个性”等成为衡量城市规划成效的重要指标。解决更现实的城市问题，营造宜居、可持续、包容的城市环境逐渐走上了时代的潮流。

26.1.2 残疾认知背景

总结来说，欧美各国对“残疾”的认知，或者社会态度基本经历了三个阶段的变化：

初期为教会服务或国家福利下的慈善阶段。该阶段，残障群体的污名化现象严重，残障群体的生存主要依赖慈善机构的援助和救济。残疾成年人多被家人关在密室里，或以乞丐身份卑微地生活。大多数残疾人的寿命很短，主要原因与他们的恶劣生活环境有关。

中期为“二战”到20世纪70年代之间，以医疗模式为主导的阶段。该阶段身体的受损严重程度被认为是否能够享有残疾福利的必要条件。因此，美国医学会身体障碍医学评估委员会曾指出：“对永久性损伤的能力进行评估，需要有充分而完整的医学检查；准确客观地评估身体机能，并避免主观印象和非医学因素干扰，是评判残疾的标准”。该阶段针对残障群体专门设立了相关医疗或福利机构，提供了封闭式集中的居住和专业服务，康复成为重要的残疾人事业。但同时，这种独立机构也诱发了残障群体与社会大众的进一步隔离。

后期为20世纪70年代后兴起的社会模型阶段。受到人权运动、女权运动的影响，残疾人社会运动在20世纪60年代后开始发展，人权与城市空间之间的联系再次被唤醒。在去机构化、独立生活运动的推动下，残疾从个人身体机能问题逐渐演变成一种被认为是“社会压迫”的形式。生物学家纳吉（Nagi，1976）通过关节炎相关病理研究，发现关节炎致使关节行动范围受限，会导致人的行为功能受限，从而引发残疾。由此形成推测，环境适应可以在一定程度上决定疾病的演变状况，并对残疾模型进行了新的诠释，将人与环境的互动包含其中。1991年，为了进一步明确相关的环境因素，美国医学科学院在纳吉模型基础上推导出IOM模型，并明确将残疾定义为“人与环境相互作用的函数”，其中“环境”包含社会环境和物理环境的共同作用，模型的物理环境包含城市中的建筑、运输、气候、技术、地理区位和时间等。其他学者对残疾模型中的环境因素也进行了不同层次的探讨，如从微观、中观、宏观层面定义了家庭、工作区域和社区、社会经济和文化三个分析“残疾”的维度（Fawcett 等，1991）。

对残疾的重新定义奠定了残障群体作为社会群体一员应享受同样权利的认识基础。社会力量也开始呼吁残障群体的人权保护。在 20 世纪 90 年代，各国相继发布了残疾人权利保障法律，包括 1990 年《美国残疾人法案》、1995 年《英国残疾歧视法》和 1992 年澳大利亚《国家残疾人歧视法》等；各国通过立法，为反歧视残疾人和帮助残疾人融入社会等提供了有力保障。在这样的认知变迁中，过去长达数百年的弱势群体得以迅速接触整个城市环境，引发了对传统城市规划的反思与批判。

26.2　城市规划与城市空间的反思

26.2.1　城市规划的反思

通过反思女权运动、黑人运动对城市规划、城市结构的影响，重新定义“残疾”，揭示了城市环境与残障群体权利之间的不匹配现象，再次推动了城市规划的价值转型。城市规划师哈恩（Hahn，1984）曾评估了人们在现有建筑和空间设施中发挥作用的能力，得出结论：“现有的城市环境基本上是为人类平均状态设计的，正负半个标准差。从钟形曲线来看，残疾人位于分布的尾部，他们被环境与社会隔离。”

认识到态度歧视是残疾人面临的主要问题，这为城市环境设计师提供了不同寻常的机会。黑人、妇女和其他的少数群体进行的社会运动曾迫使环境发生变化，比如取消一些隔离设施，但残障群体对建筑环境、社区环境和城市环境拥有更直接的诉求。然而工业城市和当代城市无法满足残疾人成为城市社会生活主流一部分的要求。现代城市的交通不便、住房和就业市场的不完善等功能和形式的缺陷，也给残疾人带来巨大的社会风险。城市布局（包括宏观土地利用模式和建筑内部设计）在残疾人承担的巨大社会风险面前，选择了放弃对他们的流动性需求的考虑（Gleeson，1996）。

意识到视角的缺失，逐渐催生出一批新的研究，推动在城市规划中考虑残障群体。地理学家高莱兹（Golledge，1991）致力于残疾人语境中的空间理解研究，对视障群体的行为模式、空间需求等深入观察，强调完善残障群体地理信息供给与保障的重要性。而格里森（Gleeson，1996）对高莱兹研究的批判，则强调了城市规划师、设计者在思考城市环境改善中如何满足残障群体需要的问题时，应注意到这同样是个政治参与的社会学命题，只有公共政策保障，才能有效实施环境改善，这就要求学者跳出通过改善城市物理空间就能解决残障诉求的简单认知，应该构建物理、社会环境系统化改善的完整机制。

另外一种批判针对的是长期形成的观念。许多建筑师和规划师认为，消除建筑障碍和相关活动障碍来适合残疾人功能活动需求，只是一项技术问题或补偿措施，而不是残疾人士公民权利的一部分。这种观念认为提供无障碍环境只是一种残障群体的特权，或者是一种慈善的延伸，而不是法律问题、社会问题。建筑师和规划师应该不断意识到，创造无障碍环境会直接影响公众对残疾人的看法，影响到残障群体与社会之间的关系，是消除残疾人歧视的关键支撑。视障群体能够以合理的速度从出发地向目的地移动，那么他们就应该能优雅、舒适和安全地前行（Gleeson，1996）。这种残障群体对提升生活质量的要求，正是规划师和设计师需要认识到的。

26.2.2 城市环境的反思

约翰（John 等，1990）在一项对休斯敦哈里斯县 1640 位居民的访谈中发现，每 20 个居民中就有 1 个残疾人，每 10 个人中就有 1 个人需要在家里进行特殊的建筑改造。城市的交通环境条件决定了残障群体能否参与城市的经济和社会生活，而休斯敦的残疾人和老年人使用交通工具占比不足 10%。在缺乏人行道、路面视障标识的环境中，加上对犯罪等伤害的恐惧，残疾人和老年人的社会参与度极低。哈恩（Hahn，1986）在对洛杉矶残疾居民生活环境的调查中发现，地理分散是导致残障群体住所在城市中被划割成一座座孤岛的主要原因。1985 年，美国残疾公民对公共交通协会提出的“购买无障碍巴士过于昂贵”这一提案举行了大型示威抗议游行，但讽刺的是，由于缺乏无障碍交通的条件，许多参与抗议的残疾人无法抵达抗议现场。

一个没有路面视障标识或人行道的城市，明显不欢迎残疾人；而如果一个城市没有为所有居民提供合适的住房，则成为弱势群体不被接纳的另一种表现。在美国的很多城市中，残疾人“经常被困在限制性的生活单元中，在不合适的交通条件下无法获得必要的城市资源”（John, Mark，1990）。易于引发残疾歧视的城市障碍可以被划分为三种类型：移动中的物理障碍，包括道路表面的崎岖不平等，这些障碍使得轮椅类辅助工具难以使用；建筑环境障碍，包括建筑物难以出入使用，残疾人难以在其中独立生活等；公共交通障碍，比如将公共交通需求均质化处理，导致更迫切需要使用公共交通的弱势群体难以使用等。

从医疗模式转向社会照顾模式的催化剂——去机构化运动，推动了将残疾人从专门提供专项服务的机构返回社区的运动。但不幸的是，开展这项运动的时候正是美国大多数大都市地区社区意识正在消亡的时间（Hahn，1986）。残障群体的社会回归缺少能够提供支持的社区环境。在离开机构后，残疾人不得不在不符合其需求的环境中重新陷入孤独的生活，这反而加剧了城市问题。

26.3　响应残疾需求的思考与实践

26.3.1　新的城市理念

贝克（Beck）提出新的城市理念 City of And[①]，要求以多样性、全球性、凝聚力等为特征，通过文化宽容、社会经济包容、公共空间的民主化，向残障人士彻底开放包括家庭在内的所有空间领域等。在规划文献中，不同的理想产生了一种新的体制秩序的愿景，这尤其以杨（Young，1990）的“城市生活和差异”草图中“社会分化而不排斥”为代表，成为了“City of And”的标志。在新的城市理念中，包容性城市和无障碍城市不会对城市效率、文化遗产保护等带来威胁；相反，通过城市形态和功能体现出的社会异质性，展现了城市的多样性和社会认同，对差异的包容也有利于消除社会隔离。

26.3.2　解决住房问题

1983 年，菲利普（Philips）通过调研证实，许多有行动障碍的人士并不适合使用辅助工具，他们的活动范围局限在方圆 500 英尺（约 152 米）以内。然而，满足这类功能需求的城市区位往往地价高昂，与残疾群体低于平均收入水平的经济条件

① 大概意思为“包容之城”。

不符。此外，如同上文所说，去机构化的时刻发生在大都市社区消亡的时候，导致符合条件的居住环境供给更加有限。为解决这些问题，美国曾尝试在洛杉矶等城市建立独立的生活中心，为希望独立生活的残疾人提供相应的援助。但是，随着投入资金的不断增长，提供的社会服务也逐渐产生出排他性，公民们对残障权利运动开始产生担忧。对于提供可支付、能够适应残障群体需求的住房这一命题，除了考虑政府补贴外，在一份如何在具有良好可达性区位条件的区域中提供价格较低的经济适用房报告中，论文作者研究了影响房价的各种因素，包括土地价格、建筑密度、建筑成本、运营费用和区位等，梳理了四种经济适用房的优缺点和特征，提出了通过控制成本、引导中等房价的住房建设，并利用城市住房的更替动态变化，逐渐在相关区域增大可支付住房供给的可能（Litman，2019）。

对于无障碍住房，包括住房单元的无障碍内置环境和无障碍公共交通设计等，欧美大部分国家都制定了相关的建筑标准或设计指南。休斯敦住房和交通咨询委员会要求无障碍交通路线必须连接医疗设施、购物和零售中心、高等教育机构、社区和文化中心、低收入和中等收入住房、各种种族和族裔社区等。已有证据表明，这些连接对老年人和残疾人的生活有很大的影响。例如，1983 年华盛顿为轮椅使用者提供了一定数量的公共汽车线路，使轮椅使用者可以通过这些路线高效出行，有效减少了他们对辅助交通服务的依赖。

26.4 小　结

经过数十年的发展，加之快速城市化过程，城市规划逐渐包含了更丰富的关怀人的需求的内容，从一种对地理空间的研究，逐渐拓展到包含更多跨学科，包括与社会学结合的内容，来共同辅佐城市的管理与社会治理。

本文以美国为主，梳理了在“二战”之后社会变迁中伴随着残障群体平权运动引发的城市规划反思、新城市理念的提出和对城市规划建设造成的变化，直观地介绍了平权运动对少数群体权利再认知，以及对于城市规划价值观的影响；所有这些，推动形成了城市规划的多样性、复杂性、包容性理念，对设计师和规划师提出了要掌握社会学知识，以解决问题为导向的直观要求。

对比我国现状，无论是对残疾的认知模式还是规划的城市包容性理念的价值转型，在文化背景和发展阶段的双重作用下，都还处在相对落后的状况。但是，对少数群体人权的回应不应该等城市建设完成后再反思与再改造，而是应该秉持社会平等，尊重弱势群体权利，伴随城市建设过程，逐步完善我国城市包容性无障碍环境的建设。美国经验为我们提供了可借鉴的城市反思与更新路径，如何推动我国城市规划的价值转型，将是未来城市规划、设计工作者共同思考的问题。

参考文献

雅各布斯，2006. 美国大城市的死与生 [M]. 金衡山，译 . 北京：译林出版社 .

闫蕊，2011. 美国残疾人居住及相关服务制度的演变 [J]. 残疾人研究，4：70-72.

杨立雄，2013. 美国、瑞典和日本残疾人服务体系比较研究 [J]. 残疾人研究，1：69-75.

FAWCETT S B, 1991. Social validity: A note on methodology[J]. Journal of Applied Behavior Analysis, 24(2): 235-239.

GLEESON B J, 1996. Disability and the open city[J]. Transactions of the institute of British geographers, 21(2): 387-396.

GLEESON B J, 2001. A Geography for Disabled People?[J]. Urban studies, 38(2): 251-265.

GOLLEDGE R, 1991. Tactual strip maps as navigational aids[J]. Journal of visual impairment and blindness, 85: 296-301.

HAHN H, 1986. Disability and the urban environment: a perspective on Los Angeles[J]. Environment and Planning D: Society and Space, 4: 273-208.

JOHN I G, MARK S R, 1990. Creating the accessible city: proposals for providing housing and transportation for low income, elderly and disabled people[J]. The American journal of economics and sociology, 49(3): 271-282.

JOHN M P, 1985. Integration or isolation? A dual study of wheelchair housing in British Columbia[D]. Winnipeg: University of Winnipeg.

LITMAN T, 2019. Affordable-accessible housing in a dynamic city: why and how to increase affordable housing in accessible neighborhoods[R]. Victoria Transport Policy Institute.

NAGI S, 1976. An epidemiology of disability among adults in the United States[J].

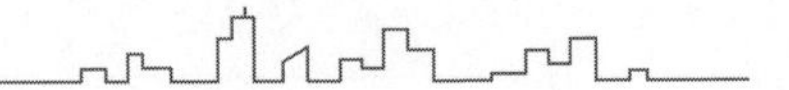

Milbank Memorial Fund Q, 54: 439-468.

O'DAY B, KILLEEN M, 2002. Research on the lives of persons with disabilities: the emerging importance of qualitative research methodologies[J]. Journal of Disability Policy Studies, 13(1): 9-15.

PSOMOPOULOS P, 1973. Disabled people in disabling settlements[A]// Models of service for the multi-handicapped adult united cerebral palsy, 14-26.

27 20世纪以来关于社区可持续发展的研究综述

刘思璐

社区作为社会活动的基本单元，是推动可持续发展向基层落实，提升城市更新综合效益的重要载体，“社区可持续发展”问题已经成为我们追求“城市可持续发展”综合效益的必然途径。本文梳理了20世纪以来城市规划中与社区发展相关的主要理论，并追溯到城市发展的不同阶段，发现社区规划及其可持续发展的内涵随着所面临城市问题的深化而不断丰富，从物质规划时期的田园城市、现代城市到邻里单位的住区运动，再到策略规划导向下公众参与的兴起，从精明增长下的新城市主义再到生态主义推动下的社区可持续发展，多维度推进社区不断发展。

27.1 郊区化蔓延下的物质规划理论

27.1.1 “乌托邦”式规划

19世纪末20世纪初的规划理论对城市化都采取较极端的支持或反对态度，主要可以划分为分散和集中两种发展模式（泰勒等，2016）。霍华德从城乡结合的角度思考城市进一步发展方向，他倡导将都市与乡村相结合，采取在郊区建立卫星城的方式，城市周围被绿带环绕，中心为开放空间和公共服务设施。另外，他以社会改良为出发点，着力探索土地公有制下的混合社区模式，倡导社区居民积极参加各类社会活动，旨在通过合作来管理城市事务，最终实现利益共享。柯布西耶的现代城市理念则从集中发展的角度，致力于提升大型工业城市的居民生活条件。他将住宅看作“居住机器”，倡导提高居住环境的密度，目的是节省出更多的空间来建造居住者共享的公共活动空间。在当时，这些依托技术发展的居住单元模式被认为是可持续的。

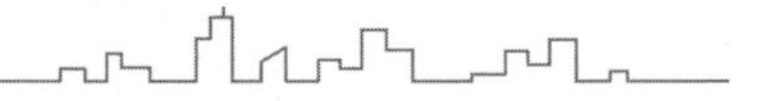

27.1.2 社区运动的发展

美国建筑师克拉伦斯·斯泰恩（Clarence Stein）最早正视技术时代到来，并认为汽车将对城市规划建设产生重要且深远的影响，因此他创立了人、车分行的雷德伯恩（Radburn）体系（沈玉麟，1989），他希望居民能够免受小汽车的打扰，充分享受美好的社区生活所带来的快乐和温馨。1929年，美国建筑师克拉伦斯·佩里（Clarence Perry）受到霍华德在田园城市中以社会单元解决社会问题的影响，提出“邻里单位”的概念，并以此作为组成居住区的细胞单元（沈玉麟，1989）。一方面，邻里单位在物质规划上提出了布局的6个关键要素，另一方面，从社会角度看，邻里单位也能够提高居民对社区的归属感。

27.1.3 对物质规划理论的批判性分析

20世纪早期的规划理论确实为城市发展建设探索了有益的模式，但由于当时城市普遍扩张、郊区化蔓延下的生活环境不断恶化的问题影响，规划理论与实践的探索更多地集中在物质规划层面，且带有“乌托邦”式的蓝图规划色彩。规划师对于社区真正面临的邻里衰败、社会公平等问题给予的关注较少，更多的是以一种精英式的规划视角介入社区规划中，并不了解居民的真正需求是什么。或许这种物质规划的方式可以暂时解决社区面临的物质环境方面的问题，但从长期可持续的过程来看，并不能达到预期效果。

27.2 策略型规划导向下的公众参与理论的兴起

27.2.1 传统与策略型规划方法的分异

从20世纪60年代开始，规划理论逐渐向两个不同的方向延伸（泰勒等，2006）。传统型规划方法主要以物质空间层面的规划理论为基础，从系统分析和理性决策两个方面解决城市问题。这种采用传统方法的规划强调专家的技术视角，不能较好地适应社区发展的渐进式特点。而采用策略方法的规划则强调决策过程与社区居民紧密联系，关注社区内部短期内需要解决的问题，聚焦规划实施（表27-1）。

表 27-1　传统型与策略型规划方法对比

项目	传统方法	策略方法
基本工具	总体规划	交流沟通和政治游说
时限	长期的	短期的
过程	按部就班	完成可行的部分
目标	合理、专业化愿景	民主、有代表性的过程
评价	过于理想化	过于实际

资料来源：泰勒等，2016。

27.2.2　策略型规划中公众参与及实施理论发展

策略型规划的崛起与当时的人文主义思潮兴起和公众参与思想兴起密切关联，逐步发展为西方国家城市规划的主要方向，并随着实践中居民参与不断深化而进一步完善（泰勒等，2006）。

20 世纪 60 年代初期，美国学者保罗・达维多夫（Paul Davidoff）和托马斯・赖纳（Thomas Reiner）最先将规划看作一个政治过程并强调它的价值属性（泰勒等，2006）。1965 年，达维多夫发表《规划中的倡导和多元主义》（*Advocacy and Pluralism in Planning*），阐述并确定了规划的过程性和民主性，同时把规划从业人员看作“群体利益的倡导者”，并着力强调这一角色的责任及其重要性。1969 年，谢里・安斯坦（Sherry Arnstein，1969）发表《市民参与阶梯》（*A Ladder of Citizen Participation*），将公众参与划分为 3 个层次、8 种形式，从实践的角度，对规划中公众参与的标准进行衡量。而同期，在英国的《斯凯夫顿报告》中，进一步提出并阐释了鼓励在规划中运用公众参与的一系列方法，如通过举办“社区论坛”促进社区与地方机构之间的联系，任命“社区发展官员”联络那些对公众参与不积极的利益群体等（杨贵庆，2002）。

20 世纪 70—90 年代，公众参与的理念不断丰富完善，聚焦于实施的各类规划方式也开始逐渐涌现。约翰・弗里德曼（John Friedmann）的“市民社会”理论（泰勒等，2006；孙施文，殷悦，2009）提出了四种不同的市民参与规划的方法，并提出通过“把行动与规划相融合”（泰勒等，2006）积极提升市民的规划参与度，同时他也认为规划人员在以行动为导向的同时要具备与人交往、谈判沟通的交往技能。到了 20 世纪 80 年代后期，西格（Sager）、英尼斯（Innes）等提出“沟通规划”（com-

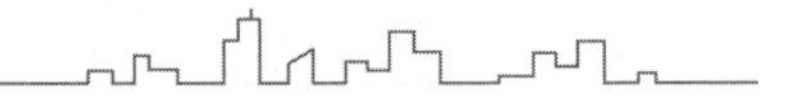

municative planning）方法，帕齐·希利（Patsy Healey）提出“协作式规划”（collaborative planning）方法，他们都开始提倡着力关注规划中不同利益群体的意愿，并强调对公民的赋权与赋能（唐燕，2020）。

“二战”后，西方国家进入经济发展的巨大变革阶段。为建立经济繁荣的社会，国家开始推行各种各样的福利计划。但随着频繁的社会动荡和20世纪70年代的石油危机，城市面临着增长的极限、资源的枯竭、环境的透支等一系列问题，可持续发展成为这一时期的主要口号。城市逐渐从现代主义的工业化时期过渡到后现代主义阶段，出现了以人为本、设计方法主导的新城市主义和可持续理念下的生态城市主义等规划理念，进一步影响了社区规划的探索。

27.3 以人为中心的新城市主义下的社区规划

27.3.1 新城市主义的起源

20世纪下半叶，随着小汽车的普及，郊区化的生活模式不断得到推崇，人们逐渐把郊区变成生活、娱乐的中心。然而，正是这种缺乏与环境有机联系的发展方式，不仅打破了传统社区内部的相互联系，还忽视了城市公共空间的重要性（邹兵，2000）。这些因素导致居民在向往、崇尚郊区自由生活的同时却没有获得他们同样渴望的社区归属感。而市中心也随着中上层阶级的外迁问题不断恶化，衰败的内城社区住房质量不断下降，贫困、不平等、犯罪和社会隔离问题层出不穷。

作为回应，“新城市主义”以20世纪70年代以来发展起来的“紧凑城市”“历史建筑更新改造”“内城复兴”等理念为基础，形成了城市发展的新模式（格兰特等，2010）。在20世纪80年代早期，“新城市主义”作为后现代城市主义之一登上舞台，并在90年代发展至高潮。

27.3.2 新城市主义的原则与方式

“新城市主义”延续了“二战”前的住区发展思想，在佩里的“邻里单位”基础上，提出要把现代生活的各个部分连接成一个整体，打造紧凑、适合步行、功能混合的新型化社区模式（桂丹，毛其智，2000）。核心思想主要有以下三点：一是思考解决问题的方式要从区域整体性的角度出发；二是以人为本的生活环境理念；三是规划方法上强调规划设计与历史自然的和谐统一（Sharifi，2016）。在核心思想的指导下，形成了新城市主义四种主要工作方法：传统街区设计、公交导向设计、城市村庄和精明增长。

第一，传统街区设计。“传统邻里开发模式”（traditional neighborhood development, TND）由安德烈斯·杜安伊（Andres Duany）与伊丽莎白·普拉特-兹伊贝克（Elizabeth Plater-Zyberk）共同提出，将住区看作半径 400 米、步行 5 分钟的社区单元，倡导土地的多元化使用和丰富的邻里交往空间。该模式主要受到佩里所提出的邻里单位的影响，但二者在设施用地的布局方式、社区规模、公共交通的共享模式等规划理念方面有很大不同（李强，2006）。

第二，公交导向设计。彼得·卡尔索普（Peter Calthorpe）提出“以公共交通为导向的开发（transit-oriented development, TOD）模式”，以公共交通为基本规划原则并强调土地功能的混合使用。以公共交通为导向的开发模式强调从新城建设的角度结合城市交通枢纽合理安排居住、办公、零售、餐饮等功能，是从更大的角度出发来探索综合交通枢纽和社区公共交通相结合的整体性方法（桂丹，毛其智，2000）。

第三，城市村庄。“城市村庄”的发展主要运用了传统街区的设计方法、原则以及街坊式的布局方式，被视为一种可持续的自给自足的全新开发模式，人们在此可获得城镇与乡村的双重美好品质（格兰特，2010）。

第四，精明增长。“1993 年第一届新城市主义代表大会召开，会议通过了新城市主义宪章，并正式提出‘新城市主义’行动计划”（唐相龙，2008）。随后，又在此基础上提出“精明增长”，提倡“完善地区基础设施建设；鼓励紧凑发展；创建不同阶层的住房混合以改善社会公平；创建多功能、可步行的社区；鼓励居民参与和社企合作”等一系列措施（Sharifi，2016）。

27.3.3　对新城市主义的批判性分析

的确，新城市主义中以人为本的核心理念、设计主导的方法值得提倡，但同时它也忽视了导致城市问题产生的社会与经济因素（刘铨，2006）。许多新城市主义的倡导者都是建筑学出身，这使新城市主义陷入了一种假象，即相信设计可以实现社会目标。新城市主义中的很多假设是以目标导向为出发点的，没有经过现实社会生活实践的检验，比如“新城市主义”提倡混合社区，但实际上却造就了富裕阶层的“单一居住区”。由此可见，社区通过设计上的简单混合并不能消除阶级的差距，问题的关键着力点在于解决社区经济和社会层面的问题。

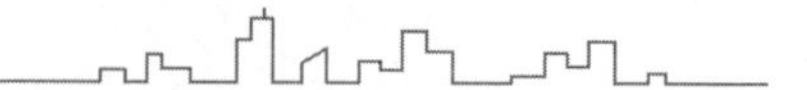

27.4　生态城市理论下的社区可持续发展

27.4.1　可持续发展概念的兴起

从20世纪向21世纪过渡的今天，人们越来越重视将“可持续发展”理念融入社区规划中（Sharifi，2016）。“可持续性”理念出现于20世纪70年代初，为了应对人们对现代发展导致的全球环境和社会危机这一意识的增长。社区方面，20世纪70年代以来，加利福尼亚州召开了一系列有关“宜居社区”的会议（Wheeler，2013）。从20世纪80年代开始，倡导环境正义的人士呼吁人们关注受到城市发展负面影响的低收入社区和种族社区。

而在20世纪80年代早期发展起来的生态城市理论，进一步呼应了可持续发展的环境保护理念。联合国教科文组织发起了一项题为“人与生物圈”的计划，该计划指出“生态城市”是从自然环境和社会心理两方面出发，探索将技术和自然充分融合的保护环境的人类活动方式（王飞儿，2004）。“生态城市”的提出受到了全球的广泛关注，1987年布伦特兰委员会发表的报告《我们共同的未来》和1991年联合国在里约热内卢举行的“地球首脑会议”，进一步将“可持续发展”理念拓展至国际视野（Wheeler，2013）。随后也出现了越来越多的学者基于“生态城市”理论提出倡议，如“健康城市”“绿色城市”“弹性城市”“紧凑城市”等。罗斯兰（Roseland，1997）认为，“生态城市”理念与其他理念共同存在且包含其他理念（图27-1），而非独立存在，“可持续的社区发展”模式在其中占有相当重要的位置。

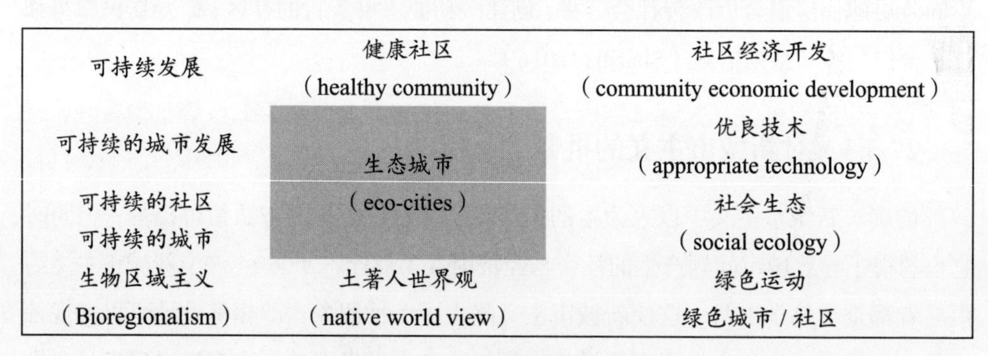

图27-1　生态城市理念内涵

图片来源：黄肇义，杨东援，2001

27.4.2　可持续社区内涵

当下“可持续社区发展”更多地体现在城市更新背景下，如何让社区更新更具有可持续性。以往的可持续性理念中很少涵盖社区层面的问题，而现在的可持续性理念不仅仅强调物质环境的更新与设计，更加重视社会资本在可持续发展方面的合作。多元性是可持续性理念的核心，在更新过程中要求从单一的物质空间逐步向可持续更新的多元性转变（Sarifi，2016），即“从生态、社会和经济”三个维度中寻求可持续发展的途径。据此，“可持续社区更新”是由“社区生态、社区经济和社区社会”这三个层面的更新构成的（Huang 等，2020）。

27.4.3　可持续社区评价指标的设立与原则

为指导可持续社区更新更好地开展工作，不少学者对此做了大量研究。大部分学者认为指标体系的建立可以分为自上而下和自下而上两个层次，但具体认识上也有一定的差别。一些学者将自下而上的指标体系称为市民主义、自上而下的指标体系称为精英主义。其中市民主义强调更新过程中的社区赋权，指标的选择更关注弱势群体的利益，更具有在地性；精英主义则偏向于从专家评估的角度来建立指标（汪思彤，杨东峰，2011）。

从可持续性水平看，有学者又将社区评价分为社区和物质条件两个评估阶段（Huang 等，2020）。从社区发展的可持续性角度看，包括社会、经济、环境和土地利用四个维度，邻里的物质条件则分为住宅建筑和公共设施等条件。在社区评估的第一阶段，通常对其社会、经济和环境的可持续状况进行评价，主要是一些可观察性、可测量的指标数据，来反映社区的经济社会状况、就业率、稳定性等。而在物质条件评估的第二阶段，通常是对地方和社区的定性指标进行评估，包括居民的满意度、舒适度、归属感等。在具体操作层面，通过建立决策矩阵的形式，评估各社区不同的物理条件和可持续水平，划分为拆除重建、改建、修复、场所营造等不同形式，针对社区各自需求采取不同的更新措施。

另外，有学者总结了城市社区可持续发展的 9 项综合原则（Luederitz 等，2013），包括人与环境的和谐、可再生的建筑材料、可持续的能源使用、良好的交通条件、宜居活力的邻里环境、具有弹性应对风险的能力、基层治理与居民赋权、居

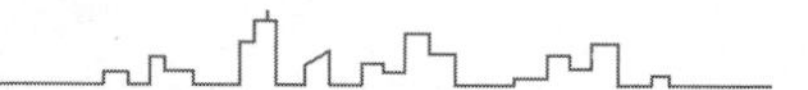

民的满意度和舒适度、社区与周边环境的关系；并指出在社区更新中最容易忽略的是弱势群体和社区居民赋权等方面。

由此可见，在提倡社区可持续更新的今天，社区可持续发展规划更强调在地方政府带动，社区积极参与，以及社会资本的积极加入，三方共同努力多元合作，共同创造可持续社区。社区的物质条件固然重要，但是朝着可持续更新目标，更需要社区中每个人的积极参与，共同应对。

27.5 小　结

社区尺度的规划被认为是实现可持续发展的必要条件。通过以上研究，可以看到城市发展的不同阶段，规划面临的问题和应对方法也不同。从工业革命后到 20 世纪初，物质环境的改善与提升就被看作具有可持续性的。但后来，人们逐渐意识到精英式规划并不能解决社区的内部问题，公众参与、居民赋权逐渐丰富了社区可持续发展的工作内涵。20 世纪 70 年代，面对城市发展的增长极限、资源的透支，规划再一次回归到物质空间的设计方法，探索社区的不同发展模式。20 世纪 80 年代后期，随着可持续概念不断明确，社区可持续发展的内涵也扩大到了社会、经济、生态三个维度，并在城市更新的实践探索中不断完善。

参考文献

格兰特，叶齐茂，倪晓晖，2010. 良好社区规划 新城市主义的理论与实践 [M]. 北京：中国建筑工业出版社 .

桂丹，毛其智，2000. 美国新城市主义思潮的发展及其对中国城市设计的借鉴 [J]. 世界建筑，10：26-30.

黄肇义，杨东援，2001. 国内外生态城市理论研究综述 [J]. 城市规划，1：59-66.

格兰特，2010. 良好社区规划：新城市主义的理论与实践 [M]. 叶齐茂，倪晓晖，译 . 北京：中国建筑工业出版社 .

李强，2006. 从邻里单位到新城市主义社区：美国社区规划模式变迁探究 [J]. 世界建筑，7：92-94.

刘铨，2006. 关于“新城市主义”的批判性思考 [J]. 建筑师，3：50-53.

沈玉麟，1989. 外国城市建设史 [M]. 北京：中国建筑工业出版社 .

孙施文，殷悦，2009. 西方城市规划中公众参与的理论基础及其发展 [J]. 国际城市规划，24（S1）：233-239.

泰勒，沃德，吴唯佳，2016. 21 世纪的社区发展与规划 [M]. 北京：中国建筑工业出版社 .

泰勒，2006. 1945 年后西方城市规划理论的流变 [M]. 李白玉，陈贞，译 . 北京：中国建筑工业出版社 .

唐相龙，2008. 新城市主义及精明增长之解读 [J]. 城市问题，1：87-90.

唐燕，2020. 精细化治理时代的城市设计运作：基于二元思辨 [J]. 城市规划，44（2）：20-26.

王飞儿，2004. 生态城市理论及其可持续发展研究 [D]. 杭州：浙江大学 .

汪思彤，杨东峰，2011. 城市社区可持续性定量评估：国际经验与启示 [C]// 中国城市规划学会，南京市政府 . 转型与重构：2011 中国城市规划年会论文集 . 中国城市规划学会，4613-4623.

杨贵庆，2002. 试析当今美国城市规划的公众参与 [J]. 国外城市规划，2：2-5，33.

邹兵，2000.“新城市主义”与美国社区设计的新动向 [J]. 国外城市规划，2：36-38，43.

ARNSTEIN S, 1969. A ladder of citizen participation[J].Journal of the American institute of planners, 35(4): 216-224.

DAVIDOFF P, 1965. Advocacy and pluralism in planning[J].Journal of the American institute of planners, 31(4): 331-338.

HEALEY P, 1998. Collaborative planning in a stakeholder society[J].Town planning review, 1: 7.

HUANG L, ZHENG W, HONG J, et al., 2020. Paths and strategies for sustainable urban renewal at the neighbourhood level: A framework for decision-making[J].Sustainable cities and society, 55, 102074.

IMPERATIVES S, 1987. Report of the world commission on environment and development: our common future[R/OL].(1987-12-31)[2020-07-01]. https: //sustainabledevelopment.un.org/content/documents/5987our-common-future.pdf.

LUEDERITZ C, LANG D, VON WEHRDEN H, 2013. A systematic review of guiding principles for sustainable urban neighborhood development[J].Landscape and urban planning, 118: 40-52.

ROSELAND M, 1997. Dimensions of the eco-city[J]. Cities, 14(4): 197-202.

SHARIFI A, 2016. From garden city to eco-urbanism: the quest for sustainable neighborhood development[J].Sustainable cities and society, 20: 1-16.

WHEELER S, 2013. Planning for sustainability: creating livable, equitable and ecological communities[M].London: Routledge.

28 新城市主义在社区公共空间上的设计启示

张琳

社区公共空间作为社区中为居住者提供交往空间的重要场所，常常体现出城市与社区设计的人性化和领域感，从以往到现在被关注和提及得愈发频繁。而新城市主义作为20世纪80年代被提出的城市设计思想，虽然已经成为历史，但它为应对现代主义城市问题和城市蔓延所做的折中主义式的努力，使城市及社区公共空间重新成为城市规划设计的重要议题，提出了新的社区开发模式和更新原则，为郊区化问题的解决找到了新的可能性，为社区公共空间营造提出了新的目标和设计方法。本文希望通过对这段历史的回顾，分析新城市主义在社区公共空间设计上的减少犯罪、促进公平、唤醒社区意识三个目标和设计方法，辩证看待学者批判和自身局限，得出对今天的社区公共空间规划设计的启示。

28.1 社区公共空间与新城市主义

28.1.1 社区公共空间的定义

公共空间通常根据所有权进行划分。随着居民关系紧密、地域范围较小的地方性社会形成，许多基本商品和服务被迁往购物中心等私人综合体，出现了“社区空间”概念，公共空间的界定方法也随之修改，即无论所有权制度如何，社区公共空间都允许大众进入（White，1996）。国内有学者提出：“根据城市公共空间的服务半径，主要服务于社区范围内、市民步行就能到达的街道、公园、广场、游乐园、绿地，属于社区性城市公共空间。”（伍学进，2010）

人作为社会性动物对公共空间有需求，利用公共空间可产生多种活动模式。艾夫森（Iveson，2000）从规划的角度出发，阐述了公共空间的四种模式——仪式模式、社区模式、自由主义模式和多元公共模式。仪式模式会发生在中央广场这类区域，“可以庆祝国家、州或城市生活中的重大事件”，这一空间标志着“公众对市场的胜利”。社区模式表明，空间的“公共性”不是“取决于所有权是否归属国家，而是取决于人们所居住的社区的能力”，城市社区公共空间的好坏直接决定人们对社区的认同感和融入感。自由主义模式忽视社会差异邀请所有人使用，支持社会公正，支持边缘化人群不受歧视地进入公共空间，但它没有考虑到特定群体在不同空间之间可能出现的差异。多元公共模式提出了“多个公众互动的结构化环境”，并以此寻求承认和庆祝社会差异是一种“美德”，而不是一种需要消除的偏差。有学者认为，“在这个理想群体中，不存在包容和排斥的关系，而是重叠和混合而不变得同质”（Young，1990）。多元公共模式的优点在于它呼吁容忍多样性，并注意促进各种公众之间的互动和交流；局限在于它没有充分认识到公共空间是受到一定利益制约的，而且随着时间的推移，享受社会资源较少的群体仍然是那些曾经被排斥的人。

公共空间的使用模式是多样的，有学者提出它的形式和意义也不是“固定的”，因为形式和意义都是在物质层面上被建构的，公共空间和私人空间的关系是越来越模糊、不明显的（Semsroth，2000）。这一点充分说明了后现代主义城市社区公共空间设计思想是提倡多样、混合的。曾经被现代主义城市奉为经典的功能分区，在城市中恰恰忽略了社区公共空间的营造，造成了一系列社会问题，例如公共设施缺乏、交通拥挤、犯罪率高等。而后现代主义扭转了这一点，放弃现代主义的标准统一化设计，开始提倡在城市社区公共空间设计上的多样化、人性化，新城市主义的社区公共思想便是其中一个组成部分。

28.1.2 新城市主义社区公共空间思想的产生

19 世纪末 20 世纪初，受到工业革命影响，社会经济快速发展，城市化也飞快前进，而没能跟上发展脚步的城市规划设计理念使当时的城市出现了许多社会矛盾，城市环境恶化混乱。这一背景催生了近代城市社区公共空间思想，霍华德的田园城市和盖迪斯的人文地理学、综合规划思想是这一时期的代表。20 世纪 20 年代前后，受现代工业技术、电力、汽车等的进一步发展影响，提高建设效率的标准化建造成为建筑师热衷的设计手法，功能主义、理性主义思想下的现代主义城市思想体系形成。现代主义社区公共空间思想中包括美国建筑师克拉伦斯·佩里（Clarence Perry）

的“邻里单元”（neighborhood unit）概念，一个单元相当于一个封闭的城市社区，社区内有独立的一套交通系统、社区商业和服务中心，一定程度上强调了居民的社区意识和认同；也包括克拉伦斯·斯坦（Clarence Stein）的“雷德朋”（radburn）社区规划结构，道路系统是树状的，设计手法采用端路结构（cul-de-sac），人车分流，引入绿化，整体规划，在郊区化运动中被广泛应用；弗兰科·赖特（Frank. Wright）的“广亩城市”（broadacre city）倡导一种分散布局的居住单元，让人类生活回归自然田野，进一步为美国城市郊区化运动和后来城市的无序蔓延提供了理论支撑。

如果说现代主义城市思想主要是要满足当时人类在城市中的基本生活需求，那么随着“二战”后生产力的进一步发展和城市化进程的进一步加速，大城市不断向外扩张，郊区化运动愈演愈烈，由此带来了一系列城市交通和安全问题，同时现代主义、理性主义的物质空间设计导致城市面貌同质化。“二战”后，人们希望居住在美丽的郊野别墅、开车通勤的“美国梦”使郊区化运动盛行，城市开始无序蔓延。学者们发现这种长距离的通勤和单调统一的住房逐渐让居民丧失兴趣，也让社区没有认同感；而一些原有传统住宅社区却因自身的特征凝聚了居民的社区意识，这正是现代主义近郊化、远郊化的社区所缺乏的。在20世纪50—60年代复杂、混沌、社会矛盾突出的背景下，后现代主义的城市规划和建筑学者开始提出不能只将城市物质空间规划作为实现人们生活美好的设计手段，应整体思考城市生活。于是，在反对“郊区化”运动思潮影响下，20世纪70年代出现新城市主义运动萌芽，新城市主义者们将社区公共空间作为判断城市是否独特、多样和具有活力的重要因素。研究城市社区公共空间宜居性的学者提到：

“新城市主义确立的社区是构成城市的基本元素，建立了全新的社区模式。社区宜居性理论、新城市主义和精明增长组成的后现代主义城市理论，都在试图说明一件事情，即如何提供更舒适、更节约的城市社区，以替代现代主义的住宅小区。后现代主义从凸显人性化城市设计、关注城市多样性与多元化问题、重视社会公正问题和重现宜居性社区等方面，全面升华了城市社区公共空间思想的价值取向。”（滕夙宏，2012）

可以说20世纪70年代的新城市主义作为美国城市设计思想谱系的延续，汲取了之前的社区公共空间思想，接受了田园城市的理念启蒙，以邻里单元为思想基础，试图通过塑造城市社区解决人们依赖汽车、在公共空间中与邻居隔离和与他人疏离等社会问题（Katz等，1994）。新城市主义的产生对当时城市的无序蔓延状态、人和社

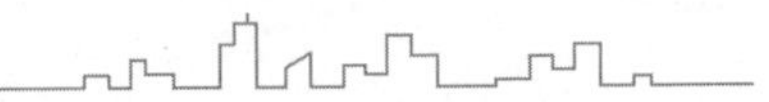

会需求做出了回应。到了 20 世纪 80 年代，建筑师的设计实践推动了新城市主义理论的进一步完善。直到 20 世纪 90 年代，由社区、地区、实施三部分原则组成的阿瓦尼原则（The Ahwahnee principles）的提出、建筑师们联合促成首届新城市主义大会的举办以及学者纷纷对新城市主义进行阐释，这些正式表明新城市主义核心理论和思想的形成（Local Government Commission, 2020）。

28.1.3 新城市主义社区公共空间的核心思想

虽然新城市主义对现代主义城市设计的过分强调物质性表示不满，认为只靠改善物质环境，无法从根本上解决社会发展中出现的种种问题，但是新城市主义肯定了这样一个事实，即一个和谐的物质环境基础是城市社会健康稳定发展的基础。新城市主义立志修复郊区化导致的种种弊病，在物质公共空间设计上对自身有一定的要求。例如，新城市主义力图恢复城市作为生活的中心，使中心城区价值不再塌陷，城市内的历史人文建筑与现代社会发展和谐共存，振兴、改善城市中心老旧社区价值居民的生活。通过认真关注城市设计，可以显著提高社区发展质量，新城市主义为将经济适用房整合到城市内部社区提供了有潜力的原则（Deitrick 等，2004）。此外，新城市主义也主张在郊区社区设计上进行空间整合，增加居住的亲密度和多样性，同时修补被郊区化和城市蔓延破坏的自然环境。功能复合、结构紧凑、保护自然、人文主义色彩浓厚（吴凡，2019），这些就是新城市主义社区公共空间思想的底色。

由此可见，新城市主义作为一场为了解决郊区化和城市蔓延问题的建筑、规划运动，基于较微观的城市物质环境设计策略，提倡多功能混合布局以达到紧凑型的城市社区发展，提供更加可达的公共基础设施和各社会阶层共住的居住模式，从而遏制郊区扩张、城市中心衰落、社会隔离等社会问题。新城市主义在公共空间上的设计原则体现在三个尺度上，从建筑物、街道、街区到社区、分区、走廊，最终到整个城市或城镇（Katz 等，1994）。三个尺度上的设计有不同的重点。例如，街道尺度更加侧重步行可达性高的、邻里交往程度好的街区空间营造；社区尺度则被看作一种促进城市复兴的重要模块，侧重功能混合和紧凑的空间利用；而城市尺度上的思考是要将一个个的社区模块限定一个范围并在它们的社会联系上进行设计。虽然尺度决定了设计的侧重点有所不同，但核心思想都是发展具有多样性、紧凑性、混合功能用途、对步行友好的社区（Fulton，1996）。

28.2　新城市主义社区公共空间的社会目标和设计方法

有学者指出，物质空间设计可以通过公共空间的设计影响社会和政治组织形式，通过公共设施的空间设置影响社会公平，通过人行道的设计影响社会交往（Talen，2002）。新城市主义认可物质公共空间设计重要的同时，对社会公共领域也有比较深入的反思。就像克拉伦斯·佩里（Clarence Perry）通过他的邻里单位计划（Silver，1985）含蓄地试图培养社会同质性一样，新城市主义也希望借由社区公共物质空间设计方法实现减少犯罪、促进公平、唤醒社区意识等促进社区感的社会目标，而有关社区、社会公平和共同利益的目标概念普遍存在于有关城市设计的社会影响的讨论中（Talen，2000）。

28.2.1　减少犯罪

郊区化导致中心城区没落，诱发犯罪增加，是新城市主义社区公共空间设计重点关注的社会问题之一。实际上，没落的中心城区环境，危险开发商更愿意在郊区进行项目开发，如此就让中心城区更加荒芜了。于是在城市中产生了一种门禁社区（Blakely，Snyder，1997），在边缘设立围墙，配备私人保安，出入需自证身份，是一种非常极端的为解决犯罪问题将城市社区公共空间私有化的现象，属于富人区的一种形式。而这种看似从物质公共空间规划设计上解决了社会问题的设计方法，在之后学者的研究中被发现社区中形成了一种不安、恐惧的社会关系氛围（Low，2004）。门禁社区中的居民之间的社会联系非常低，同时对外界更加警惕，出行选择会缩小在与自身具有一定社会同质性的区域。与门禁社区不同，新城市主义对减少犯罪这一社会目标的追寻使用了一种更中长期的视角，希望通过改变环境、增加犯罪的监视度来降低犯罪率、提高社会凝聚力的方式，注重社区公共空间的设计和居民日常生活环境规划，为可步行社区内的土地利用提供更大的多样性，房屋位置更密集，公共开放空间更容易进入，使邻里关系更加友好、大家更愿意步行、社区氛围更加亲切，提供了一种既符合人们对居住社区的想象又能非常人性化地减少犯罪可能性的可持续公共空间模式。

但是，新城市主义在减少犯罪这一社会目标上所做出的物质公共空间设计是有一定局限性的。与门禁社区相同的是，新城市主义只将目光放在了社区内部公共空

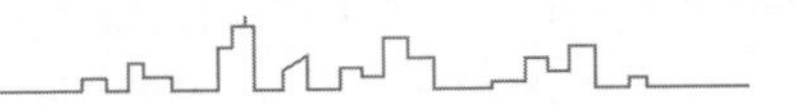

间的场所营造上，却没有将社区外边街道等公共空间与之联系成为一个整体去思考，缺乏城市公共性；同时，新城市主义忽略了最重要的居民特性，想象着人们的需要设计社区中的共享空间，试图形成一种社区中的地方感，但事实上由于人们对汽车的需求无法改变，道路仍被车流占据，被设计出的社区公共空间鲜少有人问津。这种为增加社会交往以期减少犯罪的目标和方法也在一定程度上启发了其他规划设计项目，发展出将公共空间小块儿划分更易被私人使用和道路缩窄到亲人尺度等设计方法（Vallet，2007）。

28.2.2 促进公平

社会公平目标可以指为人们公平地提供机会去获得公共产品或者服务。这一目标与城市规划政策高度关联，因为可以说，空间物理距离是决定获得公共服务所需的时间、精力、资源的重要因素，平等地获得这些产品或服务要求每个人付出相似的空间距离成本。

新城市主义力图在物质空间规划设计上做到公共服务和设施的公平分配，通过紧凑的空间开发模式、住房与公共空间组合和道路交通的规划三个设计原则实现这一社会目标。例如，设置步行5分钟内可达的物质公共空间可以提高公共物品、服务和设施的可达性，为无车人士提供更有效、公平的服务，总体资源分配更加公平；紧凑的社区物质空间设计，也使步行更加便捷、无障碍。通过公共功能空间混合利用的设计方法，在社区内创造更人性化、更公平的空间使用组合，达成日常生活所需的居住、休闲、聚会、购物等功能的集合和合理分布，提高步行参与这些活动的可能性；通过同时保障汽车、自行车、行人的利益，提供同样适宜的街道，来体现公平。从以上实例可以看出，提倡步行本身就是考虑到了促进公平的社会目标。

此外还有学者提出空间组合与混合用途促进公平的另一种情况是同一邻里单元内的住房类型的混合。泰伦（Talen，2002）指出："在同一个街区内混合一系列的住房规模和价格水平，是新城市主义设计理念的基本原则……要促进社会公平，就必须促进人口生活安排中的社会经济多样性。因此，获得资源的公平性与社会多样性直接相关。"

不同价格和规模的住宅在一个邻里单元或社区的混合，会极大地促进社区内不同社会阶层的共存，实现人口的多样性，而这正是促进公平的举措之一。从更宏观的角度来看，这种公共空间设计思想杜绝了人口隔离、分离以及不平等的问题，有效避免了城市区域中贫民窟的产生。住宅混合还实现了以地理意义上公平的方式分配资源。由于弱势群体常常聚居在同一弱势地区，缺乏社会经济多样性会导致在提供学校、医院等公共服务设施时对这些群体缺少地理位置上的公平。如果不鼓励住房类型的多样性，结果就一定是具有同质性的居住群体进入社区，这种情况与促进公平的社会目标背道而驰。

此外，要实现促进公平的社会目标，除获得资源的平等外，还包括公民参与的平等。这可以通过新城市主义的参与过程来实现。

28.2.3　唤醒社区意识

新城市主义在社会目标上最明确、最直接想要达成的是社区意识。社区意识的构成众说纷纭，麦克米伦和查维斯（McMillan，Chavis，1986）认为，成员关系、相互影响、满足需求和共同情感联系是四个主要因素。然而将社区意识的形成真正开始归因于社区的物质空间属性是从 1999 年学者泰伦（1999）提出需要明确这一概念开始的。尽管从这时开始，人们开始认为社区意识和新城市主义之间有明确的联系，但相关的实证研究支持却很少（Talen，1999；Beauregard，2002）。2004 年，金和卡普兰（Kim，Kaplan，2004）在一项研究中，通过比较一个典型的新城市主义社区肯特兰（Kentlands）与它附近的传统村落果园村（Orchard Village）的情况来印证了新城市主义在提升社区意识上的成效，提出将包含社区满意度、连通感、所有权感、融入感的社区依恋，与依靠场所独特性、连续性、自尊和自豪感、一致性、凝聚力形成的社区认同，以及各种形式的社交互动和步行主义特点作为四个重要的评价依据来帮助居民判断自身的社区意识强弱。

除此之外，也有学者认为物质社区公共空间设计与社区意识的关系是复杂的，甚至有人认为物质设计方法反而可能会危害到社区意识的形成。例如，试图通过物质设计主导的政策和规划建议来建立社区会面临一个矛盾，这种自上而下社区建设的努力需要同时考虑到社会同质化和排他性（Silver，1985）。因此规划者提出了邻里单位的概念，并试图对这种“平衡”社区进行社会化设计（Banerjee，Baer，2013）。同样，也有学者提出居民在个人财产上的被威胁感是产生社区意识的一个重要因素（Panzetta，1971）。哈维（Harvey，1997）将通过物理规划寻求社区比作“近乎公开的

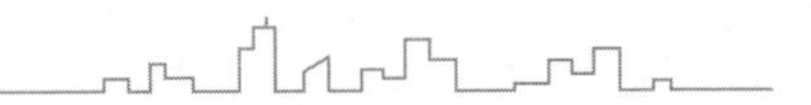

社会压迫的监视”。但可以肯定的是，尽管人们认为将物质公共空间设计和社会目标联系起来的后果不同，但大家普遍认识到唤醒居民的社区意识、对地方的依恋和相互的良性互动是积极的社会目标。

28.3 新城市主义社区公共空间的设计启示

城市是一个复杂的系统，而新城市主义在物质公共空间设计与更偏精神、意识层面的社会目标之间搭建起了桥梁，并基于过往的城市与社区公共空间思想总结发展出自己的一套体系和准则。新城市主义本身就是混杂的，初衷是要恢复生活，愿意容忍多样性，是建筑师和规划师在面对郊区化运动和城市蔓延的混乱情况时发起的一场“文艺复兴”运动。各个专家学者基于当时的社会现实提出的多种空间规划和开发模式理论，在中心城区、郊区、老旧小区等不同的场地提供出的当时一个可能的正确答案。

对新城市主义的评价大多关注物质空间设计，例如街道、功能混合等，很少有分析它的社会目标，因为几乎每一个物质空间设计方案都无法完全肯定地说在社会意义上能够实现目标。新城市主义虽然建立在有说服力的历史经验基础上，但存在的时间相对较短，因此在新的时期要评估新的城市发展是否还符合它的社会目标，就必须清楚地了解新时期的社会目标是什么。新城市主义可以作为一种社区公共空间物质规划模型，但任何一种好的模型都要接受其可能带来的社会效应。它不是万能的，但它的设计原则符合旨在振兴和改善城市居民生活条件的社会政策，它可以被视为一种为达到减少犯罪、促进公平、唤醒社区艺术的社会发展物质市集策略，融入经济、社会和社区发展计划的讨论范围，试图振兴和提高人们在城市、社区中的生活质量。

新城市主义社区公共空间思想在实现上述三个社会目标过程中借助了一些物质设计手段，但这些设计方法是否促成了社会目标的实现，仍需进一步检验。毕竟自上而下的城市规划与设计是抽象的，是被推演出来的，而不是从具体日常生活生长出来的，因此社区公共空间设计对社会目标的影响也应该作为一个持续的调查。

参考文献

滕夙宏，2012. 新城市主义与宜居性住区研究 [D]. 天津：天津大学 .

吴凡，2019. 新城市主义下的社区更新设计研究 [D]. 咸阳：西北农林科技大学.

伍学进，2010. 城市社区公共空间宜居性研究 [D]. 武汉：华中师范大学.

BANERJEE T, BAER W C, 2013. Beyond the neighborhood unit: residential environments and public policy[M]. New York: Springer.

BEAUREGARD R A, 2002. New urbanism: ambiguous certainties[J]. Journal of architectural and planning research, 181-194.

BLAKELY E J, SNYDER M G, 1997. Fortress America: gated communities in the United States[M]. Washington: Brookings Institution Press.

Local Government Commission, 2020. The Ahwahnee Principle [DB/OL].(2020-01-01)[2021-07-01]. www.lgc.org.

DEITRICK S, ELLIS C, 2004. New urbanism in the inner city: a case study of Pittsburgh[J]. Journal of the American planning association, 70(4): 426-442.

FULTON W, 1996. The new urbanism[M]. Cambridge: Lincoln Institute of Land Policy.

HARVEY D, 1997.The new urbanism and the communitarian trap[J].Harvard design magazine, 1(2).

IVESON K, 2000. Beyond designer diversity: planners, public space and a critical politics of difference[J]. Urban policy and research, 18(2): 219-238.

KATZ P, SCULLY V J, BRESSI T W, 1994. The new urbanism: toward an architecture of community[M]. New York: McGraw-Hill.

KIM J, KAPLAN R, 2004. Physical and psychological factors in sense of community: new urbanist Kentlands and nearby Orchard Village[J]. Environment and behavior, 36(3): 313-340.

LOW S, 2004. Behind the gates: life, security, and the pursuit of happiness in fortress America[M]. London: Routledge.

MCMILLAN D W, CHAVIS D M, 1986. Sense of community: a definition and theory

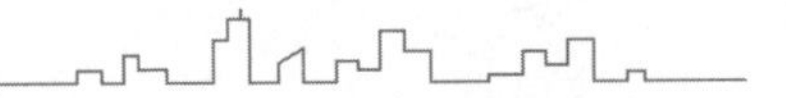

[J]. Journal of community psychology, 14(1): 6-23.

PANZETTA A F, 1971. Community mental health: myth and reality[M]. Philadelphia: Lea & Febiger.

SEMSROTH K, 2000. Rediscovery of public space: neglected living space in our cities[C]//27th International conference on making cities liveable, Vienna Town Hall, Austria.

SILVER C, 1985. Neighborhood planning in historical perspective[J]. Journal of the American planning association, 51(2): 161-174.

TALEN E, 1999. Sense of community and neighbourhood form: an assessment of the social doctrine of new urbanism[J]. Urban studies, 36(8): 1361-1379.

TALEN E, 2000. The problem with community in planning[J]. Journal of planning literature, 15(2): 171-183.

TALEN E, 2002. The social goals of new urbanism[J]. Housing policy debate, 13(1): 165-188.

VALLET B, 2007. Aux origines de la résidentialisation: le lien avec la prévention situationnelle[J]. CERTU et la ville de Grenoble (dir.), La résidentialisation en questions. Lyon, CERTU, 19-35.

WHITE R, 1996. No-go in the fortress city: young people, inequality and space[J]. Urban policy and research, 14(1): 37-50.

YOUNG I M, 1990. Justice and the politics of difference: five faces of oppression[M]. Albany: State University of New York Press.

29 战后英国高层集合住宅——从兴起到转型

耿丹

住房问题是关系到社会稳定与发展、人民幸福的大事。高层集合住宅[①]作为一种广泛存在的住宅形式，对其研究具有重要价值。高层集合住宅在英国的兴起与发展具有较深远的历史，且与不同时期的社会背景、大事件、政策及理论的变化发展等有着紧密的关联，呈现出不同阶段明显的特征。“二战”后期，伴随着大规模的住房短缺，廉价且集约土地的高层集合住宅迎来大规模建造，解决了当时的燃眉之急；而20多年后，新的社会背景加之高层住宅在质量、环境方面的弊端不断显露，高层住宅逐渐走向没落；而后，多元化的思考随之展开，而高层集合住宅的未来发展问题也面临着越来越多的讨论。本文针对“二战”后英国高层集合住宅的发展变迁，就背景及原因、理论发展、主要政策等方面，对每个阶段进行阐述，并试图对其未来发展的弊端及优势进行分析，对我国高层集合住宅发展提出合理建议。

29.1 大规模兴起——战后的飞速发展

29.1.1 背景及原因

“二战”结束后，英国政府面临着多方面的困境，其中住宅紧缺问题尤为严重。这一问题的产生由很多因素造成：第一，战火导致大量住宅损毁严重是直接原因，据统计，“二战”中被炸毁或损坏的住宅高达71万座（蒋浙安，1999）；第二，经济的

① 集合住宅产生于城市聚居，是住宅建筑的一种形式，指有组织有规划地在特定区域内集合建造的住宅，且具有容积率高、立体积层、单元组合、复数家庭等特点（李欣，2007）。高层集合住宅各种文献论述不一，本文中指12层及以上的集合住宅。

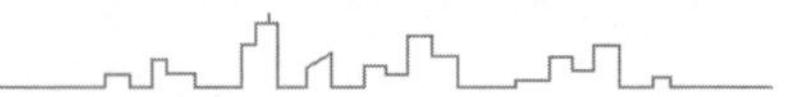

逐渐复苏使人口迎来爆发式增长，居住需求不断扩张；第三，城市中留下大批工业革命时期遗留的破败住宅，新建住宅可用空间紧张；第四，战争中退伍士兵要求得到生活与居住保障（吴峥，1988）。各方面因素都在表明，大批量的住宅建设迫在眉睫。

英国伦敦的第一座高层集合住宅建于19世纪90年代（程友玲，1983）。在这一时期，高层集合住宅建造速度快、建造材料廉价、土地利用集约等优点极大地迎合了当时的社会需求，高层集合住宅兴起蓄势待发。

此外，其他社会因素也为高层集合住宅的兴起铺平了道路：第一，从20世纪30年代贫民窟改造开始，市民不再完全执着于传统的独栋别墅，公寓这种复合的居住形式也逐渐得到了越来越多的认可；第二，现代建筑运动的推动，为高层住宅营造了积极的舆论氛围；第三，战后英国政府坚持粮食自给政策，所以对于保护农田、控制城市用地有严格的要求，同时在规划政策上，对城市密度的要求有所提高（张杰，1994）；第四，高层住宅较高的容积率可以很好地容纳每片区域的原有居民，可以维持原有的社会阶级、种族等的划分，维持原有社会结构不被破坏（吴峥，1988）；等等。因此，高层集合住宅在各方因素催动下应运而兴，成为政府解决燃眉之急的救命稻草。

29.1.2 理论助推：现代主义运动

在现代主义运动的渲染与烘托下，高层建筑几乎成为“现代”的代名词，象征着美好生活与前沿未来。高层住宅从19世纪末兴起，到20世纪20—30年代在柯布西耶一系列建筑方案的推动下走向极致：高耸入云的60层住宅矗立于城市绿带上，向外围郊区扩散高度逐渐和缓。20世纪50年代的马赛公寓更是以一种实体化的、符号化的语言向世人昭示现代住宅的明天与未来。现代主义大师与新一代的建筑师们将高层住宅的形象不断美化，并根植人们的脑海；而城市天际线上高耸突起的一簇簇高层建筑也成为发达先进社会的意象与代表；但这种美好又宏大的理想主义事实上并没能预测出实践中将会出现的种种弊端（吴峥，1988）。

29.1.3 政策调整

在战后的大规模建设时期，政府起到了关键的推动作用。战后住房缺口高达125

万套，而私房占有量更是高达 55%（胡细银，2004），加之市场租房价格低廉以及缺乏激励机制，市场供给在解决住房紧缺方面可以发挥的作用十分有限。在这种情况下，政府部门当机立断地强调了自身在此次住房建设中的重要责任，并在事实上也承担了积极的主导作用。首先，实行建筑许可制度，以便在建筑材料短缺中获得优先获取权。1947 年的《规划法》限制了私有住房的发展，1949 年颁布《住宅法》，取消了限制地方政府向工人阶层提供住房的规定。截至 1951 年，新建的 100 万套住房中有 80% 来自地方政府主导，在此后几年的住房建造量仍然不断攀升。同时，建筑质量与家庭居住面积方面也有了很大的改善，例如三居室住房面积达到了 95 平方米左右（李欣，2007）。20 世纪 50 年代开始，英国政府不断加大对高层集合住宅建设的资助奖励力度，并且楼建得越高，得到的补助就越多；例如，建造一栋 15 层的住宅得到的补助是一栋平房的 3 倍（吴峥，1988）。在可观的补贴下，开发商建设高层住宅的热情不断提高，并在 1967 年达到峰值。威尔士地方政府在 1967 年批准的高层集合住宅总量占批准住宅总量的比重，与 1953 年相比提高了 10 倍（贝尔，1997），有效地促进了其建设与发展。

在各种鼓励政策下，高层集合住宅建设迎来了蓬勃发展的辉煌时期。住房短缺由此得到缓解，居民们的居住问题得到有效解决，满足了紧迫的住房需求，维护了社会的稳定与发展。

例如位于伦敦工业区的新汉姆区，住宅建于“一战”之前，建造质量与数量都不能满足新时期的住房需求，且在“二战”中又有 25% 的住宅遭到损毁或破坏，加剧了住宅短缺。因此，在战后的住宅重建中，有 3/4 采取了 8~23 层点式高层集合住宅的方式，满足了战后新的住宅需求（程友玲，1983）。

又如位于纽克郡的谢菲尔德花国大楼建于 1961 年，处于丘陵地区。建筑整体走势连贯盘踞，随丘陵的地形变化而依形就势。在结构上通过塔装核心筒支撑框架并相互串联，同时也在交通上连接了私人住宅区与公共开放空间。户型种类多样，满足不同家庭结构的需要，同时为了减弱高层住宅带来的邻里隔绝，增设 10 英尺（约 3 米）宽的外廊以连接各楼栋，使得流线连通而流动（李欣，2007）。

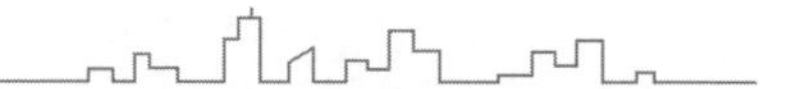

29.2 走向低谷——高层住宅发展的衰落

29.2.1 高层住宅日渐显露的弊端

在这20年中，高层住宅建成后的弊端日益显现。第一，高层住宅的外观与当时英国居民的审美相左。习惯了田园牧歌式传统民居的英国居民，对小尺度、亲近自然、开敞的居住环境更习惯；对于高大刻板、灰色墙面的钢筋混凝土高楼感到十分的压抑与束缚；加之规律重复的单元格子、远离地面的脱离感，都让人联想到监狱等剥夺自由的意象；当时的心理学家与社会学家也在不断附和，称高层住宅居住环境不利于身心健康。第二，高层住宅带来的人与人之间的社会性隔离，使居民难以忍受。彼此孤立的居住模式使居民被迫与和谐亲近的邻里关系告别，小孩子的成长缺乏玩伴的陪伴，家庭主妇对着窗户唉声叹气，孤寡老人每天沉浸在无限的孤独……这些，都是由原有邻里关系遭受破坏所导致的（吴峥，1988）。第三，配套服务设施得不到保障也为居民日常生活带来不便。电梯在实际使用中的频繁故障使居民出入不便，电梯运行带来的额外费用也让很多人心中不满。柯布西耶设计中宣传的立体公共绿地在现实中的实现度也很低，加之缺乏必要管理，几乎未能发挥应有的作用。居民的户外活动受到极大阻碍，各种疾病的发病率也开始提升。第四，快速生产建造使建筑质量情况不甚乐观，随着时间的累积，建筑物在结构、保温、隔热、防渗等方面都逐渐暴露出问题，导致很多居民只能长期居住在发霉、潮湿的室内（程友玲，1983）。第五，更高的住宅高度意味着更大的日照间距，对商业、公共空间及绿地等配套的公共服务设施也有更多的要求。除非对高层住宅进行合理规划，否则对于土地的集约利用效果并不显著，在很多情况下对居住密度的实际提升效果也不甚明显。第六，高层住宅建筑对原有城市风貌影响严重，人文环境造成不同程度的破坏，影响了城市景观与城市形象，引起越来越多人的不满（吴峥，1988）。

29.2.2 导致衰落的政策因素

由于居住标准的不断提升，政府在住宅补贴方面的投入逐年增大。而在20世纪60年代，英国经历了严重的经济危机，经济发展速度放缓，英镑贬值，财政负担严重加剧，政府只能大幅度削减住宅方面的资金投入。从1969年开始，政府主导的住宅建设量直线下降，直至1973年降至战后最低水平（李欣，2007）。

1973 年，著名美国学者贝尔（1997）敏锐地指出，西方工业国家正在面临一场重要的社会转型：从工业社会向后工业社会的转型。他指出，经济发展将向服务型经济转变，技术人才将成为推动社会发展的主力军，知识将发挥越来越重要的作用。英国包括住宅建设在内的各个方面开始迎来转变。20 世纪 70 年代，英国从国家资本主义逐渐转向撒切尔主义，市场发挥着越来越强的作用；加之石油危机、城内贫困化等因素共同作用，政府已无力维持原有的社会福利与补贴开支，政府角色开始转变，将住房问题推向市场（李欣，2007）。

由于早期兴建的高层住宅弊端显现，政府开始更多地将关注点从住宅的“量”转向“质”。而建筑、规划领域对集合住宅的未来发展也开始重新思考，各界基本上达成了“高层集合住宅不再适应于英国当前国情”的共识，高层集合住宅的发展进入新的阶段。

29.2.3　必然的衰落与转折

在政府的推动、新一代建筑师的宣扬、人民的期盼中，高层集合住宅的建设如火如荼地展开，却在 20 年后意外地迅速走向衰落。事实上，这种衰落是必然的，因为社会环境已发生了巨大的变化，加之高层集合住宅在现实中的弊端日益显著，尤其是居民对此早已由希望转为失望，积怨已久。

与此同时，社会与居民对高层住宅的负面情绪越积越深，1968 年轰动一时的煤气爆炸事件，也最终成为了压倒骆驼的最后一根稻草，使反高层住宅情绪达到顶峰。这一年，坐落于伦敦近郊的一栋 30 层高层住宅发生煤气爆炸，致使整栋住宅一侧的阳台发生了连带性的严重垮塌，在社会上引起轩然大波（张杰，1994）。而后，反对高层住宅的市民游行此起彼伏。随着时间的推移，原有高层建筑也暴露出越来越多的问题，甚至在 20 世纪 70—80 年代恶化成为了城市的“癌症”，高层住宅的建设便明显降低（张杰，2000）。

1975 年，英国的高层住宅完全停止建造（吴峥，1988），新的时代背景使高层住宅的发展告一段落，逐渐向更适应于社会环境的方向转型。对于原有高层住宅的遗留问题，首先，将其中一部分高层住宅逐渐改变了原有居住功能，被学校宿舍等功能取而代之。另外，对于建造质量较差、已出现破损甚至尚较完好的高层住宅，则予以推倒重建的政策，原因则是权衡之后发现修缮费用并不亚于重建费用，且新建

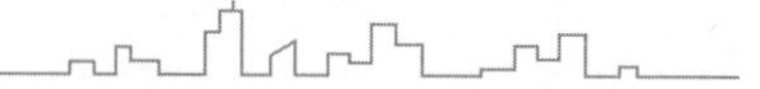

住宅可更好地适应居民新的需求。所以在这一时期，大量建成的高层住宅被拆毁，其中一部分甚至尚未出现破损（程友玲，1983）。对于仍居住于原有高层住宅的居民，则尽量满足其生活所需，例如对有公共住房需求的家庭，如有子女，则安排在5层以下居住，以提供便捷条件（李欣，2007）。

29.3 迎来转型——多元化发展与新的思考

在英国高层住宅走向衰落的同时，也迎来了转型的契机。当时的社会环境加之从之前实践中总结的经验教训，辅助以理论的发展与支撑，高层住宅逐渐开始向人性化、多元化方向发展。

29.3.1 理论支撑

理论上的探索与发展为高层住宅的多元化转型提供了助力与支撑，其中较重要的有《马丘比丘宪章》与后现代主义的规划思潮。

1977年，享有重要影响力的国际现代建筑师协会于秘鲁利马的马丘比丘召开。在这次会议中，制定了对之后的建筑与规划发展具有深远影响的《马丘比丘宪章》，强调了重视理性主义之外的其他文化的重要性，并对《雅典宪章》的一些理念进行了批判（王宝君,2005）。《马丘比丘宪章》主张：重视城市的有机构成；重视不同国家、民族、文化与社会发展水平的差异，规划要具体分析予以应对，不可机械照搬照抄；城市建设中要合理保护有价值的文物或文化遗产需，并与城市更新过程相互结合；不应只关注建筑本身，更应关注建筑与周边城市环境的有机融合与塑造；公众参与在城市建设过程中十分重要，不可忽视其作用。这些主张对此前一味追求效率、讲求成本的大规模建造提出了批判与反思，强调了有机、融合、整体的建筑与规划思想，强调关注人的感受（李欣，2007）。

20世纪80年代，后现代主义的规划思潮逐渐蔓延并席卷全球。后现代主义对现代主义的直线性思维与机械的组织方式进行了批判，认为现代主义虽然在历史进程中发挥了重要作用，但随着时代的转变已不再适用，并提出了自己新的主张（李欣，2007）。后现代主义将城市看作多元融合的复合空间，是多元要素相互作用的有机网络，强调人的主体地位。后现代主义的核心思想之一是强调人的主体与主导作用，强调人的需求与感受。在后现代主义的原则中，有两条对高层住宅的发展影响较大，一是强调了多重属性的社区概念与自下而上的社区治理；二是强调重心从公共利益转向更加开放与多元的市民文化（王凯，2003）。

29.3.2　转型方向

那么这种转型具体体现在哪些方面呢？第一，是层数的降低与建筑密度的提高。这一时期住宅多数为3~5层，同时由于超过4层的住宅建筑需要设置电梯，所以4层以下的住宅建设量增长迅速；建筑密度一般为30%~50%，在某些中心区域甚至达到100%。第二，相比于原来纯粹追求工业化高效率、批量生产的高层住宅建设，这一时期高层住宅建设则更加倾向于多样性的、个性化的建造（李欣，2007）。第三，更加注重对住宅以外的公共环境整体营造。与之前高层住宅的大绿化景观相比，这一阶段的住宅周边环境尺度更加怡人，并且更加精细化和人性化，方便居民的日常生活所需。第四，怀旧情绪复苏，在冷酷面孔的钢筋混凝土高层住宅的热潮后，英国居民对传统住宅形式的怀念之情愈发浓厚，传统的联排住宅建设不断复萌。第五，住宅向地下空间发展的趋势也较明显，也就是说，带有地下室的住宅形式越来越多，在西欧达到了50%以上。地下室不占用地面面积，冬暖夏凉，也无须考虑外立面装修等因素（程友玲，1983）。第六，生态理念逐步被越来越多人所接受，并在住宅领域开始应用。高层住宅主要以经济效益为导向，能耗高，不利于环境保护和可持续发展。生态住宅以文明居住理念为导向，强调节能、循环利用、环境保护以及可持续发展。

例如位于伦敦南码头开发区、泰晤士河河湾地带的豪华超高层住宅卡斯卡德斯（Cascades），建造于1997年，其特点是鲜明的退台式建造风格。该高层住宅通过南侧极具造型感的层层退台，不仅在造型上模仿了传统的码头与船只等意象，还创造了错落的公共空间供住户使用，温室、阳台、健身房、泳池等使住宅空间富有变化；住宅提供的多方面服务设施配套为住户创造了更多的接触机会，多方面缓解了高层住宅的一些固有问题（李欣，2007）。

29.3.3　当代高层住宅发展走向的思考

那么对于当代社会，高层住宅的发展有哪些优势与弊端，又是否适宜继续建设

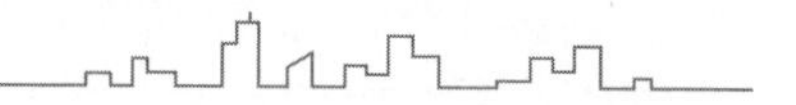

发展呢？

高层住宅在诸多方面存在显著优势。首先在景观角度，有利于丰富城市景观，形成错落有致的城市天际线，一定程度上有利于城市形象的塑造。其次，对于高层住宅居民来说，可以拥有良好的日照条件、高效的通风效果，以及开阔的视野与丰富的景观，同时高层住宅内往往配套有公共空间，有利于提升居住的体验与品质。再次，在合理的规划下，高层住宅对于土地可以更加高效集约地利用；面对土地紧缺、土地价格昂贵等情况，可节约用地，提高土地利用效率。最后，高层住宅所配套的生活服务设施相对中低层住宅来说更加集中分布，生活圈相对更小，便于居民生活所需。

但高层住宅同样存在不容忽视的弊端。第一，灾害发生时的救援问题是高层住宅的一大软肋。楼层过高导致突发灾害时逃生所需时间比普通住宅要更多，更高的楼层也意味着更高的救援难度，需要更强大的救援设施。第二，从长远来看，高层住宅会面临更多的难题，例如随着时间的流逝，建筑的各项设施不断老化，高层住宅面临越来越高的养护费用。此外，对于开发商来说，更多的住户意味着更高的拆迁难度，所以对接手高层住宅的更新改造也是望而却步。第三，高密度意味着需要更多的能源、更多的成本来支撑和维护人工环境，在基础设施供给、地下能源管道建设、污水处理等方面需要更高效的技术才能应对，相比于其他类型的住宅耗费更大的经济支出。第四，高层住宅对城市环境也有一定影响。高耸的住宅造成明显的阳光遮挡，在北侧造成很大面积的阴影区，影响了其他建筑的采光质量。同时，在光环境、热环境、声环境以及风环境等方面也都有不同程度的消极影响。第五，不适宜的高层住宅建造还可能造成突兀的城市轮廓线，与周围城市文脉不相融合，影响城市景观。

当代社会是否需要建设高层住宅呢？笔者认为，这个问题应该视不同情况来具体分析判断。一方面，土地资源紧缺严重的地区，可以建设高层住宅来应对。例如中国香港、新加坡等地就主张建设容积率为 5~10 的高层高密度住宅区。另一方面，如果所在区域的土地资源不很紧缺，则不太应该建高度和密度的住宅。对于我们国家而言，对于大部分土地资源并不过于紧张的地区，建筑密度和高度不宜过高；加之我国气候环境冬冷夏热，通风效率一般，过高、过密的住宅给居住环境应对带来很大的挑战，在支撑与维护方面投入的成本也过大，不利于可持续发展。

29.4　小　　结

战后英国高层集合住宅的发展历程非常曲折，其发展兴衰与时代背景、社会需求、政策转型、理论导向、民众意愿等紧密相关，牵一发而动全身，是各种要素共同作用的结果，不论兴起与衰落，都具有一定的必然性。这也说明没有哪类住宅模式或形式是一成不变、绝对正确的，都要视不同的情况而不断变化，才能更好地适应和服务于当下的时代与社会。

高层集合住宅大规模建设后显露出严重问题，失去社会支持后走向没落，而后又由于新的时代变化而转型，迎来了新的生命与契机。我们应该认识到，高层建筑在英国的发展历程与兴衰史，不能机械地照搬到我国，但我们仍能从高层建筑在英国的发展变革中汲取到宝贵经验、摸索到相关规律，获得教训与启示。

参考文献

贝尔，1997. 后工业社会的来临 [M]. 北京：新华出版社 .

程友玲，1983. 英国住宅建设中反高层的趋势 [J]. 世界建筑，1：29-31.

胡细银，2004. 英国城市发展的理论与实践及对深圳的借鉴 [M]. 北京：北京大学出版社.

蒋浙安，1999. 英国政府在战后住宅业发展中的作用 [J]. 史学月刊，4：87-91.

李欣，2007. 英国集合住宅研究 [D]. 天津：天津大学 .

王宝君，2005. 从《雅典宪章》到《马丘比丘宪章》看城市规划理念的发展 [J]. 中国科技信息，8：204-212.

王凯，2003. 从西方规划理论看我国规划理论建设之不足 [J]. 城市规划，6：66-71.

吴峥，1988. 英国高层住宅的兴衰 [J]. 时代建筑，2：33-34.

张杰，1994. 英国战后住宅改造政策研究 [J]. 世界建筑，2：20-23.

张杰，2000. 英国后工业时期住宅状况 [J]. 世界建筑，5：16-20.

30 城市更新中的绅士化现象与城市政策

刘艺

城市绅士化是在城市中心区发展和城市更新中产生的一种社会空间现象，对城市、社区和居民的发展影响利弊参半。本文在认识绅士化及其对城市影响的基础上，归纳我国城市更新与绅士化过程中的政策影响，在未来城市更新中，相关的政策建议和城市规划应当兼顾绅士化现象的正负外部性，促进社会公平，推动城市中心区发展。

30.1 城市更新中的绅士化现象

绅士化现象，又称中产阶级化，是20世纪60年代至今在城市更新过程中出现的社会与物质空间重构的现象（戴晓辉，2007）。城市更新与绅士化相伴而生（朱喜钢等，2004），城市更新关注城市物质空间环境的改善，绅士化则关注公平等社会问题（谢涤湘，常江，2015）。

绅士化的概念在最初由格拉斯（Glass）提出时，反映在郊区化后城市复兴过程中，中产阶级对工人阶级居住地侵入的社会现象（Smith，1979; Hackworth，Smith，2001），现已派生出“新建绅士化”（黄幸，刘玉亭，2019；何深静，刘玉亭，2011）、“教育绅士化”（陈培阳，2015；胡述聚等，2019）、“旅游绅士化”（赵玉宗等，2006；常江等，2018）等概念。绅士化在物质空间层面常表现为城市更新等建成环境品质提升；社会层面常表现为新迁入的中高收入群体带动社区升级、原有低收入居民被迫迁出（Davidson lees，2005）。我国城市更新虽不具备西方郊区化后城市复兴的背景，但绅士化一词本身的含义是指社会阶层间侵入并对城市空间产生影响，我国城市的物质空间和社会构成变化具备“绅士化”的特点，因此可以沿用“绅士化”这一说法。

绅士化能够带动城市功能升级、改善城市环境、提高税收收益等，正逐渐纳入政府政策以推动城市更新（Hackworth，Smith，2001）。探讨绅士化现象，应关注城市政策的对绅士化产生影响，审视绅士化的正负外部性，以合理推动城市更新。

30.2　绅士化对城市的影响

绅士化作为城市更新过程产生的社会与物质空间重构现象，影响利弊参半。

一方面应当承认绅士化对城市更新地区的积极影响。从西方振兴城市中心的角度看，城市更新导致了城市“空间绅士化”——通过兴建教育、医疗、文化体育等公共设施，有效扭转了内城衰退的现象（Harvey，1989；Freeman，2009）。在中国等发展中国家城市更新与城市扩张共存的状况下，城市更新促进中高收入群体集聚，城市中心区的“文化性和景观性得到重视”（朱喜钢等，2004），对公共空间品质提出更高的要求，催生了城市精细化管理和产业“绅士化”，高附加值服务业集聚、传统制造业外迁，城市结构更加紧凑（朱喜钢等，2004）。全球范围内越来越多的城市在推动城市复兴、城市更新的过程中，将绅士化纳入公共政策（威尔逊，雷婷，2012），利用社会资本主导绅士化过程，减少政府开支。

另一方面，绅士化在促进城市中心区高级化、精英化的过程中，也导致并加剧了居住隔离和阶级分异等现象。城市更新引发社会空间的变化，导致了“社会与居民绅士化”，即传统狭义的“绅士化”：高技术人才、高附加值服务业从业者等中高收入群体可以支付得起城市中心区域的房价，并参与城市文化氛围的构建中；然而原有的低收入群体在房屋拆迁之后，面对住房与生活成本上升，被迫迁出至城市外围，甚至无家可归，形成“失所”现象，引发社会问题（薛德升，1999）。我国在拆迁过程中，往往由政府统一新建拆迁安置房或公租房，有效避免了原住民“失所”现象；但在相当长的一段时间内，安置房或公共租赁住房分布在距离中心区有一定距离的郊区，也诱发了城市中的阶级分异问题。同时，在涉及历史街区复兴、旅游引入等更新项目时，常产生地方文化特色缺失、历史街区同质化现象严重的问题，新的业态和旅游产业从业人员大量进驻，导致原住民被迫搬迁，城市传统文化和精神受到挑战。

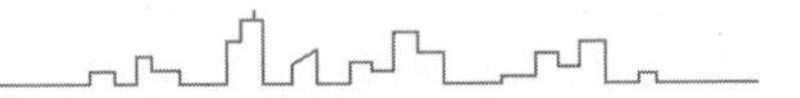

30.3 政策对我国城市更新中绅士化现象的影响

当前许多学者已经意识到应当将“生产论”和“消费论”两种解释方向进行结合，探讨政府措施对绅士化的影响（黄幸，刘玉亭，2019）。在我国政府主导城市更新的过程中，有哪些政策直接或间接地造成并推动了城市更新中的绅士化现象？以下对产业、文化、产权整理，以及人口、拆迁补偿等政策进行解读。

第一，产业政策（产业结构调整）。自20世纪90年代之后，我国城市中心区的产业结构调整迅速，原有工业、轻工业向服务业转型，中低层次服务行业向金融、信息、文化等现代高端服务业转型。产业转型导致就业结构转变，原本大量中低产值企业的员工被取代，逐步撤离城市中心区，在产业类型、人员构成方面促进了绅士化进程。此外，为了给资本循环和空间生产提供优质条件，政府又制定政策加大投资，促进环境改善和基础设施建设。例如广州推动旧城区“退二进三”，发展商贸，在荔湾区形成玉石玉器专业市场，吸引大量外地商人和资金。配合产业政策，荔湾区政府同时主导文化资本的再生产（陈嘉平，何深静，2012），并大量推动街道建筑环境整治、历史建筑保护等，引入文化旅游项目。

第二，文化政策（城市文化品牌塑造）。不同于西方国家基于地产商融资和品牌金融化的方式，我国的城市文化品牌塑造（例如历史街区旅游化改造）多依赖政府主导。为打造城市文化品牌，对传统历史街区等地区进行大规模的空间资本化生产，给予开发商进行旅游开发和地产开发的权利，引发旅游项目内部及周边人员更替，形成旅游绅士化现象。例如佛山岭南天地项目的建设快速地拉高地价，商业、文化设施植入传统街区，原住民被安置到城市其他片区，传统文化、物质空间、主体居民均被替换（常江等，2018）。又如南京总统府周边社区，在“企业化”、利润导向的政府决策中，实现快速的旅游绅士化（赵玉宗等，2009）。此类政策在促进城市物质环境的改善、塑造城市文化形象、吸引外部投资等过程中，也推动了城市的更新进程；但也应当认识到过度的旅游绅士化加速了原住民流失，间接形成了居民社群隔离；且千篇一律的商业开发和住宅建设也使得城市特色文化、历史遗存、城市情感记忆的消逝。

第三，复杂产权问题。在上海等城市，地方政府投资大量财力、物力以解决历史遗留的复杂产权问题（He，2007），形成便于再开发的完整地块，进一步刺激了城市中心城区绅士化进程。

第四，人口政策。广州、南京、上海等地，城市总体规划提出控制中心城区人口规模、疏解城市中心过密人口的政策，使房地产市场趋紧，住宅出售、租赁价格攀升，导致原本生活在城市中心区的低收入群体购房、租房更加困难，开始外迁。趋紧或收缩的人口政策以及住房租售价格升高，间接促进了人口流动和人口置换的绅士化进程。

第五，拆迁补偿政策。城市更新大多需要拆改部分老旧建筑或构筑物，补偿政策向货币补偿方向倾斜，补偿费用无法使原住民回购中心区新住宅，导致城市更新中居民被绅士化。以南京为例，政府为被拆迁居民提供购房补贴，改造范围内居民如果购买安置房或经济适用房，“可以提取本人或直系亲属的住房公积金，优先办理公积金贷款，并根据选择房源地段提供 5%~10% 的面积补贴”①。但在 2019 年之前，南京市内集中分布的拆迁安置房和经济适用房多分布在迈皋桥、仙林、花岗等城市远郊区，虽然部分地区有地铁开通，距离城市中心仍有较远距离。此外，在南京市实行货币补偿之后（宋伟轩等，2010），原住民的拆迁补偿费用落后于城市中心的高昂房价，中高收入阶层在城市中心更加集中，更替了低收入居民和租户。

30.4　小结与建议

城市更新中出现的绅士化现象对城市的影响有利有弊。在我国，城市更新促进了空间品质的提升，但“拆除—重建”式的城市更新已经造成了城市局部物质空间和社会关系的“破坏性重构”。因此在城市更新中，相关的政策建议和城市规划应当兼顾绅士化现象的正负外部性，促进社会公平又能推动城市中心区发展。

第一，从积极作用看，绅士化可以成为城市更新的重要举措。

西方城市的发展经验告诉我们，为了避免城市中心空心化和郊区化，应当充分意识到城市绅士化的积极作用。城市作为一个有机整体，必须要有一个健康有活力的内核，支撑整体城市的发展。城市绅士化是城市更新的一个结果，又对城市发展产生了深刻的影响。城市中心区的中产阶级（中高收入群体）集聚，高附加值服务业、

---

① 根据《市政府关于印发南京市主城区危旧房、城中村改造工作实施意见的通知》（宁政发〔2012〕222 号）的规定。

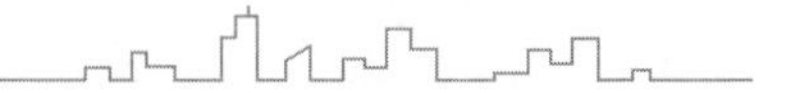

高新技术产业集聚，为城市生活提供了活力和创造性。因此应当合理规划城市中心区的用地功能，创造良好的物质空间环境和投资环境，吸引金融、科技等高附加值产业进驻，并为中高收入阶层和中产阶级提供宜居社区；为建设功能强大的城市中心创造条件，以更好地服务城市发展转型的战略目标。

我国大规模旧城改造高潮已过，城市更新应当逐步从“拆除—重建”向“侵入—更替”转变，从过去的大规模建设转变为空间营造。

第二，从绅士化现象对居民的消极作用角度，应当减少对被置换群体的剥夺。

应当注意到，过度的市场行为会触发绅士化现象的消极一面——被动迁出的原住民与新引入的中高收入群体，形成了阶级分异和居住空间隔离，甚至在安置不利时出现“失所”问题，形成新的城市贫困阶层，如何解决这一问题也是政策和规划关注点所在。

我国城市更新过程中，拆迁住户都能获得一定的房屋补偿和货币补偿。但房屋补偿时，可获取的安置房或保障房的位置较偏远，或与新建商品住房形成了居住隔离；货币补偿时，补偿款往往难以直接换购城市中心区的高价住宅，原住民被迫外迁寻找价格合适的地区居住。因此，有必要在城市更新中保障拆迁住户部分重返中心区，保留居住权利；积极引导各类园区和社会资本参与安置房、公租房建设，加强住房混合，鼓励就地回迁和货币安置，减少新建集中的郊区安置房，减缓安置房与普通商品住宅分异带来的居住隔离现象。

第三，缓解绅士化现象带来的居住隔离，应当重视维持平衡的劳动力市场。

城市绅士化中原住民被迫外迁，不仅是因为住房问题，劳动力市场的不平衡也应当引起重视。城市更新过程中，城市中心区功能的去工业化、高端化大大缩减了传统工人和低端服务业从业者的工作机会。原有行业从业者技术水平与新兴知识密集型工作不匹配，导致无法就业；城市中心区仍能匹配的工作福利不完善、薪资低或工作环境危险，导致从业者生活不安定，或者由于通勤时间过长，搬离城市中心区的意愿产生并加强。

采取的措施应当从“保留当前”和“适应发展”两方面理解。“保留当前”是指在拆迁过程中，保护部分社区服务类设施，保留有一定活力或特色或历史价值的小型商店或运营场所。政府或民间资本帮助此类设施完成空间更新，在与周边环境相匹配的同时，为低收入群体保留部分就业岗位，丰富城市中心区社会构成的多样性，帮助传承城市文化与记忆。“适应发展”是指政府积极提供职业培训，促进社会再就业，并在高附加值行业中提供低技术门槛的岗位，帮助绅士化地区低技能、低收入、无稳定工作的群体再就业。

城市绅士化，是城市中心区发展和城市更新过程中社会与物质空间重组的现象。绅士化的产生往往受到政府和市场的双重调节，尤其在我国，政府通过制定相关政策在城市绅士化过程中发挥着关键作用。辩证地认识绅士化现象对城市的影响，是理解城市政策对绅士化现象产生和推动的重要基础，也能够帮助政策制定者和城市规划者兼顾绅士化的积极影响和负外部性，推动城市中心区发展，促进社会公平。

参考文献

常江，谢涤湘，陈宏胜，等，2018. 历史街区更新驱动下的旅游绅士化研究：以佛山岭南天地为例 [J]. 热带地理，38（4）：586-597.

陈嘉平，何深静，2012. 广州旧城区传统绅士化现象及其机制研究：以荔湾区逢源街道耀华社区为例 [J]. 人文地理，27（4）：37-43.

陈培阳，2015. 中国城市学区绅士化及其社会空间效应 [J]. 城市发展研究，22（8）：55-60.

威尔逊，雷婷，2012. 论全球城市的绅士化 [J]. 中国名城，11：4-9.

戴晓辉，2007. 中产阶层化：城市社会空间重构进程 [J]. 城市规划学刊，2：25-31.

何深静，刘玉亭，2010. 市场转轨时期中国城市绅士化现象的机制与效应研究 [J]. 地理科学，30（4）：496-502.

何深静，钱俊希，邓尚昆，2011. 转型期大城市多类绅士化现象探讨：基于广州市六个社区的案例分析 [J]. 人文地理，26（1）：44-49.

胡述聚，李诚固，张婧，等，2019. 教育绅士化社区：形成机制及其社会空间效应研究 [J]. 地理研究，38（5）：1175-1188.

黄幸，刘玉亭，2019. 消费端视角的中国大城市新建绅士化现象：以北京宣武门 ZS 小区为例 [J]. 地理科学进展，38（4）：577-587.

宋伟轩，2013. 西方城市绅士化理论纷争及启示 [J]. 人文地理，28（1）：32-35.

宋伟轩，朱喜钢，吴启焰 .2010. 中国中产阶层化过程、特征与评价：以南京为例

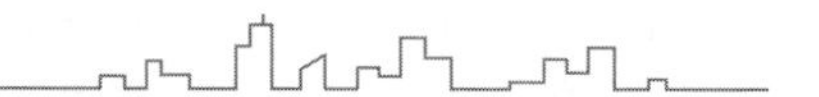

[J]. 城市规划，4：14-20.

谢涤湘，常江，2015. 我国城市更新中的绅士化研究述评 [J]. 规划师，31（9）：73-77，96.

薛德升，1999. 西方绅士化研究对我国城市社会空间研究的启示 [J]. 规划师，3：109-112.

赵玉宗，顾朝林，李东和，等，2006. 旅游绅士化：概念、类型与机制 [J]. 旅游学刊，11：70-74.

赵玉宗，寇敏，卢松，等，2009. 城市旅游绅士化特征及其影响因素：以南京“总统府”周边地区为例 [J]. 经济地理，29（8）：1391-1396.

朱喜钢，周强，金俭，2004. 城市绅士化与城市更新：以南京为例 [J]. 城市发展研究，4：33-37.

DAVIDSON M, LEES L, 2005. New-build “gentrification” and London’s Riverside Renaissance[J].Environment and planning A, 7: 1165-1190.

FREEMAN L, 2009. Neighborhood diversity, metropolitan segregation and gentrification: what are the links in the US[J].Urban studies, 46(10): 2079-2101.

HACKWORTH J, SMITH N, 2001. The changing state of gentrification[J].Journal of social and economic geography, 92(4): 464-477.

HARVEY D, 1989. From managerialism to entrepreneurialism: the transformation in urban governance in late capitalism[J].Geografiska annaler: series B, human geography, 71(1): 3-17.

HE S, 2007. State-sponsored gentrification under market transition: the case of Shanghai[J].Urban affairs review, 43(2): 171-198.

LEY D, 1994. Gentrification and the politics of the new middle class[J]. Environment and planning D, 12(1): 53-74.

REDFERN P A, 2003. What makes gentrification “gentrification” ?[J].Urban studies, 40(12): 2351-2366.

SMITH N, 1979. Gentrification and capital: practice and ideology in society hill[J]. Antipode, 11(3): 24-35.

SMITH N, 1987. Gentrification and the rent gap[J].Annals of the association of American geographers, 77(3): 462-465.

31 深圳存量土地更新制度综述：经验、问题及提升策略

李梦晗

随着城市化进程的推进，我国进入了从注重数量到注重质量、从增量规划向存量规划转型的关键时期，深圳则是存量规划的先驱者和探路者，经历了两轮土地的“统征”“统转”，完成全域土地的国有化。增量土地的扩张已经接近可建设用地极限，通过挖掘存量用地来获取城市发展用地成为必然选择。然而，在土地征转过程中，留下了“违建”丛生、“非法土地”大量出现、“合法用地”产权模糊等问题。为了应对复杂的土地遗留问题，顺利推进存量土地的更新，深圳形成了以市场力量主导的“城市更新”和以政府公权主导的“土地整备”为主的存量土地更新制度格局，其背后的总体逻辑都是以土地增值收益的再分配为契机来重构存量土地的产权结构。依靠多方共享收益推进更新是深圳存量土地更新的成功经验，但也逐渐暴露出建设总量局部畸高、制度之间缺乏协调的问题。未来的政策应当注意全域统筹建设总量、构建系统协调的更新制度标准体系。

31.1 概念界定：存量土地更新

存量土地是相对于增量土地而言的。增量土地主要指由农用地、未利用地征转而成的新增建设用地，主要被国家一级开发主体垄断；存量土地则指在一次开发后，已经进行二次开发或等待进行二次开发的土地，不仅包括已建成、正在建设的土地，还包括已批未建、已征转但未利用的土地（邹兵，2015）。增量土地和存量土地可以在土地的物理建成状态上相似，但其背后的产权构成一定不同。更新（renew）的概念源自于国外，存量土地更新即对土地进行二次开发，在此过程中不仅实现土地功能的转化、空间品质的改善，还实现经济、社会、文化的全面重构。

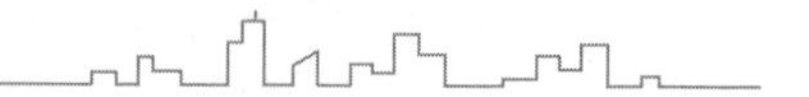

深圳经历了1992年的关内土地“统征”、2004年关外土地“统转”之后，已经通过土地一次开发实现了全域土地的国有化，虽然“统转”的土地存在一些争议，但至少可以说，深圳市域范围内的土地都适用于存量土地更新的逻辑。

31.2 深圳存量更新的背景

深圳是中国城市化的先驱者和探索者。土地作为重要的生产要素之一，是深圳推进城市化进程的重要抓手。在特区成立至今的40多年内，深圳通过多轮土地制度改革，为快速的经济发展和城市建设开路，取得了巨大的成就；但是，随着城市化进程的推进，土地利用的思路开始转型，诸多遗留问题也暴露出来。

31.2.1 增量土地扩张接近可建设用地极限

深圳的土地利用的总体思路经历了从“以地生钱”到“以钱生地”的转型，转型背后的根本原因，则是增量土地扩张逐渐到达了可建设用地极限。

在1980年特区成立至1992年土地统征以前，深圳建设用地开发主要采用“以地生钱”逻辑（北京大学国家发展研究院综合课题组，2013）。为了给计划经济转轨后全面兴起的私营企业提供土地，深圳开创了国有土地使用权有偿转让的先河；而在集体土地使用权不可转让的前提下，倒逼出了集体土地先国有、后入市流转的传统。因此，深圳是中国“土地财政”兴起的源头。以1992年邓小平南行为时间节点，深圳的建设量不断增长，关内土地供给紧张，因而从“以地生钱”转向了“以钱换地”的逻辑。为了应对国家对城市增量土地严格管制的现实，免去日后农地转为国有的报批问题，深圳在1992年将特区关内所有集体用地全部“统征”为国有，并陆续实现人口的农改居、撤村改居、集体经济组织股份化等，完成了第一轮城市化;2004年，深圳将关外的集体土地“统转”为国有用地，一方面实现了全域集体土地的国有化、农业人口非农化，另一方面意味着城市的增量扩张已接近极限。近年来，深圳每年新增建设用地指标极少，而城市增长的需求仍然存在，因此，通过存量更新获取新增建设用地成为必然选择。

31.2.2 “非法用地”“违建”与产权模糊的“合法土地”

深圳土地征收征用制度的两次转型推动了城市化进程，1992 年关内土地的“统征”取得了较好的效果，但 2004 年关外土地的“统转”却出现了诸多遗留问题。1992 年关内的成功使关外原住民（主要指转地之前属于原村集体、现为非农人口的居民，也包括一些在集体土地上建房的外来人口）逐渐认识到城市化过程中土地溢价有巨大牟利空间，因此，在 2004 年土地“统转”之后，原住民和政府之间出现了分歧。对于原来村集体的合法土地，政府认为已经对土地进行了赔偿，再次开发时只需要对建筑进行赔偿即可，但原住民却认为赔偿不到位，土地仍然属于集体，与政府僵持不下。在合法的建设用地之外，原住民通过抢建占地，建设了大量私房、厂房，等待拆迁后的一夜暴富；而政府认为这些用地为“合法外用地”（北京大学国家发展研究院综合课题组，2013）、“非法用地”（刘芳等，2015）（以下统称非法用地），其上建筑被政府定性为“违建”。

集体用地虽然在制度意义上被国有化，但土地使用权仍然通过土地上的建筑牢牢把握在原住民手里；村集体组织虽然名义上被转制为社区、股份社等，但集体组织的本质并没有发生太大变化。在此状况下，强势的原住民联盟与政府形成对峙局面，极大地影响了土地的使用效率。截至 2009 年，在原集体已建成的土地上，近四分之三的土地为“非法用地”，“违建”面积占全市建筑面积的近一半（刘芳等，2015）。“合法土地”产权模糊、“非法土地”和“违建”丛生，这些共同构成了深圳城市化过程中的土地遗留问题。

31.3 深圳存量更新的制度

增量用地达到可建设用地极限，迫使深圳必须进行存量更新，而存量土地又存在诸多遗留问题。对此，深圳推出了一系列存量更新的制度，大致形成了以城市更新和土地整备为主导的存量用地更新模式，以推动城市顺利发展。

31.3.1 市场推进的城市更新

市场动力是城市更新的基石，也是其得以顺利推进的保障。深圳的城市更新制

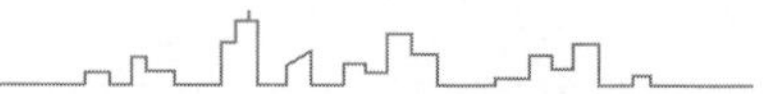

度最早可以追溯至1998年的“旧村镇更新改造”（闫蕾，孙文伟，2016），直至2009年才逐渐形成稳定的“城市更新”制度。“旧村镇更新改造”的具体做法是，由开发商负责拆迁赔偿，政府通过“协议出让”的方式将土地使用权让渡给开发商，是典型的市场主导逻辑，这一逻辑一直延续到今天的“城市更新”。2004—2009年的“城中村改造”是上一阶段的延续（闫蕾，孙文伟，2016），但随着国家土地政策的收紧，“协议出让”被短暂地叫停，土地出让必须经过“招拍挂”程序，这使之前的市场主导模式难以为继，许多进行中的项目遭遇腰斩，新项目推进效果不佳。直到2009年“协议出让”得以重新实施，并采取了开发商、原村集体（现为社区）自主申请改造的市场化制度，这种情况才大大改变。从中可以看出，市场力量是城市更新得以推进的基础。

更新单元制保证了公共设施用地的足量供应。市场主体虽然高效，但存在趋利的本性。为了平衡市场力量，提供市场不愿提供的公共设施，并且消化掉一部分非法用地，政府在推进城市更新时突破了之前的宗地限制，引入了单元制。同一个更新单元项目中，合法用地（指“五类用地”：非农建设用地、旧屋村用地、私宅用地、国有已出让用地、历史用地）占总用地70%以上即可参与城市更新改造。“非法用地”，则采用合作制进行处理。原村集体单独组成或与开发商合作组成项目实施主体，项目实施主体需贡献出20%土地给政府作为储备用地，剩下80%中再贡献出15%用于公共设施建设，政府就承认“非法土地”的合法性，与原集体签订转地协议，此部分土地就在更新完成后转为国有。对于“违建”的处理，一种方法是原村集体自行拆除后获得政府协议出让的土地使用权，另一种方法是原村集体和开发商进行合作，开发商先按接近合法建筑的价格对这部分“违建”进行拆迁补偿，政府再将其协议出让给开发商（闫蕾，孙文伟，2016）。更新单元虽然增加了更新过程中的博弈成本，但有利于在大范围内统筹用地，保证了约30%的公共设施用地来源（邹兵，2017）。

31.3.2 公权引导的土地整备

政府公权是土地整备的主要推动力。城市更新利用市场力量消化了土地的遗留问题，顺利推进了存量土地的更新，但由于市场趋利的本性，城市更新更适用于预期收益较强的商住项目（刘芳等，2015）。为了将城市大型公建、生态限制用地等规划付诸实践，并增加储备用地，深圳政府推出了土地整备制度。2011 年，土地整备以坪山新区为试点开始实施。不同于城市更新的自主申请、自主改造，土地整备是由政府发起和主导，以谈判的方式推进。土地整备的主要做法是通过传统征地补偿的模式，将零散用地进行重划，达到整合土地、明晰产权、清理遗留问题的效果。

政府与社区整体的博弈是土地整备的关键。由村集体直接转变而来的社区，土地遗留问题盘根错节、产权纠缠不清。因此，政府在博弈过程中不面向个人，而是以社区为单位整体谈判，与社区协商好赔偿条件后，社区内部自行解决所有确权、建筑拆改和安置问题。在此过程中，政府落实了规划、获得了储备用地，社区获得了资产，得以从原来的物业租赁向产业经营转型。

31.3.3　存量更新制度向多样化转型

现阶段深圳的存量土地更新制度主要是城市更新与土地整备的配合。近年来，深圳的存量更新制度有向多样化改革的趋势。除去主要面向拆除重建的城市更新和土地整备制度外，大致维持现状、只进行少量拆除的“综合治理”更新方法也被逐渐纳入制度体系中。2018 年 11 月，鼓励“综合整治”的指导思想被写进深圳的城中村总体规划。但是，由于原住民普遍更期待拆除重建以获取土地溢价，对综合治理怀有抵触情绪，其推进效果还有待时间检验。

31.4　深圳存量更新制度的经验、问题和建议

深圳存量更新的多主体共享土地增值收益的机制设计值得学习，但其渐进式规划的本质决定了其缺乏全局统筹，未来的政策应当朝着统筹全域建设总量、统筹现有更新制度的方向改进。

31.4.1　经验：通过增值收益再分配重构产权格局

产权既是存量土地的界定标准，也是存量土地更新的核心问题。产权的混乱导致用地效率低下，形成黑勒所说的“反公地悲剧”（陶然，王瑞民，2014），存量土地更新，归根结底就是要实现产权的明晰和重构。

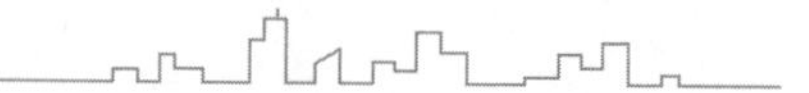

城市更新中“非法土地”的更新，主要逻辑是改造主体向政府让渡土地增值收益，使产权得到重构。政府通过合法化、开发权赋予使土地增值，改造主体支付给政府30%的土地作为回报，而30%的比例正好是土地出让金在房屋价格中占比的平均值（谷志莲，2018）。更简单地说，城市更新产权重构的本质，就是改造主体用30%的土地抵消了土地出让金，换得了余下70%土地的合法化和使用权。

土地整备则是政府向社区（即原村集体）让渡土地增值收益使产权重构。政府通过功能转化、合法化等方式使原土地增值，通过留用地和货币补偿的方式向原村集体让渡部分增值收益，换取绝大部分土地用作政府储备用地，用作大型公共设施、有偿出让等用途。

城市更新和土地整备虽然具体的操作路径存在差异，但其背后都是同样的逻辑，即通过政府土地功能变更、空间品质提升、非法用地合法化等方式使土地增值，以增值收益的再分配为契机，重新构建产权（张建荣，2007）。因此，在存量土地更新过程中，无论是政府主导还是市场主导，一定要建立多方利益共享的机制，才能保证更新有充足的推进动力。

31.4.2 困境：缺乏统筹，更新进入深水区

深圳是存量更新制度的探路者，其秉承的原则是先解决当前的主要矛盾，再把暴露出的问题交给下一阶段解决。这体现了我国改革“摸着石头过河”的特点（北京大学国家发展研究院综合课题组，2013），也是典型的渐进式规划特征。存量更新的渐进式规划本质决定了其背后无法有一个明确的战略目标进行全盘的统筹，因而也产生了一些问题。

第一，城市更新带来容积率畸高的项目，推动房价高涨。城市更新对项目合法用地的比例提出了要求，随着合法用地的存量减少，“非法土地”在城市更新项目中的比例必然会上升，深圳近来将更新单元中合法土地要求从70%降至60%就充分说明了这一点。“非法用地”占比的上升将导致整个项目中向政府缴纳、贡献给公共设施的土地量增加（田莉等，2015），为了盈利，改造主体在余下的土地中需要更大的开发强度来平衡收益、安置人口，显然不利于规划的整体统筹（谷志莲，2018）。此外，开发商在拆迁赔偿违法建筑时付出的成本最终会体现在房价上，而最终转嫁到消费者身上，使在深圳的生活成本大大上升。

第二，城市更新推动市场规则更替，使土地整备推进困难。城市更新虽然取得了非常好的实施效果，但这是以损失一定的公平性作为代价的。城市更新改造主体为市场主体，缺乏政府的底线把控，为了追求项目的高效推进，为“违建”提供与合法建筑几乎同样的补偿，等于纵容了“抢建—合法化”的套利路径，提高了原住民对“违建”赔偿的心理预期，破坏了“拆—赔”的市场规则（雷日辉，刘颖，2017）。而土地整备由政府主导，对赔偿标准有着刚性上限，对比之下，土地整备就显得推进动力不足。

31.4.3　建议：全局统筹

随着时间的推移，各个存量土地更新制度的内在结构将日趋合理。但是，制度与制度之间的关系、制度负外部效应怎样在全局上统筹，是下一阶段深圳需要关心的问题。因此，提出以下两个建议。

第一，统筹全域的建设总量。如果说增量扩张依赖城市空间平面的扩张，那么存量更新则是城市空间立体的增长（邹兵，2015）。现行的规划体系仍存在增量规划思维，倾向于土地总量的全局统筹。如果要适应存量土地更新立体增长的特点，规划制度则应当向容积率等建设总量在全域尺度上的统筹转型。此外，应当建立并深化开发权转让市场，让建设量有流通的渠道（林强，2017）。这样可以从源头上避免城市更新容积率畸高等问题。

第二，统筹现有的更新制度。一方面，城市更新与土地整备有着各自的适应情景，城市更新适用于预期收益高的地段，而土地整备适用于公共利益较强的项目（居晓婷等，2014），所以，应当面向实践，构建针对不同条件的实施指导体系。另一方面，城市更新的负外部效应已经影响到了土地整备的推进，这是二者没有建立协调的指导体系导致的，未来应当在不对市场主体的积极性产生较大影响的前提下，设置合理的城市更新赔偿标准等，构建与土地整备相协调的指导体系。

以上建议为解决现阶段深圳的存量土地更新中存在的主要问题提供了一些可行的方向。但是必须清楚，深圳的存量土地更新制度错综复杂，仅凭借某几个领域的改变就能解决所有问题是不现实的，深圳存量土地更新制度的探索仍然任重而道远。

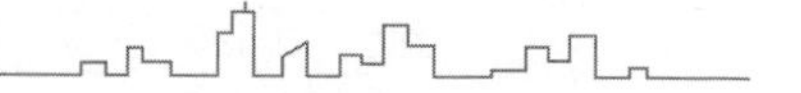

参考文献

北京大学国家发展研究院综合课题组，2013. 深圳土地制度改革研究报告 [R/OL].（2013-01-31）[2020-05-01].www.nsd.pku.edu.cn.

谷志莲，2018. 从单方界定到共有治理：创新城中村产权治理 [C]// 中国城市规划学会，杭州市人民政府 . 共享与品质：2018 中国城市规划年会论文集（12 城乡治理与政策研究），中国城市规划学会 .

居晓婷，赵茜宇，张占录，2014. 城中村改造中不同市场化程度下的土地发展权配置模式：以广东省深圳市为例 [J]. 国土资源科技管理，31（1）: 55-61.

林强，2017. 半城市化地区规划实施的困境与路径：基于深圳土地整备制度的政策分析 [J]. 规划师，9: 35-39.

雷日辉，刘颖,2017. 对土地整备市场化运作机制的思考：以广东省深圳市为例 [J]. 中国土地，4: 24-27.

刘芳，张宇，姜仁荣，2015. 深圳市存量土地二次开发模式路径比较与选择 [J]. 规划师，7: 49-54.

陶然，王瑞民，2014. 城中村改造与中国土地制度改革：珠三角的突破与局限 [J]. 国际经济评论，3: 26-55，4-5.

田莉，姚之浩，郭旭，等，2015. 基于产权重构的土地再开发：新型城镇化背景下的地方实践与启示 [J]. 城市规划，1: 22-29.

闫蕾，孙文伟，2016. 深圳城市更新实行公私合作模式探讨（下）[J]. 住宅与房地产，32: 40-45.

张建荣，2007. 从违法低效供应到合法高效供应：基于产权视角探讨深圳城市住房体系中的城中村 [J]. 城市规划，31（12）: 73-77.

中共中央 国务院，2014. 国家新型城镇化规划（2014—2020 年）[EB/OL].（2014-03-17）[2020-05-01].http : //politics.people.com.cn/n/2014/0317/c1001-24649809.html.

邹兵，2013. 增量规划、存量规划与政策规划 [J]. 城市规划，2: 35-37.

邹兵,2015. 增量规划向存量规划转型：理论解析与实践应对 [J]. 城市规划学刊,5: 12-19.

邹兵，2017. 存量发展模式的实践、成效与挑战：深圳城市更新实施的评估及延伸思考 [J]. 城市规划，1: 89-94.